普通高等院校"十二五"规划教材

画法几何与土木工程制图

（第2版）

主　编　刘　勇　董　强

副主编　张春娥　李瑞玲

参　编　董丽娜　叶亚丽

主　审　王喜仓

国防工业出版社

·北京·

内 容 简 介

本书以最新的国家制图技术标准和建筑制图标准以及课程教学大纲为指导性文件,结合大量土木工程制图实例,系统地介绍了土木工程制图的基础知识,包括点、线、面、体的投影、截交线与相贯线、土木工程专业(房屋建筑工程、道路桥梁工程、水利工程等)制图的常用表达方法、读图与绘图方法。全书分两篇共十八章,第一篇为画法几何学内容,第二篇为土木工程专业制图内容。

本书可作为高等院校土木工程及相关专业(本、专科)土木工程制图课程的教材,也可作为继续教育同类专业的教材及广大土木工程设计人员的参考用书。

图书在版编目(CIP)数据

画法几何与土木工程制图/刘勇,董强主编.—2版.
—北京:国防工业出版社,2013.1(2017.4 重印)
普通高等院校"十二五"规划教材
ISBN 978-7-118-08301-9

Ⅰ.①画... Ⅱ.①刘...②董... Ⅲ.①画法几何-高
等学校-教材②建筑制图-高等学校-教材 Ⅳ.①TU204

中国版本图书馆 CIP 数据核字(2012)第 238389 号

※

*国防工业出版社*出版发行

(北京市海淀区紫竹院南路 23 号 邮政编码 100048)
三河市众誉天成印务有限公司印刷
新华书店经售

*

开本 787×1092 1/16 印张 19¼ 字数 482 千字
2017 年 4 月第 2 版第 4 次印刷 印数 8001—10000 册 定价 39.00 元

(本书如有印装错误,我社负责调换)

国防书店:(010)88540777 发行邮购:(010)88540776
发行传真:(010)88540755 发行业务:(010)88540717

第 2 版前言

本教材参考最新国家制图标准:《房屋建筑制图统一标准》(GB/T 50001—2010)、《总图制图标准》(GB/T 50103—2010)、《建筑制图标准》(GB/T 50104—2010)、《建筑结构制图标准》(GB/T 50105—2010)、《给水排水制图标准》(GB/T 50106—2010)、《暖通空调制图标准》(GB/T 50114—2010),进行了本次修订。本次修订在保持了第 1 版特点的基础上作了以下变动:

(1)增加"道路工程图"、"桥梁工程图"内容的比重,使其更适合侧重交通土建制图为主的土木工程院校的教学特点。

(2)将第 1 版的"建筑施工图综述"和"建筑施工图绘制"两章合并成"建筑施工图"一章。

(3)将第 1 版的"结构施工图平面整体表示法"一章的内容精简成一节,合并于"结构施工图"一章中。

(4)增加了"水利工程图"一章,以拓宽学生的知识面,也更符合大土木类的制图需求。

(5)部分涉及"国标"、"部标"的内容作了相应的更新。

本书由刘勇、董强任主编,张春娥、李瑞玲任副主编,各章节编写分工为:刘勇(第 1、5、12、14、17 章)、董强(第 13、15、16 章);张春娥(第 2、3、4、6 章);李瑞玲(第 11、18 章)、董丽娜(第 7、8 章)、叶亚丽(第 9、10 章)。全书由刘勇统稿,王喜仓教授主审。

本书在编写过程中参阅了有关文献,在此对这些文献的作者表示衷心的感谢。

由于编者水平所限,书中不当之处在所难免,恳请读者、同行批评指正,以求进一步修改完善。

编 者
2012 年 3 月

目　　录

第1章 绪 论

1.1 工程制图的发展史

1.1.1 画法几何

1795年,法国著名科学家加斯帕尔·蒙日(Gaspard Monge,1746—1818)发表了著名的《画法几何》论著,所论述的画法是以相互垂直的两个平面作为投影面的正投影法。这个方法保证了物体在平面上的图像明显、正确,且便于度量。蒙日的著作对世界各国科学技术的发展产生了巨大的影响。而在以后的两百多年中,许多学者和工程技术人员对工程制图的理论和方法做了大量的研究工作,使之不断发展和完善。

"画法几何"这一中文名称是由我国著名物理学家萨本栋(1902—1949)和著名教育家蔡元培(1848—1940)大约在1920年翻译时定名的。

在我国社会主义现代化建设中,画法几何在国民经济建设和智力资源开发等方面起着重要的作用。为了适应科学技术的发展,必须把解析几何的数解法与画法几何的图解法有机地结合起来,使空间几何问题的解决得以从手工绘图转变为计算机绘图和图形显示,并实现对本课程的计算机辅助教学。这些发展和转变都对画法几何的教学及其应用产生了深远的影响。

蒙日把三维关系用二维图形表现出来,这无疑是对历史的贡献。从传统的产品设计和生产过程来看,设计人员首先将大脑中构思的产品三维结构影像用二维视图绘成工程图,然后交付制造部门按图生产。以画法几何为基础的工程图学在工程与科学技术领域里提供了可靠的理论工具和解决问题的有效手段,它使工程图的表达与绘制高度规范化和唯一化,成为工程技术界同行进行技术交流时的通用"语言"之一。

1.1.2 工程制图的发展史

土木工程制图与其他学科一样,都是从人们的生产实践中产生和发展起来的。从我国和世界各国的历史可知,工程图样起源于图画。在古代,当人们学会了制作简单工具和营造各种建筑物时,就已经使用图画来表达意图了。在很长一段时期中,都是按照写真方法画图的。随着生产的发展,对生产工具和建筑物的复杂程度与技术要求越来越高,直观的写生图已不能表达工程形体了,迫切需要总结出一套正确绘制工程图样的规律和方法,这些规律和方法在许多工匠、技师、建筑师和学者们的生产实践活动中逐步积累和发展起来。之后由于生产和工程建设的不断发展,工程图样也越来越需要有统一的标准,于是各国纷纷制定了工业生产领域里各有关专业的制图标准,并随着生产建设的发展逐步修订。为了协调各国各自制订的制图标准和逐步导向统一,国际上还制订了国际标准ISO,供各国制定和修订制图标准时参考。

1.1.3 我国历史上在工程制图方面的成就

我国是一个历史悠久的国家,创造了大量灿烂文化,在工程图方面也有不少成就。

在现存的大量汉代的画像砖和画像石上的图画,包含有透视图、轴测图和正投影图等形状的房屋、桥、车辆等形状的图形。又如现存的河北平山县战国时期中山王墓中的一件铜制的建筑规划的平面图(940mm×480mm),比例为五百分之一,有文字标明尺寸。还有现存的宋朝平江图(平江即今苏州)石刻(2020mm×1360mm),是宋绍定三年(1229 年)重建时石刻,为一幅城市规划图。

另外还保存下不少著作,如刊于宋崇宁四年(1106 年)李明仲的《营造法式》,是一本建筑格式的书籍,全书共三十六卷,有大量房屋图;此外,如宋朝苏颂(1020—1101)所著《新仪象法要》,有天文仪器的立体装配图,有零件的单面投影图等;还有,元朝王桢著的《农书》(1313 年)、明朝宋应星著的《天工开物》(1637 年)等,都附有很多图样。

在作图理论方面,如南北朝宋炳的《山水画序》有"张素绡以远映,则昆阆之形,可围于方寸之间",其论述与现代透视投影原理类似。

在仪器工具方面,如现存的汉朝武氏祠石像上有伏羲拿矩、女娲拿规的像,规、矩相似于现今的圆规和角尺。

在比例方面,在汉朝《周髀算经》中有:"以丈为尺,以尺为寸,以寸为分"的画图比例,如上述中山墓中石刻,应用了五百分之一的比例。

由上所述,可见我国的工程图学已有很长历史,在此不一一列举。

1.1.4　新中国成立后我国工程制图的发展

我国虽然在历史上对工程制图有过许多成就,但由于新中国成立前有一段较长的时期处于半封建、半殖民地的状态,工农业生产发展滞缓,制图技术的发展也受到阻碍,在工程制图方面没有统一的标准。中华人民共和国成立后,随着科学技术、工农业生产和工程建设的不断发展,在理论图学、应用图学、图学教育、制图技术、制图标准和计算机图学等各方面,都逐步得到相应的发展。尤其是在制图标准方面,当新中国成立后,为了适应社会主义建设的需要,并与国际接轨,国家有关部门制定了《总图制图标准》、《建筑制图标准》、《建筑结构制图标准》、《给水排水制图标准》、《采暖通风与空气调节制图标准》、《道路工程制图标准》、《水利水电工程制图标准》等。

作为一名工程技术人员,要认真贯彻国家的制图标准,并且要关心制图标准的更新,一旦制图标准有所修订,就应该按新标准执行。

1.2　工程制图课程概述

1.2.1　本课程的功能和性质

画法几何与土木工程制图是土木工程专业必修的一门技术基础课,是专门研究工程图样绘制与阅读的原理及方法的科学,培养学生空间逻辑思维和三维形象思维能力,学习对空间几何问题进行分析和图解的方法。

在土木建筑工程中,不论是建造房屋或者架桥修路都是先进行设计,绘制图样,然后按图样进行施工。工程图样被称为"工程界的语言",是用来表达设计意图、交流技术思想的重要工具,也是生产建设部门和施工单位进行管理和施工等技术工作的技术文化与法律依据。本课程的主要目的就是培养学生掌握这种"工程界的语言",掌握阅读和绘制土木工程图样的基本技术。

1.2.2　本课程的主要任务及基本要求

（1）学习投影法（主要是正投影法）的基本理论及其应用；

（2）培养对三维形状与相关位置的空间逻辑思维和形象思维能力；

（3）培养对空间几何问题的图解能力；

（4）培养阅读和绘制建筑工程图、道路与桥梁工程图、水利工程图的初步能力。

1.2.3　本课程的学习方法

（1）本课程是一门理论和实践相结合的课程，与专业实践有着广泛而又密切的联系，既要重视投影理论的学习，更要注重实践环节的训练。除需要掌握一定的理论外，还要掌握一定的绘图技术和技巧。技术的掌握只能靠实践，而技巧则需多画多练才能掌握。

（2）画法几何是本课程的理论基础，在学习过程中要扎实掌握正投影的原理和方法，把投影分析和空间想象结合起来，把空间形体和平面的投影图联系起来思考，对从立体到投影再从投影到立体的相互对应关系进行反复思考与训练，训练空间想象能力。要把基本概念和基本原理理解透彻并将其融汇到具体的应用中。

（3）制图基础的学习要了解、要熟悉和严格遵守国家标准的有关规定，正确使用制图工具、仪器及遵循正确的作图步骤和方法，养成自觉遵守国家制图标准的良好习惯，提高绘图效率。

（4）专业图的学习要熟记国家制图标准中各种代号和图例的含义，熟悉图样的画法。要培养分析问题和解决问题的能力，以及认真负责的工作态度和严谨细致的工作作风。

第2章 制图的基本知识

2.1 绘制工程图的有关规定

工程图样是工程施工、生产、管理等环节最重要的技术文件。它不仅包括按投影原理绘制的、表明工程形状的图形,还包括工程的材料、做法、尺寸、有关文字说明等,所有这一切都必须有统一规定,才能使不同岗位的技术人员对工程图样有完全一致的理解,从而使工程图真正起到技术语言的作用。

2.2.1 制图标准的制定和类别

标准一般都是由国家指定专门机关负责组织制定的,所以称为"国家标准",简称国标,代号是"GB"。国标有许多种,制图标准只是其中的一种,所以为了区别不同技术标准,还要在代号后边加若干字母和数字等,如有关机械工程方面的标准的总代号为"GB",有关建筑工程方面的标准的总代号为"GBJ"。

国标是全国范围内有关技术人员都要遵守的。此外还有使用范围较小的"部颁标准"及地区性的地区标准。就世界范围来讲,早在 20 世纪 40 年代就成立了"国际标准化组织"(代号是"ISO"),它制定的若干标准,皆冠以"ISO"。

2.2.2 制图标准的基本内容

2.2.2.1 图纸幅面

图纸是包括已绘图样和未绘图样的、带有标题栏的绘图用纸。图纸幅面是图纸的大小规格,也是指矩形图纸的长度和宽度组成的图面。图框是图纸上限定绘图区域的线框,其边线(周边)称为图框线(用粗实线画出)。我国规定的图纸幅面和图框的尺寸及代号如表 2-1 所列。

表 2-1　图纸幅面和图框尺寸 （mm）

幅面代号	A0	A1	A2	A3	A4
$B×L$	841×1189	594×841	420×594	297×420	210×297
e	20			10	
c	10			5	
a	25				

一般 A0～A3 图纸宜横式使用,必要时也可立式使用,当图纸幅面的长边需要加长时,可查阅国家标准。

无论图纸是否要装订,均应用粗实线画出图框,其格式有不留装订边和留有装订边两种,但同一产品的图样只能采用一种形式。

2.2.2.2　标题栏

在每张正式的工程图纸上都应有工程名称、图名、图纸编号、设计单位、设计人、绘图人、校核人、审定人的签字等栏目，把它们集中列成表格形式就是图纸的标题栏，简称图标（用粗实线画出外框，用细实线画分隔线），其位置如图2-1所示。

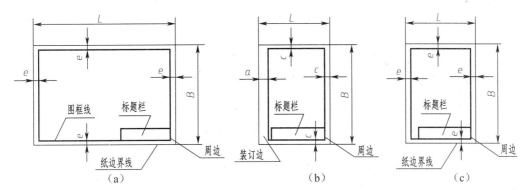

图2-1　图纸幅面、图框、标题栏
(a)无装订边横向图纸；(b)有装订边竖向图纸；(c)无装订边竖向图纸。

本课程的作业和练习都不是生产用图纸，所以除图幅外，标题栏的栏目和尺寸都可简化或自行设计。学习阶段建议采用图2-2所示的标题栏。其中图名用10号字，校名用10号或7号字，其余汉字除签名外用5号字书写，数字则用3.5号字书写。

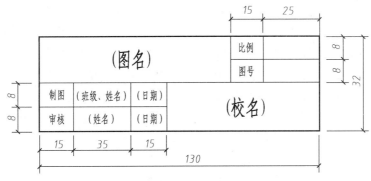

图2-2　标题栏

2.2.2.3　比例

能用直线直接表达的尺寸，称为线性尺寸，如直线的长度、圆的直径、圆弧半径等。角度为非线性尺寸。

比例为图中图形与其实物相应要素的线性尺寸之比。

图形一般应尽可能按实际大小画出，以便读者有直观印象，但是建筑物的形体比图纸要大得多，而精密仪器的零件（如机械手表零件）往往又很小，为了方便制图及读图，可根据物体对象的大小选择适当放大或缩小的比例，在图纸上绘制图样。

比值为1的比例，即1∶1，称为原值比例；比值大于1的比例，如2∶1等，称为放大比例；比值小于1的比例，如1∶2等，称为缩小比例。

机械图样常见原值比例,而建筑物体形大,其图样常用缩小比例。

需要按比例绘制图样时,应由表2-2规定的系列中选取适当的比例。

表2-2　比例

种　类	比　例		
原值比例	1:1		
放大比例	5:1	2:1	
	$5 \times 10^n:1$	$2 \times 10^n:1$	$1 \times 10^n:1$
缩小比例	1:2	1:5	
	$1:2 \times 10^n$	$1:5 \times 10^n$	$1:1 \times 10^n$

机械图的比例一般应标注在标题栏中的比例栏内,建筑图则在每个视图的下方写出该视图的名称,在图名的右侧标注比例。

2.2.2.4　图线

图线对工程图是很重要的,它不仅确定了图形的范围,还表示一定含义,因此需要有统一规定。

1. 图线宽度

国标规定建筑类图线宽度有粗线、中粗线和细线之分,粗、中粗、细线的宽度比为4:2:1机械类图线宽度有粗线、细线之分,粗、细线的宽度比为3:1。

所有线型的宽度应根据图样大小和复杂程度在下列数系中选择(图形小而图线多则应选择较细的线宽)0.35 mm、0.5 mm、0.7 mm、1 mm、1.4 mm、2 mm。

选用线宽时应注意:

(1) 线宽指图中粗实线的线宽d,图中其他图线则根据不同类型图样的比确定各自的线宽;

(2) 根据图样的复杂程度和比例大小来选用不同的线宽;

(3) 一般情况下,同一张图纸内相同比例的各图样应选用相同线宽组合;

(4) 同一图样中同类图线的宽度也应一致。

线宽允许有偏差,使用固定线宽d的绘图仪器绘图的线宽偏差不得大于$+0.1d$。

2. 基本线型

表2-3中对各种图线的线型、线宽作了明确的规定。

表2-3　图线

名　称		线　型	线宽	一般用途
实线	粗	———————	d	主要可见轮廓线
	中	———————	$0.5d$	可见轮廓线
	细	———————	$0.25d$	可见轮廓线、图例线等
虚线	粗	– – – – – – –	d	见有关专业制图标准
	中	– – – – – – –	$0.5d$	不可见轮廓线
	细	– – – – – – –	$0.25d$	不可见轮廓线、图例线等
单点长画线	粗	—‧—‧—‧—	d	见有关专业制图标准
	中	—‧—‧—‧—	$0.5d$	见有关专业制图标准
	细	—‧—‧—‧—	$0.25d$	中心线、对称线等

（续）

名　称		线　型	线宽	一般用途
双点长画线	粗		d	见有关专业制图标准
	中		$0.5d$	见有关专业制图标准
	细		$0.25d$	假想轮廓线、成型前原始轮廓线
折断线			$0.25d$	断开界面
波浪线			$0.25d$	断开界面

3. 图线画法

铅笔线作图要求做到清晰整齐、均匀一致、粗细分明、交接正确。

（1）实线（粗、中、细）　画法要求：同类线宽度均匀一致。

（2）虚线　画法要求：各段线长度、间隔均匀一致。

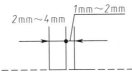

（3）点画线　画法要求：各段线长度、间隔、中间点均匀一致；线段长度可根据图样的大小确定；中间点随意画点，不必刻意打点。

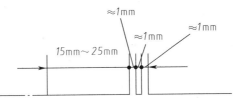

基本线型应恰当地相交于"画"处（线段相交）或准确地相交于"点"上，如图2-3所示。

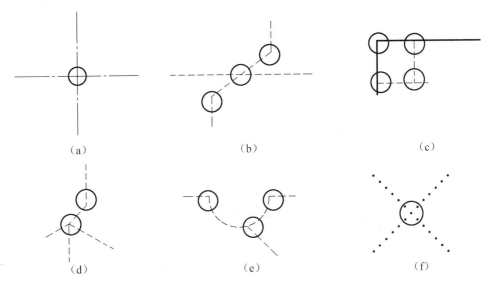

图2-3　图线的交接

（a）点画线相交；（b）虚线相交；（c）实线与实线、实线与虚线、虚线与虚线相交；

（d）虚线相交；（e）虚线相交；（f）点线相交。

7

除非另有规定,两条平行线之间的最小间隙不得小于 0.7 mm。手工使用非固定线宽的笔绘图时,允许目测控制线宽和线素长度。

2.2.2.5　字体

汉字和数字是工程图的重要组成部分,如果书写潦草,不仅会影响图面清晰、美观,而且还会因看不清楚而造成误解,给生产带来损失。

工程图中的字体包括汉字、字母、数字和书写符号等。

国标规定工程图中的字体应做到字体工整、笔画清楚、间隔均匀、排列整齐。

1. 汉字

国标规定,工程图中的汉字应采用长仿宋体(大标题、图册封面、地形图等的汉字允许书写成其他字体,但应易于辨认),所以把长仿宋体字也称为"工程字",如图 2-4 所示。

14号字

图样是工程界的技术语言

10号字

字体工整 笔画清楚 间隔均匀 排列整齐

7号字

写仿宋字的要领: 横平竖直 注意起落 结构均匀 填满方格

5号字

房屋建筑桥梁隧道水利枢纽结构设计施工建造生产工艺企业管理

图 2-4　汉字长仿宋字示例

长仿宋体字是宋体字的变形。按规定长仿宋体字的字高与字宽的比约为 1：0.7,笔画的宽度约为字高的 1/20。

2. 字母和数字

字母和数字可写成斜体和直体。斜体字字头向右倾斜,与水平基准线呈 75°角,如图 2-5 所示。

3. 字号及使用

字体高度(h)代表字体的号数,简称字号,如字高 5 mm 的字即为 5 号字。一般情况下,字宽为小一号字的字高,国标规定常用字号的系列是:2.5、3.5、5、7、10、14、20 号。

在图中书写的汉字不应小于 3.5 号,书写的数字和字母不应小于 2.5 号。

写长仿宋字应注意以下几点:

(1) 要在有字格(用很浅的硬铅芯细线画出)或有衬格中写汉字;

(2) 初练字时,行笔要慢,且各种笔画都是一笔写完,不要重描。

2.2.2.6　尺寸注法

图样上的尺寸用以确定物体大小和位置。工程图上必须标注尺寸。

标注尺寸总的要求是:

(1) 正确合理。标注方式符合国标规定。

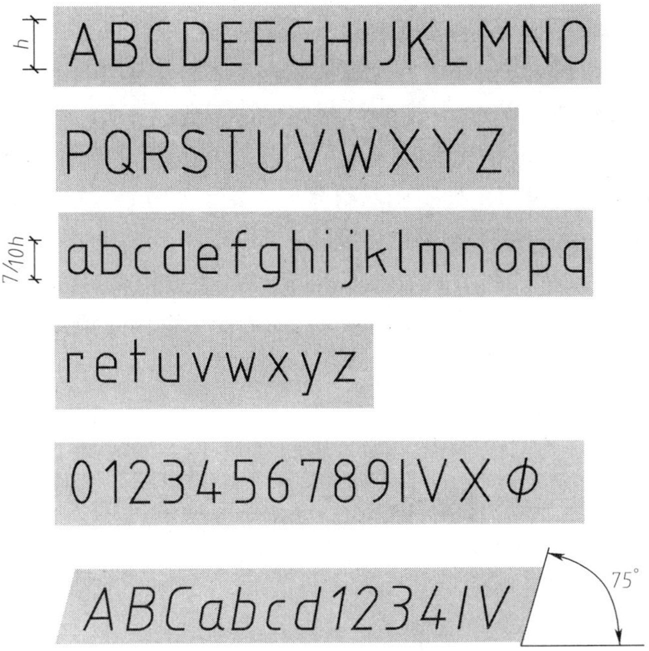

h
ABCDEFGHIJKLMNO
PQRSTUVWXYZ
7/10h
abcdefghijklmnopq
retuvwxyz
0123456789IVXΦ
ABCabcd1234IV
75°

图 2-5　一般字体的字母和数字

（2）完整划一。尺寸必须齐全，不在同一张图纸上但相同部位的尺寸要一致。

（3）清晰整齐。注写的部位要恰当，明显、排列有序。

尺寸注写，对不同专业图样有不同要求，本书仅介绍应遵守的一般规则。

1. 尺寸内容

一个完整尺寸的组成应包括尺寸界线、尺寸线、尺寸起止符号和尺寸数字四项，如图 2-6 所示。

（1）尺寸界线被标注长度的界限线。

尺寸界线用细实线画。必要时图样轮廓线可以作为尺寸界线。

国标对建筑图与机械图尺寸界限线的画法要求有所不同，在建筑图中，尺寸界线近图样轮廓的一端应离开图样轮廓线不小于 2mm，另一端宜超出尺寸线 2mm～3mm；而在机械图中，尺寸界线近图样轮廓的一端应从轮廓线直接引出，另一端同建筑图要求。一般情况下，尺寸界线应与被标注长度垂直。

>2
2~3
尺寸数字
1500
3000
尺寸界线
尺寸线
尺寸起止符号
2~3
1500
3000
尺寸箭头

（a）　　　　（b）

图 2-6　尺寸的组成

（a）建筑类图样；（b）机械类图样。

（2）尺寸线被标注长度的度量线。

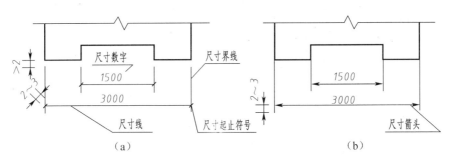

尺寸线用细实线画,不能用图样中的其他任何线代替。

尺寸线应与所标对象平行,其两端不宜超出尺寸界线。

画在图样外围的尺寸线,与图样最外轮廓线的距离不宜小于10mm。

平行排列的尺寸线间距为7mm～10mm,且应保持一致。

互相平行的尺寸线,应从被注轮廓线按小尺寸近、大尺寸远的顺序整齐排列。

(3)尺寸起止符号尺寸线起止处所画的符号。

尺寸起止符号有两种:箭头和斜短线,如图2-7所示。

箭头的画法:箭头的式样如图2-7(a)所示,可以徒手或用直尺画成。

斜短线的画法:用中粗斜短线画,其倾斜方向应与尺寸界线成顺时针45°角,长度宜为2mm～3mm,如图2-7(b)所示。

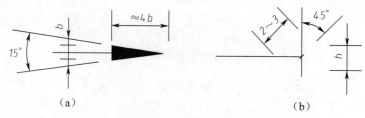

图2-7 起止符号

(a)箭头;(b)斜短线。

斜短线只能在尺寸线与尺寸界线垂直的条件下使用,而箭头可用于各种场合,同一张图纸的尺寸线起止符号应尽量一致。

根据建筑图和机械图所表达的对象的特点不同,建筑图的尺寸线起止符号习惯上用斜短线表示,机械图的尺寸线起止符号习惯上用箭头表示。对于以圆弧为尺寸界线的起止符号,宜用箭头表示。

(4)尺寸数字被标注长度的实际尺寸。注写尺寸时应注意以下几点:

① 所注写的尺寸数字是与绘图所用比例无关的设计尺寸;

② 工程图样上的尺寸,应以尺寸数字为准,不得从图样上直接量取;

③ 尺寸数字的长度单位,通常除建筑图的高程及总平面图上以米(m)为单位外,其他都以毫米(mm)为单位,所以图上标注的尺寸一律不写单位。

尺寸数字的读数方向是根据尺寸线的方向确定的。当尺寸线在垂直方向时,尺寸数字在尺寸线的左边,字头朝左,当尺寸线在水平方向时,尺寸数字在尺寸线的上边,字头朝上。尺寸线在其他方向上时,尺寸数字应按图2-8所示的规定注写。在30°角斜区内注写尺寸时,宜按图2-9所示的方式注写。

任何图线都不得穿过尺寸数字,不可避免时,应将尺寸数字处的图线断开。

尺寸数字不得贴靠在尺寸线或其他图线上,一般应离开约0.5mm。

当尺寸界线较密,以致注写尺寸数字的空隙不够时,最外边的尺寸数字可写在尺寸界线外侧,中间相邻的可错

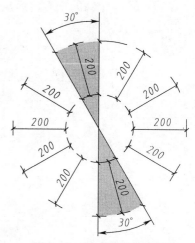

图2-8 尺寸数字的注写

开或用引出线引出注写(见图2-9)。

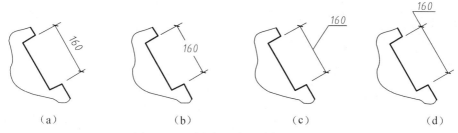

图 2-9　30°角斜区内尺寸数字的注写
(a)尺寸线上方标注;(b)尺寸线中断处标注;(c)指引线上标注;(d)尺寸线延长线上标注。

2. 半径、直径、球径的标注

(1) 直径一般大于半圆的圆弧或圆应标注直径。直径可以标在圆弧上,也可标在圆成为直线的投影上,直径的尺寸数字前应加注直径符号"ϕ"。

标在圆弧上的直径尺寸应注意以下几点:

① 在圆内标注的尺寸线应通过圆心的倾斜直径,两端画成箭头指至圆弧(见图2-10(a))。

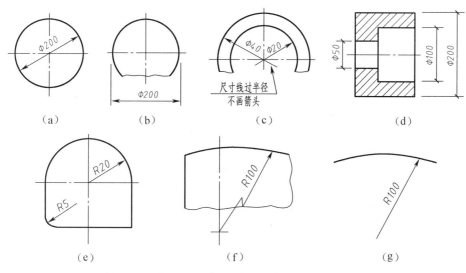

图 2-10　直径、半径的标注方法
(a)直径标在圆周内;(b)直径标在圆周外;(c)大于半圆标注直径;(d)剖视图中直径的标法;
(e)半径标在图形内;(f)较大圆弧半径通过圆心;(g)较大圆弧半径指向圆心。

② 较小圆的直径尺寸,可标注在圆外。两端画成箭头由外指向圆弧圆心的形式标注或引出线标注,如图2-11所示。

③ 直径尺寸还可标注在平行于任一直径的尺寸线上,此时需画出垂直于该直径的两条尺寸界线,且起止符号可用箭头或45°斜短线。

(2)半径一般情况下,对于半圆或小于半圆的圆弧应标注其半径。半径的尺寸线一端从圆心开始,另一端画箭头指向圆弧;半径数字前应加注半径符号"R",如图2-10(e)、(f)、(g)所示。

小尺寸及较小圆和圆弧的直径、半径,可按图2-11所示的形式标注。

11

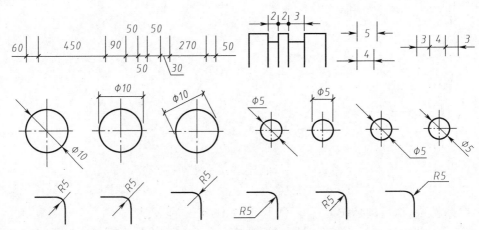

图 2-11 图形较小时的尺寸标注方法

较大圆弧的半径,可按图 2-10(f)、(g)所示的形式标注。

3. 球径

标注球的半径或直径时,需在半(直)径符号前加注球形代号"S",如 Sφ200 表示球直径为 φ200 mm(见图 2-12(a)),SR500 表示球半径为 500mm(见图 2-12(b))。其他注写规则与圆半(直)径的相同。

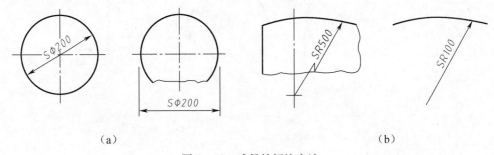

（a）　　　　　　　　　　　　　　　（b）

图 2-12　球径的标注方法
(a)球径尺寸标注方法;(b)球半径尺寸标注方法。

4. 角度、弧长、弦长的标注

(1) 角度的尺寸线应画成细线圆弧,该圆弧的圆心应是该角的顶点。角的两边线可作为尺寸界线,也可用细线延长作为尺寸界线。起止符号应画成箭头,如没有足够位置,可用黑圆点代替。角度数字应字头朝上、水平方向注写,并在数字的右上角加注度、分、秒符号,如图 2-13(a)、(b)所示。

(2) 弧长和弦长标注弧长时,尺寸线应是与该圆弧同心的细线圆弧。尺寸界线应垂直于该圆弧的弦。起止符号应画成箭头。弧长数字上方应加注圆弧符号"⌒",如图 2-13(c)所示。

标注弦长时,尺寸线应为平行于该圆弧的弦的细直线。尺寸界线应垂直于该弦,如图 2-13(d)所示。

5. 坡度的标注

斜面的倾斜度称为坡度(斜度),其标注法有两种:用百分比表示和用比例表示,如图 2-14 所示。

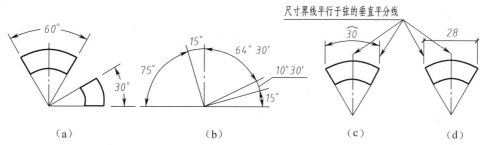

图 2-13 角度、弧长、弦长的标注方式

(a)角度的标注 1;(b)角度的标注 2;(c)弧长的标注;(d)弦长的标注。

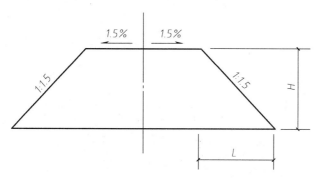

图 2-14 坡度的标注

图 2-15 为直径或半径的错误标注和正确标注示例。

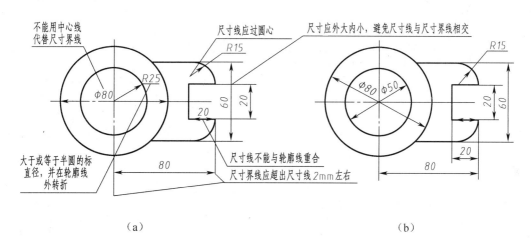

（a） 　　　　　　　　　　　　　　（b）

图 2-15 直径或半径的标注示例

（a）错误标注;（b）正确标注。

2.2 绘图工具及用法

常用手工绘图工具和仪器有铅笔、图板、丁字尺、三角板、比例尺、圆规、分规、曲线板等。正确使用绘图工具和仪器,才能保证绘图质量和加快绘图速度。

下面介绍几种常用的绘图工具及仪器以及它们的使用方法。

2.2.1 铅笔

绘图所用铅笔以铅芯的软硬程度来分,用 B 和 H 标志表示其软硬程度。B 前的数字越大,表示铅芯越软;H 前的数字越大,表示铅芯越硬;HB 表示铅芯软硬适中。常用 H、2H 铅笔画底线,B、2B 铅笔来加深图线,HB 常用来写字。

2.2.2 图板

图板是用来固定图纸的,是画图时铺放图纸的垫板,板面要求平整光滑,图板的左边是丁字尺上下移动的导边,必须保持垂直。在图板上固定图纸时,要用胶带纸贴在图纸的四角上。画图时为方便起见,图板面宜略向上倾斜,如图 2-16 所示。

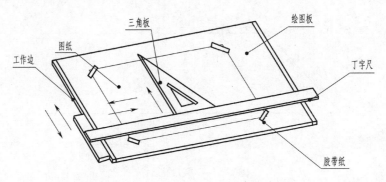

图 2-16 绘图板、丁字尺、三角板

2.2.3 丁字尺

丁字尺由尺身和尺头两部分组成。尺头与尺身成垂直。使用时需将尺头紧靠图板左边,然后利用尺上边白左向右画水平线。画线时应从上往下,从左到右,依次而画。

2.2.4 三角板

三角板由两块组成一副(45°和 60°)。三角板与丁字尺配合使用画垂直线及倾斜线,如图 2-17 所示;两块三角板配合还可以画任意方向的平行线和垂直线。

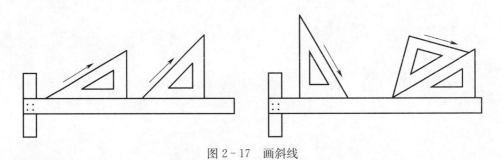

图 2-17 画斜线

2.2.5 比例尺

比例尺是直接用来放大或缩小图形的绘图工具。常用的三棱比例尺及其三个棱面上刻有六种不同的比例刻度。绘图时不需通过计算,可以直接用它在图纸上量得实际尺寸,如图 2-

14

18 所示。

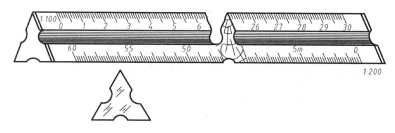

图 2 - 18　比例尺

2.2.6　圆规和分规

圆规是画圆和圆弧的工具。圆规有两个支脚,一个是固定针脚,另一个一般附有铅芯插腿、钢针插腿、直线笔插腿和延伸杆等。画圆时,针脚位于圆心固定不动,另一支插脚随圆规顺时针转动画出圆弧线。

分规通常用来等分线段或量取尺寸。分规的形状与圆规相似,但两脚都装有钢针。使用时两针尖应调整到等长,当两腿合拢时,两针尖应合成一点。

2.2.7　制图模板

制图时为了提高质量和速度,通常使用各种模板,模板上刻有各种不同图形、符号、比例等,如图 2 - 19 所示。

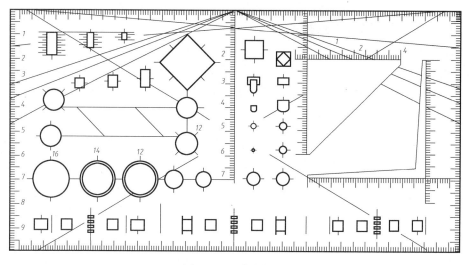

图 2 - 19　建筑模板

2.2.8　曲线板

曲线板是用来绘制非圆曲线的工具。作图时应先定出曲线上若干点,用铅笔徒手依次连成曲线,然后,找出曲线板与曲线吻合的部位,从起点到终点依次分段画出,如图 2 - 20 所示。每画下一段曲线时,注意应有一小段与上段曲线重合。

15

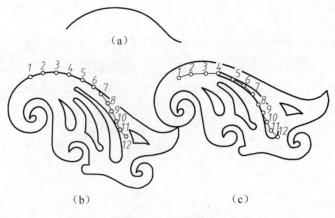

(a)

(b)　　　　　(c)

图 2-20　曲线板

2.3　几 何 作 图

工程图样中轮廓线千变万化,但它们基本上都是由直线、圆弧和其他一些曲线所组成的几何图形。为确保绘图质量和效率,除了要正确使用绘图工具和仪器外,还要熟练掌握常用的几何作图方法。

2.3.1　等分圆周作内接正多边形

1. 正五边形的画法

如图 2-21 所示,作出水平线 ON 的中点 M,以 M 为圆心,MA 为半径画弧,交水平线于 H,以 AH 为边长,即可作出圆内接正五边形。

2. 正六边形的画法

如图 2-22 所示,用 60°三角板配合丁字尺通过水平直径的端点作平行线,可画出四条边,再以丁字尺作上、下水平边,即可画出圆内接正六边形。

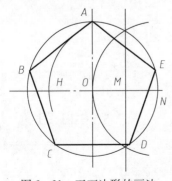

图 2-21　正五边形的画法

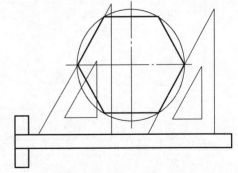

图 2-22　正六边形的画法

3. 正 n 边形的画法

如图 2-23 所示,将铅垂直经 AB 分成 n 等分(图中 $n=7$),以 B 为圆心,AB 为半径画弧,交水平中心线于 K(或对称点 K'),自 K(或 K')与直径上奇数点(或偶数点)连线,并延长至圆周,即得各分点Ⅰ、Ⅱ、Ⅲ、Ⅳ,再作出它们的对称点,即可画出圆内接正 n 边形。

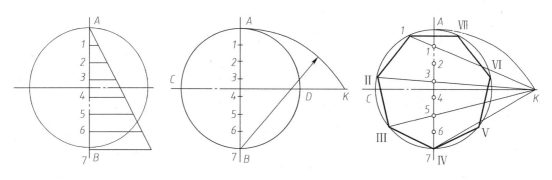

图 2-23 正 n 边形的画法($n=7$)

2.3.2 斜度和锥度

1. 斜度的画法

斜度是指一直线(或平面)对另一直线(或平面)的倾斜程度,其大小为该两直线(或平面)间夹角的正切值,在图样中以 1:n 的形式标注。图 1-24 为斜度 1:6 的作法:由点 A 在水平线 AB 上取六个单位长度得点 D,过 D 点作 AB 的垂线 DE,取 DE 为一个单位长,连 AE 即得斜度为 1:6 的直线。斜度符号"∠"的方法应与倾斜方向一致。

2. 锥度的画法

锥度是正圆锥底圆直径与圆锥高度之比,在图样中也用 1:n 的形式标注。图 2-25 为锥度 1:6 的作法:由点 S 在水平线上取六个单位长得点 O,过 O 点作 SO 的垂线,分别向上和向下量取半个单位长度,得 A、B 两点,分别过 A、B 与点 S 相连,即得 1:6 的锥度。

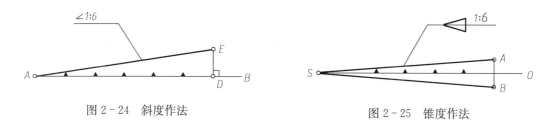

图 2-24 斜度作法   图 2-25 锥度作法

2.3.3 椭圆的画法

1. 同心圆法

如图 2-26 所示,以 O 为圆心,以长轴 AB 和短轴 CD 为直径画同心圆,过 圆心 O 作一系列直径与两圆相交,自大圆的交点作短轴的平行线,自小圆的交点作长轴的平行线,其交点就是椭圆上的各点,用曲线板将这些点光滑地连接起来,即得椭圆。

2. 四心圆弧法

如图 2-27 所示,连长、短轴的端点 A、C,以 C 为圆心,CE 为半径画弧交 AC 于 E' 点,作 AE' 的中垂线与两轴分别交于 O_1、O_2,并作 O_1 和 O_2 的对称点 O_3、O_4,最后分别以 O_1、O_2、O_3、O_4 为圆心,O_1A、O_2C、O_3B、O_4D 为半径画圆弧,这四段圆弧就近似地代替了椭圆,圆弧间的连接点为 K、N、N_1、K_1。

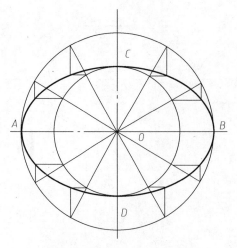

图 2-26 用同心圆法作椭圆

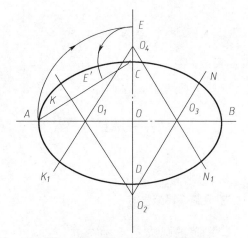

图 2-27 用四心圆弧法作椭圆

2.3.4 圆弧连接

在绘图时,经常会遇到用圆弧来光滑连接已知直线或圆弧的情况,光滑连接也就是在连接处相切。为了保证相切,在作图时就必须准确地作出连接圆弧的圆心和切点。

圆弧连接有三种情况:用已知半径的圆弧连接两条直线;用已知半径的圆弧连接两圆弧;用已知半径的圆弧连接一直线与一圆弧。下面就各种情况作简要的介绍。

1. 用已知半径为 R 的圆弧连接两条直线

已知直线Ⅰ、Ⅱ,连接弧的半径为 R,作连接弧的过程就是确定连接弧的圆心和连接点的过程,其作图步骤如图 2-28 所示。

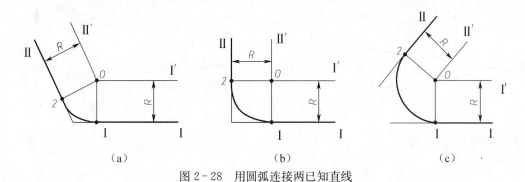

(a)   (b)   (c)

图 2-28 用圆弧连接两已知直线

(1)求连接弧的圆心 分别作与已知两直线相距为 R 的平行线Ⅰ′、Ⅱ′,其交点 O 即为连接弧圆心。

(2)求连接弧的切点 过 O 点分别向直线Ⅰ、Ⅱ作垂线,垂足 1、2 即为切点。

(3)以 O 为圆心,以 R 为半径在切点 1、2 之间作弧,即完成连接。

2. 用已知半径为 R 的圆弧同时外切两圆弧(图 2-29(a))

(1)求连接弧的圆心 分别以 R_1+R 及 R_2+R 为半径,以 O_1 及 O_2 为圆心,作两圆弧交于点 O,O 即为连接弧的圆心。

(2)求连接弧的切点 连接 O、O_1 交已知圆弧于点 1,连接 O、O_2 交已知圆弧于点 2,1、2 即

18

为切点。

(3) 以 O 为圆心,以 R 为半径,在两切点 1、2 之间作弧,即完成连接。

3. 用已知半径为 R 的圆弧同时内切两圆弧(图 2-29(b))

(1) 求连接弧的圆心 分别以 $R-R_1$ 及 $R-R_2$ 为半径,O_1 及 O_2 为圆心,作两圆弧交于点 O,O 即为连接弧的圆心。

(2) 求连接弧的切点 连接 O、O_1 并延长交已知圆弧于点 1,连接 O、O_2 并延长交已知圆弧于点 2,1、2 即为切点。

(3) 以 O 为圆心,R 为半径,在两切点 1、2 之间作弧,即完成连接。

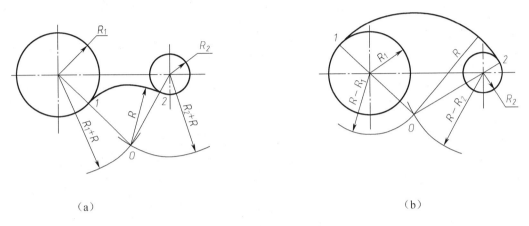

（a）   （b）

图 2-29　用圆弧连接两已知圆弧

4. 用已知半径为 R 的圆弧连接一直线与一圆弧

已知圆心为 O_1,半径为 R_1 的圆弧和一直线,用半径为 R 的圆弧将其圆滑连接起来,其作图步骤如图 2-30 所示。

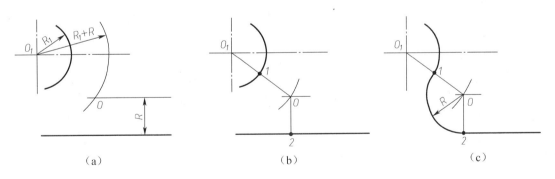

（a）   （b）   （c）

图 2-30　用圆弧连接已知圆弧和直线

2.4　平面图形分析及画法

平面图形是根据所给尺寸,按一定比例画出的。在画图前,应先结合图上的尺寸,对构成图形的各类线段进行分析,明确每一段的形状、大小及与其他线段的相互位置关系等,以便采取正确有效的画法。反之,对已画好的平面图形要合理地标注尺寸,这不但有利于画图,也有利于识图。

2.4.1　平面图形的尺寸分析

平面图形上的尺寸,根据它在图形中所起的作用不同,可分为以下两类(本知识点在组合体部分还将详细讲解)。

(1) 定形尺寸　确定图形中各部分形状和大小的尺寸。如图 2-31(a)中矩形的大小是由 a、b 两个尺寸确定的,a、b 即为定形尺寸;再如图 2-31(b)所示,圆的大小是由其直径 c 确定的,c 为圆的定形尺寸。

(2) 定位尺寸　确定图形各部分之间相对位置的尺寸。平面图形往往不是单一的几何图形,而是由若干个几何图形组合在一起的。这样,除了每一几何图形必须有自己的定形尺寸外,还要有确定相对位置的尺寸。如图 2-31 (c)中的图形由两个基本图形组成:下方为一矩形,由尺寸 a、b 定形;位于上偏左的为圆形,由直径尺寸 c 定形。但其位置是由左右向的尺寸 d 及上下向的尺寸 e 确定的,所以尺寸 d、e 是定位尺寸。

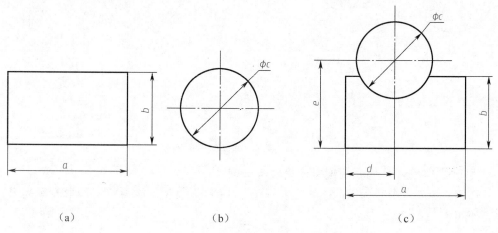

(a)　　　　　　　　　　(b)　　　　　　　　　　(c)

图 2-31　平面图形的尺寸分析
(a)矩形平面;(b)圆平面;(c)组合图形。

平面图形需要两个方向(左右向和上下向)的定形尺寸,也需要这两个方向的定位尺寸。

定位尺寸的起点称为尺寸基准,平面图形上应有两个方向的基准,通常以图形的主轴线、对称线、中心线及较长的直轮廓边线作为定位尺寸的基准,图 2-31 (c)是把底边线和左边线作为基准,同一尺寸可能既是定形尺寸,又是定位尺寸。

2.4.2　平面图形上线段性质的分析

平面图形上的线段,根据其性质的不同,可分为三类。

(1) 已知线段　定形尺寸和定位尺寸齐全的线段。如图 2-32 中的 $\phi36$、$\phi26$、$R66$、$R37$ 均为已知弧,这些弧都可直接画出。其中 $\phi36$ 的中心线为两个方向的定位基准,$R50$ 和 5 为定位尺寸。

(2) 中间线段　有定形尺寸和一个方向的定位尺寸的线段,或只有定位尺寸,无定形尺寸。如图 2-32 中的 $R14$ 只有一个距中心线左右方向为 5 的定位尺寸,要画出该线段,其圆心上下方向的定位需依赖与其一端相切的已知线段 $R66$ 才能画出。

(3) 连接线段只有定形尺寸而没有定位尺寸的线段。如图 2-32 中的 $R8$、$R42$、$R5$ 均为连接弧,作图时要根据它们与相邻线段的连接关系通过几何作图方法求出它们的圆心。

对于有圆弧连接的图形,必须先分析其已知弧、中间弧和连接弧,然后才能进行绘制和标注尺寸。作图顺序是先画已知弧,再画中间弧,最后画连接弧。

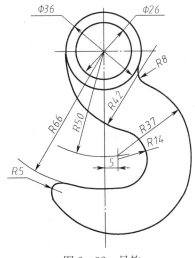

图 2-32 吊钩

2.4.3 平面图形的画法

以下以图 2-32 中的吊钩为例说明平面图形的画法:

(1) 选定合适的比例,布置图面;

(2) 画定位线、基准线,如图 2-33(a)所示;

(3) 画出已知线段 $\phi36$、$\phi26$、$R66$、$R37$,如图 2-33(b)所示;

(4) 用几何作图法画出中间弧 $R14$,如图 2-33(c)所示;

(5) 用几何作图法画出连接弧 $R8$、$R42$、$R5$,如图 2-33(d)所示;

(6) 最后加深底稿,标注尺寸,完成作图,如图 2-32 所示。

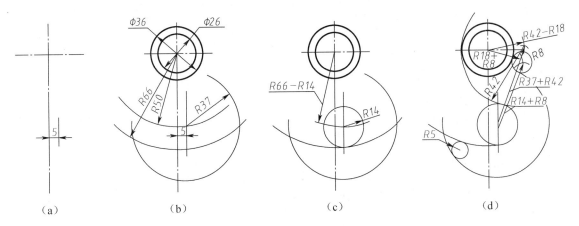

(a)   (b)   (c)   (d)

图 2-33 吊钩的作图过程

(a)画定位线、基准线;(b)画已知弧 $\phi36$、$\phi26$、$R66$、$R37$;

(c)画中间弧 $R14$;(d)画连接弧 $R8$、$R42$、$R5$。

2.5 绘图的方法和步骤

要使图样绘制得正确无误、迅速和美观,除了必须熟练地掌握各种作图方法,正确地使用质量较好的制图用具和良好的工作环境以外,还需按照一定的工作程序进行工作。

2.5.1 制图前的准备工作

(1) 绘图桌的位置应布置在光线自左前方来光的位置,不要把绘图桌对着窗子来安置,以免因图纸面反光而影响视力,晚间绘图时应注意灯光的方向;

(2) 将绘图时所用的资料备齐放好(放在制图桌旁边的桌子上或书桌内);

（3）把绘图板及制图用具，如三角板、丁字尺、比例尺等都用软布擦干净；

（4）将铅笔削好，并备好磨削铅笔用的细砂纸；

（5）准备一张清洁的图纸，并固定在图板的中间偏左下的位置；

（6）在画图以前或在削铅笔以后要将手洗干净。

2.5.2　绘制图稿应注意的问题

1. 画底稿的步骤

（1）贴好图纸后，先画出图框及标题栏；

（2）确定图形在图纸上的位置：在适当的位置画出所作图形的对称轴线、中心线或基线；

（3）根据图形的特点，按照从已知线段到连接线段的顺序画出所有图线，完成全图；

（4）画出尺寸线及尺寸界线；

（5）检查和修正图样底稿。

2. 加深图线

用铅笔描黑图样时对线型的控制较难，因为铅笔线粗细、浓淡不易保持一致。一般在画较粗的图线时可采用 B 或 2B 的铅笔描黑；画细线及标注尺寸数字等时，可采用较硬的铅笔（HB）来描绘或书写。

铅笔必须经常修削。用铅笔描黑同一种线型的直线和圆弧时应保持同样的粗度和浓度，但如果圆规插脚中的铅芯硬度与铅笔的硬度为同一型号时，圆规画出的线要淡些，这时可换用较画直线的铅芯软一些的铅芯来画。画圆或圆弧时可重复几次，但不要用力过猛以免圆心针孔扩大。在画图线时应避免画错或画线过长，因为用铅笔描黑的图样如用橡皮修整，往往会留有污迹而影响图面的整洁。

为了避免铅笔芯末玷污图纸，同一线型、同一朝向的同类线，应尽可能按先左后右、先上后下的次序一次完成。当直线和圆相切时，宜先画圆弧后画直线。

2.5.3　注意事项

（1）应当以正确的姿势进行绘图。不良的绘图姿势，不但会增加疲劳，影响效率，有时还会损害视力，有害身体健康。

（2）图纸安放在图板上的位置。图纸要靠近图板左边（图板只留出 2cm～3cm），图纸下边至图板边沿应留出放置丁字尺尺身的位置。

（3）应采用 2H 或 3H 的铅笔画底稿，铅芯应削成圆锥形，笔尖要保持尖锐。

（4）画线时用力应轻，不可重复描绘，所作图线只要能辨认即可。

（5）初学者在画底稿图线时，最好分清线型，以免在描绘或加深时发生错误。

（6）应尽量防止画出错误的和过长的线条。当有错误的或过长的线条时，不必立即擦除，可标以记号，待整个图样绘制完成后，再用橡皮擦掉。

（7）对于当天不能完成的图样，应在图纸上盖上纸或布，以保持图面的整洁。

绘图中要避免出现任何差错，以保证图样的正确和完整。在开始学制图时，每画完一张图样，都要认真检查校对，以免出现差错。

第3章 投影基础

3.1 投影法概述

3.1.1 投影的概念

物体在光源的照射下,在平面上产生图像,此图像为物体在平面上的投影。此种方法称为投影法。工程上的图样,就是依据此法绘制的。如图3-1所示,设空间有一平面 P,平面外有一定点 S(光源)。若把空间点 A 投影到平面 P 上,可连接 SA 延长与平面 P 交于 a,点 a 称为空间点 A 在平面 P 上的投影,P 为投影面,S 为投影中心,SAa 为投射线。

3.1.2 投影的分类

投影法一般分为两类:中心投影法和平行投影法。

1. 中心投影法

一组投射线都通过投影中心,如图3-2所示,有如灯光光源照射物体形成影子,称此投影法为中心投影法。

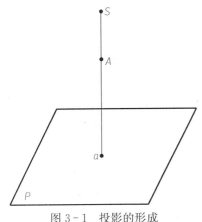

图3-1 投影的形成

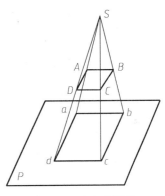

图3-2 中心投影法

2. 平行投影法

一组投射线相互平行,如图3-3所示,有如阳光光源照射物体形成影子,称此投影法为平行投影法。

平行投影法可分为两种:

(1) 正投影法 投射线方向垂直于投影面,如图3-3(a)所示。

(2) 斜投影法 投射线方向倾斜于投影面,如图3-3(b)所示。

用正投影法确定空间几何形体在平面上的投影,能正确反映其几何形状和大小,作图也简便,所以在画法几何和工程制图中得到广泛应用。本书主要是研究正投影法。

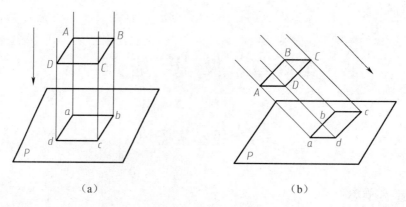

（a） （b）

图 3-3　平行投影法

3.1.3　工程上常用的几种图示法

用图示法表达工程结构物时，由于表达目的和被表达对象特性不同，往往需要采用不同的图示方法。工程上常用的投影法有正投影法、轴测投影法、透视投影法和标高投影法。

1. 正投影

用正投影法把形体向两个或三个互相垂直的面投影，然后将这些带有形体投影图的投影面展开在一个平面上，从而得到形体的多面正投影图。

正投影图的优点是能准确地反映形体的形状和构造，作图方便，度量性好，工程上应用最广，其缺点是立体感差，如图 3-4 所示。

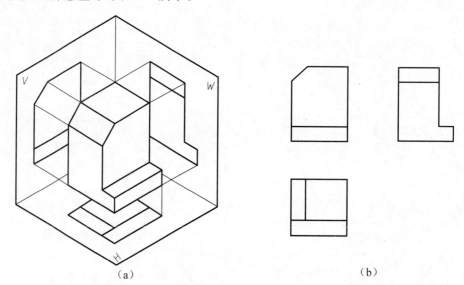

（a） （b）

图 3-4　多面正投影法

（a）把物体向三个投影面作正投影；（b）投影面展开后得到的正投影图。

2. 轴测投影图

轴测投影是平行投影之一，简称轴测图，它是把形体按平行投影法投影到单一投影面上所得到的投影图，如图 3-5 所示。这种图的优点是立体感强，但不够悦目和自然，也不能完整地表达形体的形状，工程中常作辅助图样。

3. 透视投影

透视投影法即中心投影法,透视投影图简称透视图,如图3-6所示。透视图属于单面投影。由于透视图的原理与照相相似,它符合人们的视觉原理,形象逼真、直观,常用为大型工程设计方案比较、展览的图样。但其缺点是作图复杂,不便度量。

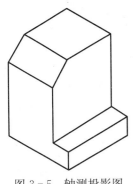

图3-5 轴测投影图

图3-6 透视投影图

4. 标高投影

标高投影是一种带有数字标记的单面正投影。如图3-7所示,某山丘被一系列带有高程的假想水平面所截切,用标有高程数字的截交线(等高线)来表示起伏的地形面,着就是标高投影。它具有一般正投影的优缺点。标高投影在工程上被广泛采用,常用来表示不规则的曲面,如船舶、飞行器、汽车曲面以及地形面等。

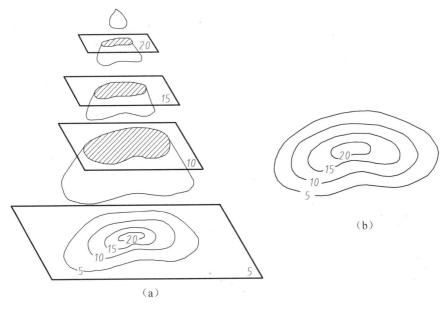

（a）

（b）

图3-7 标高投影

3.2 平行投影特性

任何工程形体都是由点、线、面组成的,因此,要认真掌握形体的正投影,就必须先了解点、线、面平行投影的基本规律。

1. 类似性

（1）点的投影仍然是点，本质上是过点的投射线与投影面的交点；

（2）直线的投影一般情况下，仍是直线，当直线倾斜于投影面时，其正投影小于实长；

（3）平面的投影在一般情况下，仍是平面。当平面倾斜于投影面时，其正投影小于实形，见图3-8。

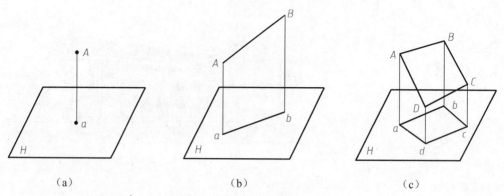

图3-8　点、直线、平面的投影

(a)点的投影；(b)直线的投影；(c)平面的投影。

2. 全等性

（1）当直线平行于投影面时，其投影反映实长；

（2）当平面图形平行于投影面时，其投影反映实形，见图3-9。

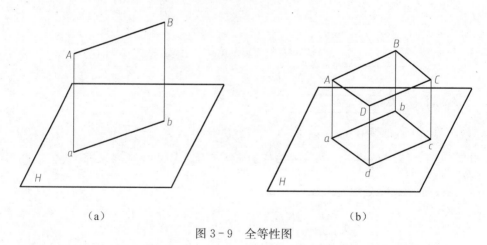

图3-9　全等性图

3. 积聚性

（1）当直线垂直于投影面或平行于投射线时，其投影积聚为一点，见图3-10；

（2）当平面垂直于投影面或平行于投射线时，其投影积聚为一条直线，见图3-10。

4. 从属性

（1）点在直线上，则点的投影一定在该直线的投影上；

（2）点、直线在平面上，则点的投影一定在该平面的投影上。

5. 定比性

直线上一点把直线分成两段，该两段之比，等于该点的投影分直线的投影所成的两段投影之比，见图3-11。

26

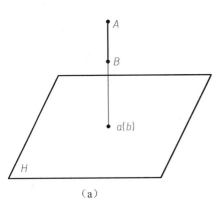

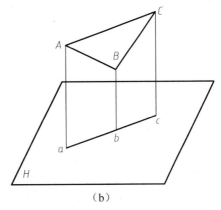

（a）　　　　　　　　　　　（b）

图 3-10　直线与平面的积聚性

6. 平行性

空间上平行的两直线,其投影一定平行,且两空间平行线段长度之比等于其投影之比,注意:这种平行线段成比例时,字母顺序不能颠倒,见图 3-12。

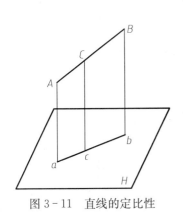

图 3-11　直线的定比性

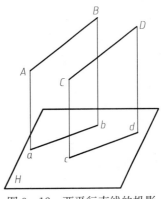

图 3-12　两平行直线的投影

3.3　点 的 投 影

点的投影仍然是点,而且在一定的条件下,是唯一的。如图 3-13 所示,空间点 A 在 P 投影面上的投影为 a,但是在同样的条件下,若仅根据点的一个投影,则不能确定点的空间位置。若仅知道投影 b,则不能确定与之对应的空间点。

3.3.1　点的投影过程

1. 三投影面体系

点的投影是在投影体系中实现的。投影体系是由三个相互垂直的平面组成,这三个平面称为投影面。其中一个为水平位置,称为水平投影面,简称水平面,以 H 表示,表示前后和左右两个方向的尺度;一个为正立位置,称为正立投影面,简称正面或立面,以 V 表示,表示上下和左右两个方向的尺度;一个为侧立位置,称为侧立投影面,简称侧面,

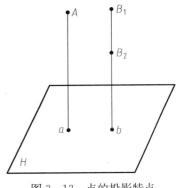

图 3-13　点的投影特点

表示前后和上下两个方向的尺度,以 W 表示,如图 3-14 所示。由此可见三面投影体系中的任两个投影面已经包含了确定空间点所必须的三个向度,即左右、前后、上下三个方向上的尺度。

在该投影体系中,每两个投影面的交线称为投影轴:H 投影面与 V 投影面的交线称为 OX 轴,H 投影面与 W 投影面的交线称为 OY 轴,V 投影面与 W 投影面的交线称为 OZ 轴。三个投影轴的交点 O 称为原点。

2. 点的投影过程

在三投影面体系中,设有空间点 A,将 A 分别向三个投影面进行投影,则在 H 投影面上的投影,称为水平投影(用 a 表示);点 A 在 V 投影面上的投影,称为正面投影(用 a' 表示);点 A 在 W 投影面上的投影,称为侧面投影(用 a'' 表示)。于是,点 A 的位置由其三面投影 a,a',a'' 完全确定,如图 3-15 所示。

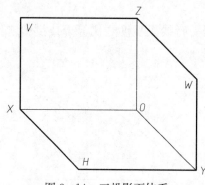

图 3-14 三投影面体系

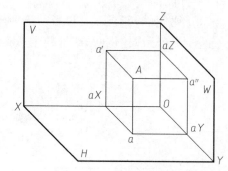

图 3-15 点的三面投影

在实际应用中,是将空间点 A 投影后将其移去,再将投影体系连同点的投影展开成一个平面,变成平面投影面体系。其展开方法是:V 面不动,H 面绕 OX 轴向下旋转,W 面绕 OZ 轴向右旋转。各旋转 $90°$ 与 V 面共面,如图 3-16(a)所示。

由于 OY 轴为 H 面和 W 面所共有,故展开后分别属于 H 和 W 二投影面。以 OY_H 和 OY_W 表示,如图 3-16(b)所示。

各投影面可视为无界平面,故去掉其边框,以相交的投影轴表示三投影面,如图 3-16(c)所示,即 XOZ、XOY_H 和 ZOY_W 分别表示 V、H 和 W 投影面。由于 aa_X、$a''a_Z$ 都反映空间点 A 到 V 面的距离($aa_X = a''a_Z$),为作图方便和解题的需要,通常自原点 O 引 $\angle Y_H O Y_W$ 的等分角线作为辅助线。

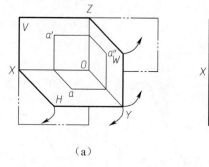

(a)

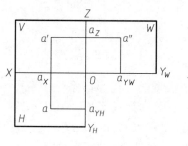

(b)

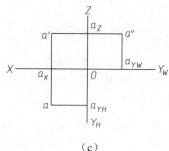

(c)

图 3-16 投影面的展开

28

3.3.2 点的投影规律

由上所述,通过点的投影过程可总结出三投影面体系中点的投影规律如下:

(1) 点的正面投影 a' 与其他二投影 a 和 a'' 连线分别垂直于 OX 轴和 OZ 轴,即 $a'a \perp OX$, $a'a'' \perp OZ$。

(2) 点的投影到各投影轴的距离,等于空间点到相应投影面的距离,即

$a'a_X = a''a_{YW} = Aa$(点 A 到 H 面的距离);

$aa_X = a''a_Z = Aa'$(点 A 到 V 面的距离);

$a'a_Z = aa_{YH} = Aa''$(点 A 到 W 面的距离)。

即:

正面投影与水平投影   长对正;

正面投影与侧面投影   高平齐;

水平投影与侧面投影   宽相等。

3.3.3 点的投影与坐标

如果把投影面当作坐标面,把投影轴当作坐标轴,投影原点 O 当作坐标原点,这样就建立了一个直角坐标系。坐标系中点的位置用 (X, Y, Z) 表示。若与点的三面投影图比较以下可以发现:

坐标 $X = a'a_Z = aa_{YH} = Aa''$

坐标 $Y = aa_X = a''a_Z = Aa'$

坐标 $Z = a'a_X = a''a_{YW} = Aa$

因此,点的三面投影与坐标的关系为:

正面投影 a' 反映坐标 $a'(X, Z)$

水平投影 a 反映坐标 $a(X, Y)$

侧面投影 a'' 反映坐标 $a''(Y, Z)$

由以上关系可知,已知点的任意两个投影便可确定点的三个坐标,三个坐标可以确定点的空间位置,点的空间位置确定,便可作出点的三个投影,因此可以得出结论:点的两面投影便可确定点的空间位置。根据点的任意二投影和用点的投影规律可求出点的第三投影。

例 3-1 已知点 A 的正面投影 a' 和水平投影 a,试求其侧面投影 a'',如图 3-17(a)所示。

解:根据点的投影规律可知,a' 和 a'' 连线垂直于 OZ 轴,且 $a''a_Z = aa_X$,由此求得 a''。其作图方法如图 3-17(b)所示,自原点 O 引 $\angle Y_WOY_H$ 等分角线,再自 a' 和 a 分别如箭头所示方向引线,其交点即为所求。

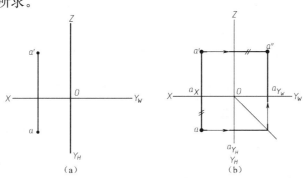

图 3-17 点的投影规律

3.3.4　特殊点的投影

由于空间点所处位置不同,有的点的某一投影表现为特殊性,称这样的点为特殊点,一般有下列二种情况:

1. 投影面上的点

若点在某投影面上,则其投影特点为点距该投影面的距离为零,在该投影面上的投影与空间点重合,其另两投影在投影轴上。图3-18(a)中,点 B 在 V 面上,根据点的投影规律,反映点 B 到 V 面距离为零,b' 与 B 重合,其水平投影 b 在 OX 轴上,其侧面投影 b'' 在 OZ 轴上,如图3-18(b)所示。

2. 投影轴上的点

若点在投影轴上,即为二投影面所共有,其投影特点为在该二投影面上的投影与空间点重合,一个投影与原点 O 重合,如图3-18(a)、(b)中的点 D。

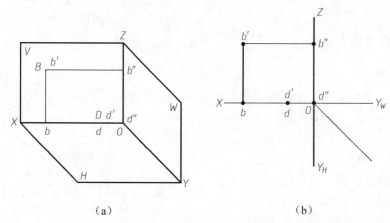

|（a）| （b）|

图3-18　特殊点的投影

3.3.5　两点的相对位置与重合投影

若已知两点的投影,便可根据点的投影对应关系,判别它们在空间的相对位置。如图3-19所示,已知点 A 和点 B 的三面投影,则由两点的投影沿左右、前后、上下三个方向所反映的坐标差,可知点 B 在点 A 的左、前、下方。反之,若已知两点的相对位置及其中一点的投影,便可作出另一点的投影。

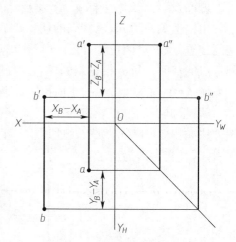

图3-19　两点的相对位置

把与投影面相垂直的同一条投射线上的两点称为该投影面的重影点,此两点在该投影面上的投影重合为一点,如图3-20中 E、F 两点,即为 V 面的重影点。

重影点在某投影面的重合投影,由于两点的相对位置关系而存在一个可见与不可见的问题。图3-20中,e' 和 f' 为重合投影。由其水平投影可知点 E 在前,点 F 在后,所以 e' 为可见,f' 为不可见,并以(f')表示。重合投影可见性的判别方法,就是利用具有坐标差的另一投影进行,并将不可见的投影加以小括号表示。

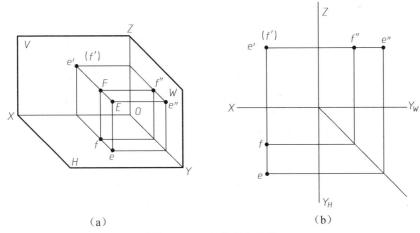

（a）   （b）

图 3-20   点的重合投影

3.4   直线的投影

3.4.1   直线的投影

根据"两点确定一直线"的几何条件,空间直线的投影可由直线上任意两点的投影确定。通常是取直线段两端点间连线表示,即作出直线上两端点投影后,将同面投影连接起来便得到直线的投影图。直线的投影一般仍为直线,当直线垂直于投影面时,其投影积聚为一点,如图 3-21 所示。

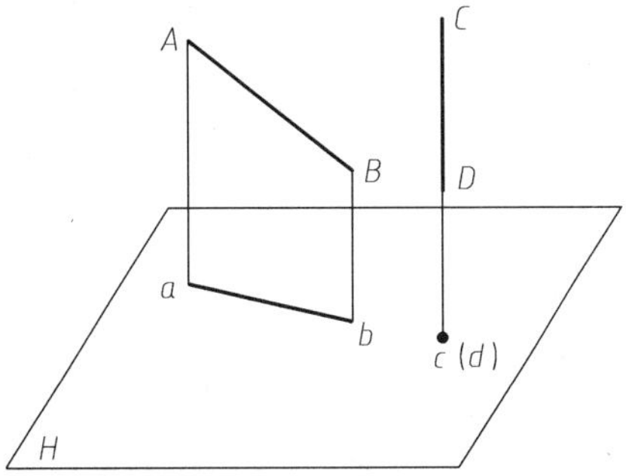

3.4.2   直线与投影面的相对位置及其投影特性

图 3-21   直线的投影

在三投影面体系中,直线与投影面的相对位置可分为一般位置直线和特殊位置直线。下面分别介绍它们的投影特性。

1. 一般位置直线的投影

同时倾斜于三个投影面的直线称为一般位置直线,如图 3-22 中的直线 AB。

一般位置直线对 H、V 和 W 三投影面的倾角分别以 α、β 和 γ 表示,于是有 $ab=AB\cos\alpha$,$a'b=AB\cos\beta$,$a''b''=AB\cos\gamma$,由此可知一般直线的各投影均小于实长,且各投影与相应投影轴的夹角均不能反映在空间该直线与相应投影面的真实倾角。

2. 特殊位置直线的投影

特殊位置直线可分为两类,即投影面平行线和投影面垂直线。

（1）投影面平行线   平行于一个投影面的直线称为投影面平行线。平行于 H 面的直线称为水平线;平行于 V 面的直线称为正平线;平行于 W 面的直线称为侧平线。因为投影面平行线上各点与其所平行的投影面距离相等,所以它具有如下投影性质:

① 直线在其所平行的投影面上的投影反映实长,该投影与二投影轴的夹角,分别反映直

31

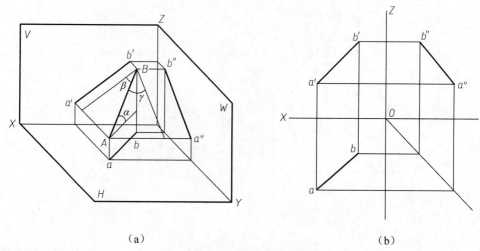

（a）   （b）

图 3-22　一般位置直线的投影

线对相应投影面的倾角；

②　直线的其余二投影平行于相应投影轴。

各平行线的投影性质，参看表 3-1。

表 3-1　投影面的平行线

名称	轴　测　图	投　影　图	投　影　性　质
水平线			1. $ab=AB$ 2. $a'b'/\!/OX$ 　$a''b''/\!/OY_W$ 3. 反映 β、γ 倾角
正平线			1. $a'b'=AB$ 2. $ab/\!/OX$ 　$a''b''/\!/OZ$ 3. 反映 α、γ 倾角

名称	轴 测 图	投 影 图	投 影 性 质
侧平线	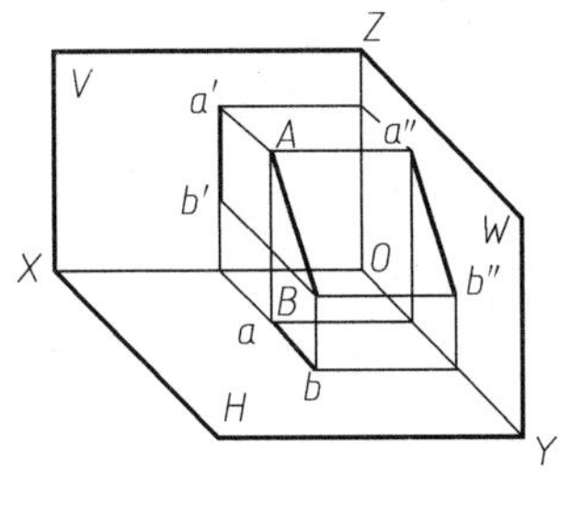	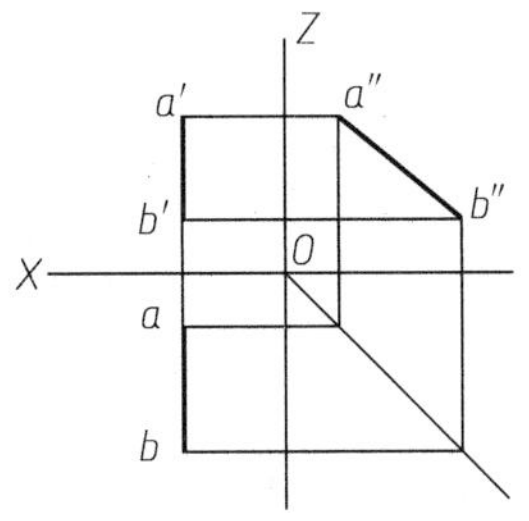	1. $a''b''=AB$ 2. $a'b'//OZ$ $ab//OY_W$ 3. 反映 α、β 倾角

（2）投影面的垂直线 垂直于投影面的直线称为投影面垂直线。垂直于 H 面的直线，称为铅垂线；垂直于 V 面的直线称为正垂线；垂直于 W 面的直线，称为侧垂线。因为某投影面的垂直线必同时平行于其余二投影面，所以它有如下投影性质：

① 直线在其所垂直的投影面上的投影积聚为一点；

② 直线的其余二投影垂直于相应投影轴且反映实长。

各垂直线的投影性质，参看表 3-2。

表 3-2 投影面垂直线

名称	轴 测 图	投 影 图	投 影 性 质
铅垂线	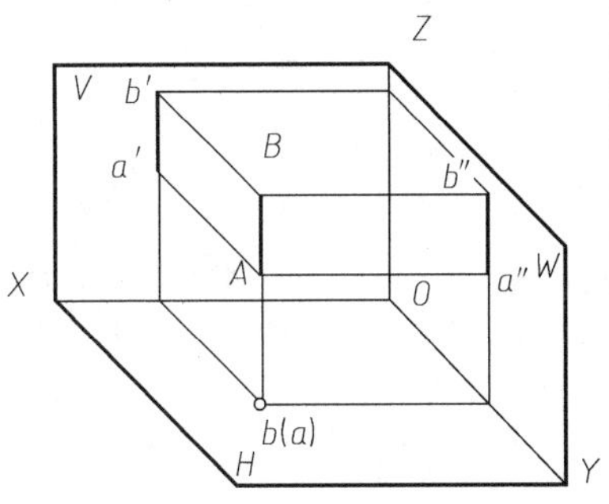	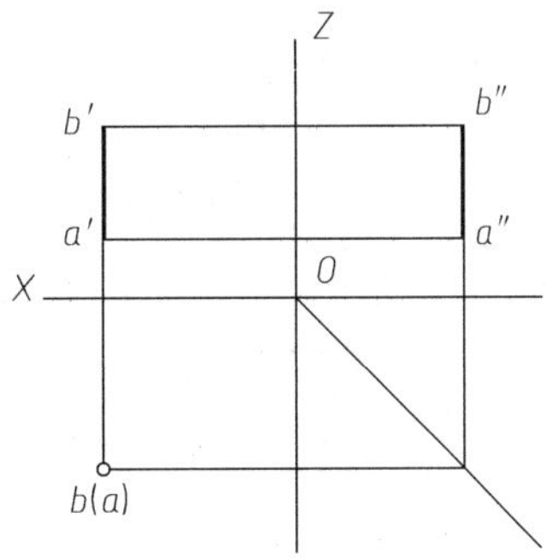	1. ab 积聚为一点 2. $a'b'\perp OX$ $a''b''\perp OY_W$ 且 $a'b'=a''b''=AB$
正垂线	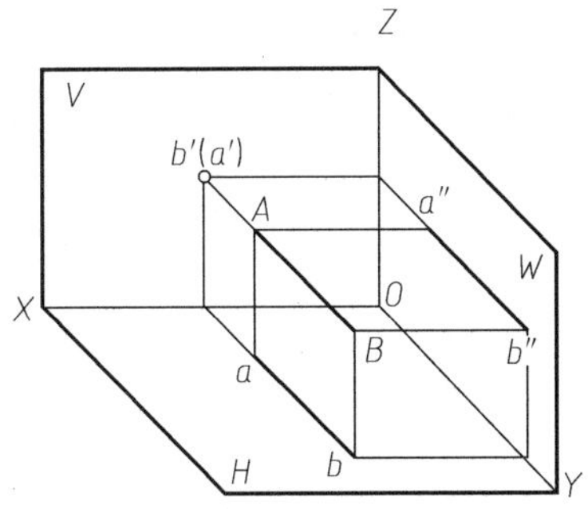	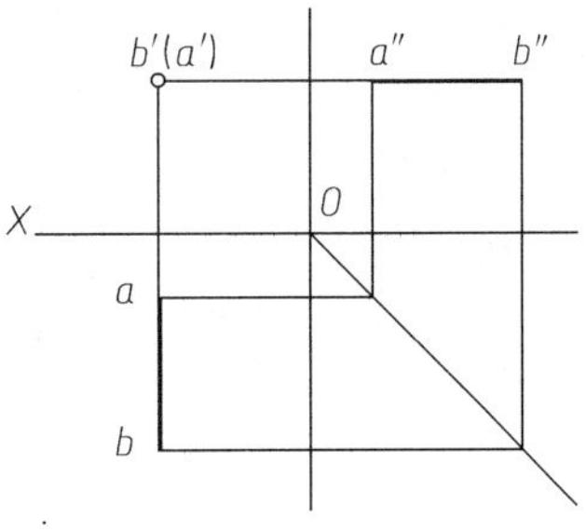	1. $a'b'$ 积聚为一点 2. $ab//\perp OX$ $a''b''\perp OZ$ 且 $ab=a''b''=AB$

33

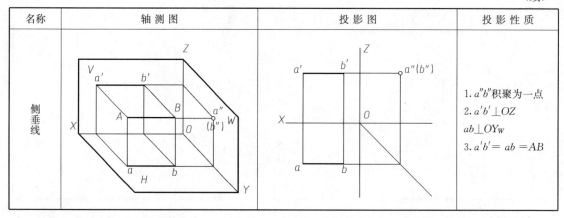

名称	轴测图	投影图	投影性质
侧垂线			1. $a''b''$ 积聚为一点 2. $a'b' \perp OZ$ $ab \perp OY_W$ 3. $a'b' = ab = AB$

3.4.3 求线段实长及倾角

一般位置直线的投影均不反映线段的实长及倾角,若知道线段的两个投影,则线段的空间位置就完全确定了。可依据直角三角形法求解线段的实长及与投影面之间的倾角。

如图 3-22 所示,过 A 点作 $AC /\!/ ab$,则得直角三角形 ABC,线段 AB 是该三角形的斜边,$\angle BAC$ 即为线段 AB 对 H 面的倾角 α,直角三角形的一个直角边 $AC = ab$,另一个直角边 BC 等于 B 点和 A 点的高低之差,即坐标差 $\Delta Z_{AB} = Z_B - Z_A$,这些数值都可以从已知线段的投影图上量得。因此,若利用线段的水平投影 ab 和两端点 A 和 B 的 Z 坐标差($\Delta Z_{AB} = Z_B - Z_A$)作为两个直角边,作出直角三角形,即可求出线段的实长和倾角 α。

这种利用直角三角形求线段的实长及倾角的方法称为直角三角形法。其要点是以线段的一个投影为直角边,以线段两端点相对于该投影面的坐标差为另一直角边,所构成的直角三角形的斜边即为线段实长,斜边与线段投影之间的夹角即为直线对投影面的倾角。

构成直角三角形共有四个参数:①直线段实长;②该直线段在某投影面上的投影;③该直线段两端点相对于该投影面的坐标差;④该直线段对该投影面的倾角。只要知道其中任意两个参数,直角三角形即可确定,也即可求出另外两个参数,其对应关系如表 3-3 所列。

表 3-3　直角三角形法求线段实长及倾角

直线的投影(直角边)	坐标差(直角边)	实长(斜边)	倾角
H 面投影 ab	ΔZ	AB	α
V 面投影 $a'b'$	ΔY	AB	β
W 面投影 $a''b''$	ΔX	AB	γ

例 3-2　求直线 AB 的 γ 角,见图 3-23。

作图:①求出 AB 直线的 W 面投影 $a''b''$;

②以 $a''b''$ 为直角边,过 a'' 作 $a''b''$ 的垂线;

③在垂线上截 $a''k'' = \Delta X$ 为另一直角边,连斜边 $b''k''$,$\angle b$ 即为 AB 的 γ 角。

3.4.4 直线上的点

直线上点的投影特性:

(1) 从属性。若点在直线上,则该点的各投影必在该直线的同名投影上。反之,若点的各投影分别在直线的各同名投影上,则该点必在此直线上。

一般情况由点和直线的两面投影即可判断点是否在直线上。如图 3-24 所示,k 在 ab 上,k' 在 $a'b'$ 上,则点 K 必在直线 AB 上。

(2) 成比例。线段上的点分线段所成比例在其各投影上保持不变。若点 K 把 AB 线段分为 $AK : KB = 1 : 2$,则 $AK : KB = a'k' : k'b' = a''k'' : k''b'' = 1 : 2$。反之亦成立。

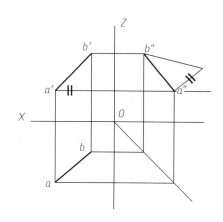

图 3-23　求直线 AB 的 γ 角

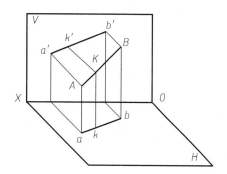

图 3-24　直线上的点

若要根据两面投影图判断点是否属于平面,有以下两种情况:

对于一般位置直线或特殊位置直线给出了反映实长投影时,只看两面投影是否符合从属性特点,若有,则空间点一定在直线上,反之,则点一定不在直线上。

对于投影面平行线,若已知两投影无反映实长投影时,就一定要看三个投影或在两个投影上看是否有成比例的特点。如果三个投影都有从属性特点或两个投影成比例,则点一定在直线上。

3.4.5　两直线的相对位置

两直线的相对位置,有平行、相交和交叉三种情况,前两种为同面两直线,后一种为异面两直线。

1. 平行两直线

若两直线平行,其各同面投影必平行。反之,若两直线的各同面投影平行,则该两直线必平行。

若两直线均为一般位置直线时,只要检查两面投影即可判定,如图 3-25 所示,$ab//cd$,$a'b'//c'd'$,所以,$AB//CD$。若两直线为某投影面平行线时,视其在所平行的投影面上的投影是否平行而判定,如图 3-26 所示,虽然 $k'l'//m'n'$,$kl // mn$,但两直线均为侧平线,而侧面投影 $k''l'' \neq m''n''$,所以,$KL \neq MN$。

2. 相交两直线

若两直线相交,其各同面投影必相交,且交点的投影符合点的投影规律。反之,若两直线的各同面投影均相交,且交点连线垂直于投影轴,则该两直线必相交,在一般情况下,只要检查两面投影即可判定,如图 3-27 所示,k' 为 $a'b'$ 和 $c'd'$ 的共有点,k 为 ab 和 cd 的共有点,且 $k'k$ 垂直于 OX 轴,所以直线 AB 和 CD 为相交二直线,其交点为 K。

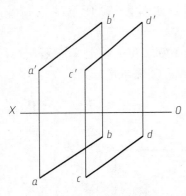

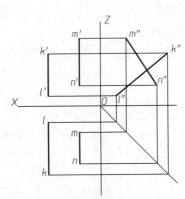

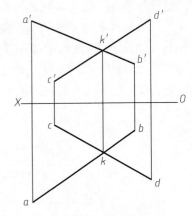

图 3-25 平行二直线　　　图 3-26 判断两直线的相对位置　　　图 3-27 相交二直线

3. 交叉两直线

既不平行又不相交的两直线称为交叉两直线。在投影图上,若两直线的各同名投影不具有平行两直线的投影性质,也不具有相交两直线的投影性质,则可判定为交叉两直线。图 3-28 和图 3-29 为交叉两直线,交叉两直线出现重影点,根据重影点的可见性判别两直线空间的相对位置。图 3-28 中,其水平投影的交点 1(2),为直线 AB 上点 I 和直线 CD 上点 II 的水平重影点,因为 $1'$ 的 z 坐标值大于 $2'$ 的 z 坐标值,所以直线 AB 在直线 CD 上方;同理,从正面重影点可以判别出水平投影点 3 在前,点 4 在后,所以直线 CD 在直线 AB 的前方。

直角投影定理

定理:垂直相交的两直线,若其中一直线平行于某投影面,则两直线在该投影面上的投影反映直角。证明从略。

逆定理,若相交两直线在某投影面上的投影为直角,且其中一直线与该投影面平行,则该两直线在空间必相互垂直。

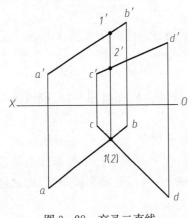

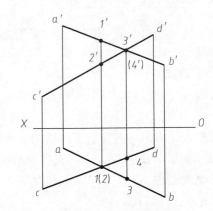

图 3-28 交叉二直线　　　　　图 3-29 重影点的判断

例 3-3　已知菱形 $ABCD$ 的对角线 BD 的投影 bd、$b'd'$,和另一对角线 AC 端点 A 的水平投影 a,如图 3-30(a)所示,试完成菱形的两面投影。

解:根据菱形对角线相互垂直且平分的性质,可先确定 BD 的中点 E,因 BD 是正平线,根据直角投影定理可知,$a'c' \perp b'd'$,而求得 a',并可确定 $a'c'$,再作出其水平投影 ac,便可得菱形

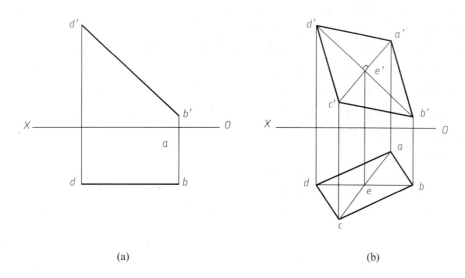

(a)   (b)

图 3-30　直角投影定理的应用

的两面投影 $abcd$ 和 $a'b'c'd'$，如图 3-30(b)所示。

3.5　平面的投影

3.5.1　平面的表示方法

在投影图上，通常用如下五组几何要素中的一组表示平面，如图 3-31 所示。①不在一直线上的三点；②直线和直线外一点；③相交二直线；④平行二直线；⑤任意平面图形(三角形、圆及其他图形)。

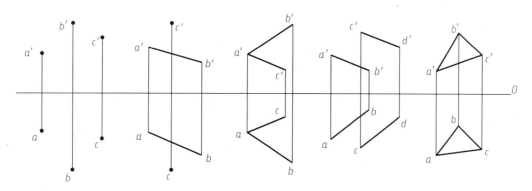

图 3-31　平面的表示方法

由图可见，以上五种表示方法本质上都是用平面内有限的几何元素来表示无限大的平面，而且几种表达方式之间可以转化。这种转化，显然只是表达方式的变化，平面的空间位置并没有改变。

3.5.2　各种位置平面的投影

在三面投影体系中，平面对投影面的位置可以分为三类：

一般位置平面——倾斜于各个投影面的平面；

投影面垂直面——垂直于一个投影面的平面；

投影面平行面——平行于一个投影面,且与另两个投影面都倾斜的平面。

后两种平面又统称为特殊位置平面。

平面对 H、V、W 面的倾角(即该平面与投影面所夹的二面角)分别以 α、β、γ 表示。由于平面对投影面位置的不同,它们的投影也各有不同的特点。

各类平面的投影特性分述如下:

1. 一般位置平面

与三个投影面都倾斜的平面称为一般位置平面,平面与 H、V 和 W 面的倾角分别用 α、β、γ 表示。由于一般位置平面与三个投影面均倾斜,所以它们的投影仍是平面图形,且面积缩小,如图 3-32 中 $\triangle ABC$。

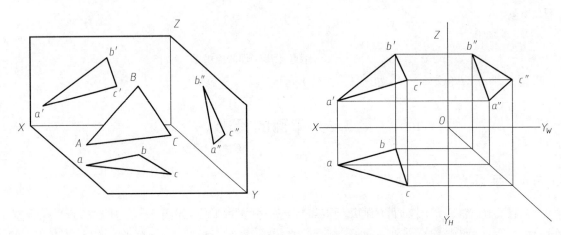

图 3-32　一般位置平面的投影

2. 特殊位置平面

特殊位置平面包括:

(1) 投影面垂直面——垂直于一个投影面而倾斜于另外两个投影面的平面。按所垂直的投影面不同有铅垂面($\perp H$)、正垂面($\perp V$)和侧垂面($\perp W$)。

(2) 投影面平行面——平行于一个投影面而垂直于另外两个投影面的平面。投影面平行面也有三种,分别是水平面($/\!/H$),正平面($/\!/V$)和侧平面($/\!/W$)。

特殊位置平面的投影特性见表 3-4、表 3-5。

表 3-4　投影面垂直面

名称	轴 测 图	投 影 图	投影性质
沿垂面			(1)水平投影积聚为一条直线且反映 β、γ 夹角; (2)V、W 面投影为缩小的三角形

名称	轴 测 图	投 影 图	投影性质
正垂面	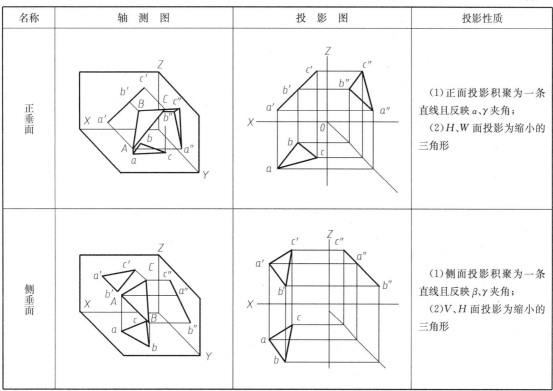		(1)正面投影积聚为一条直线且反映 α、γ 夹角； (2)H、W 面投影为缩小的三角形
侧垂面			(1)侧面投影积聚为一条直线且反映 β、γ 夹角； (2)V、H 面投影为缩小的三角形

表 3-5 投影面平行线

名称	轴 测 图	投 影 图	投影性质
水平面			(1)水平投影反映实形； (2)V 面投影积聚为一直线且//OX，W 面投影积聚为一直线且//OY
正平面			(1)正面投影反映实形； (2)H 面投影积聚为一直线且//OX，W 面投影积聚为一直线且//OZ

名称	轴 测 图	投 影 图	投影性质
侧平面	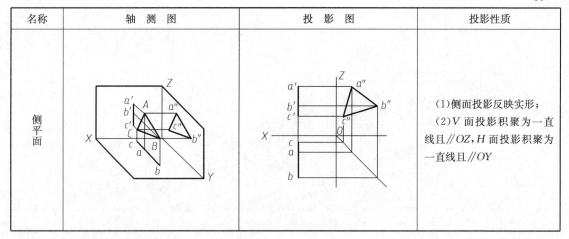		(1)侧面投影反映实形； (2)V 面投影积聚为一直线且$//OZ$，H 面投影积聚为一直线且$//OY$

3.5.3 平面内的点和直线

1. 平面内的点和直线

（1）平面内取点　点在平面内，则该点必在此平面内的一条直线上。这是点在平面内的存在的几何条件。因此，在平面内取点，要取在平面内的已知直线上。图 3-33 为在相交二直线 AB 和 BC 所确定的平面内取任一点 $M(m,m')$，此点取在已知直线 BC 上，即在 bc 上取 m，在 $b'c'$ 上取 m'，则此点必在该平面内。据此可判别点是否在平面内或仅知点的一个投影求另一投影时，则利用在平面内取直线的方法，过该点作直线求之。

（2）平面内取直线　直线在平面内，则该直线必通过此平面内的两个点；或通过此平面的一个点，且平行于此平面内的另一已知直线，这是直线在平面内的存在的几何条件。在平面内取直线，依此条件可在平面内取二已知点连线、或取一已知点，过该点作平面内已知直线的平行线。

图 3-34 为在相交二直线 DE 和 ER 所确定的平面内取直线，其中图 3-34（a）为在平面内取二点 $M(m,m')$ 和 $N(n,n')$，直线 MN 必在该平面内。图 3-33（b）为过 $M(m,m')$ 作直线 $MK//ER$，则直线 MK 必在该平面内。在平面内取点，要先在平面内取直线，而取直线又离不开点，二者互相应用，联系紧密，但其基础在于平面内取已知点。

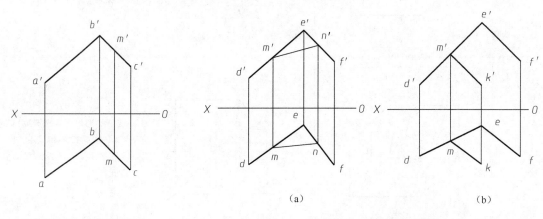

图 3-33　平面内取点　　　　　　　　　　图 3-34　平面内取直线

例 3-4　在 △ABC 所确定的平面内取一点 K，已知其正面投影 k′，求水平投影 k（图 3-35）。

解：根据点在平面内的条件，过点 K 在 △ABC 内作一直线 AK 交 BC 于 D，连接 a′k′ 延长交 b′c′ 于 d′，由 a′d′ 得 ad，因直线 AD 过点 K，所以 k′ 在 a′d′ 上，k 必在 ad 上，于是由 k 在 ad 上求得 k。

所以，综上所述，在平面上取点，必须先在平面内取包含这一点的一已知直线，然后再在此直线上取点；欲在平面内取直线，必须先在平面内取两已知点或一已知点及一已知直线。

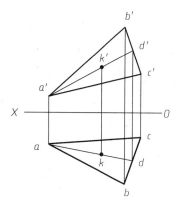

图 3-35　平面内点的求解

2. 平面内的特殊位置直线

（1）投影面平行线　平面内平行于投影面的直线称为平面内的投影面平行线，简称面内平行线。由于平面内直线可分别平行于 H、V、W 面，因此，面内平行线可分为水平线（∥H）、正平线（∥V）和侧平线（∥W）三种。它们的作图依据是直线既要符合投影面平行线的投影特性，又必须满足直线在平面内的几何条件。

图 3-36（a）中，△ABC 为给定平面，AM 为该平面内的正平线。根据正平线的投影特性，am∥OX 轴，a′m′＝AM（实长）。

在同一平面内可作出无数条水平线且互相平行。但过平面上某一点，或距某一投影面距离为定值的投影面平行线，在该平面上只能做出一条。在图 3-36（a）中，所做为过 △ABC 上 A 点的一条正平线 AM，在图 3-36（b）中所做为在 △ABC 上距离 H 面为 D 的一条水平线 MN。平面内的平行线，常被用作解题的辅助线。

（2）最大坡度线　平面内垂直于面内平行线的直线，称为平面内的一条对相应投影面的最大坡度线。平面内对相应投影面的最大坡度线有无数条，但如果过平面内一点所作出的对相应投影面的最大坡度线就只有一条了。最大坡度线可分为三种：

平面内对 H 面的最大坡度线——垂直于面内水平线；

平面内对 V 面的最大坡度线——垂直于面内正平线；

平面内对 W 面的最大坡度线——垂直于面内侧平线。

从几何意义上讲，最大坡度线是平面内对某投影面倾角最大的直线，它对该投影面的倾角代表了平面对投影面的倾角。

如图 3-37 中，AB 为平面 P 对 H 面的最大坡度线（$AB \perp P_H$），其倾角为 α，设过 A 点做任一面内直线 AC，其倾角为 α_1。因为 $\sin\alpha = Aa/AB$，$\sin\alpha_1 = Aa/AC$，且在直角三角形中，AC＞AB，所以 α＞α_1，即 AB 对 H 面的倾角最大。

又因为 $AB \perp P_H$，$ab \perp P_H$（直角原理），∠α 符合二面角定义，所以直线 AB 对 H 面的倾角 α 代表了平面 P 对平面的倾角 α。

从物理意义上讲，在坡面上，小球或雨滴必沿对 H 面的最大坡度线方向滚落。

由直角原理，最大坡度线的投影特性是：平面内对 H 面的最大坡度线其水平投影垂直于面内水平线的水平投影，其倾角 α 代表了平面对 H 面的倾角 α。平面内对 V 面的最大坡度线其正面投影垂直于面内正平线的正面投影，其倾角 β 代表了平面对 V 面的倾角 β。平面内对 W 面的最大坡度线其侧面投影垂直于面内测平线的侧面投影，其倾角 γ 代表了平面对 W 面的倾角 γ。

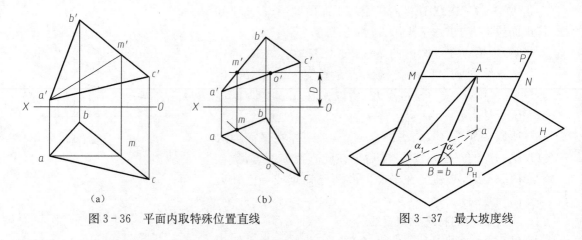

图 3-36 平面内取特殊位置直线　　　　　　　图 3-37 最大坡度线

例 3-5　已知平面由三角形 ABC 所给定,试过 B 点作平面对 H 面的最大坡度线,并求平面的 α 角(图 3-38)。

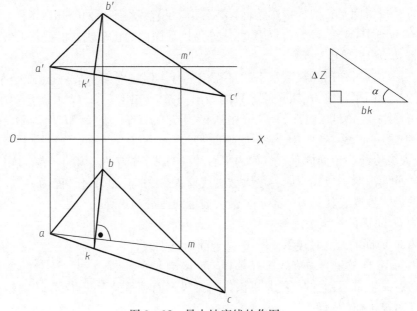

图 3-38 最大坡度线的作图

因为 H 面上的最大坡度线垂直于平面上的水平线,所以先在平面上任作一水平线 AM $(am,a'm')$(过 A 点作图简便)。根据直角原理,过 b 点作直线 $bk\perp am$ 交 ac 于 k,bk 即为所求最大坡度线 BK 的水平投影;其正面投影 $b'k'$ 可依据直线 BK 在三角形 ABC 平面上的条件画出。按直角三角形法可求得 BK 的倾角 α 即位平面对 H 面的倾角。

3.6　直线与平面、平面与平面的相对位置

直线与平面、平面与平面的相对位置包括直线与平面平行;两平面平行;直线与平面相交;两平面相交;直线与平面垂直;两平面垂直。本章着重讨论在投影图上如何绘制和判别它们之间的平行、相交和垂直的问题。

3.6.1 直线与平面平行、两平面平行

1. 直线与平面平行

如果空间一直线与平面上任一直线平行,那么此直线与该平面平行。如图 3-39 所示,直线 AB 平行于平面 P 上的直线 CD,那么直线 AB 与平面 P 平行;反之,如果直线 AB 与平面 P 平行,则在平面 P 上必可以找到与直线 AB 平行的直线 CD。

上述原理是解决直线与平面平行问题的依据。

例 3-6 如图 3-40(a)所示,过点 C 作平面平行于已知直线 AB。

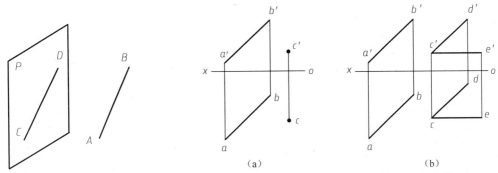

图 3-39 直线与平面平行的条件   图 3-40 过定点作平面平行于已知直线

如图 3-40(b)所示,过点 C 作 $CD /\!/ AB$(即作 $cd /\!/ ab$,$c'd' /\!/ a'b'$),再过点 C 作任意直线 CE 则相交两直线 CD、CE 所决定的平面即为所求。

显然,由于直线 CE 可以任意作出,所以此题可以作无数个平面平行于已知直线。

2. 平面与平面平行

如果平面上的两条相交直线分别与另一平面上相交的两直线平行,那么该两平面互相平行,如图 3-41 所示。

例 3-7 判别 $\triangle ABC$ 与 $\triangle DEF$ 是否平行(图 3-42)?

解: 首先在其中一个平面内作出一对相交直线,然后在另一平面内,视其能否作出与之对应平行的一对相交直线。为此可在 $\triangle DEF$ 内过点 E 作两条直线 EM 和 EN,使 $e'm' /\!/ b'c'$,$e'n' /\!/ a'b'$,然后作出 em 和 en,因为 $em /\!/ bc$,$en /\!/ ab$,所以 $\triangle ABC /\!/ \triangle DEF$。

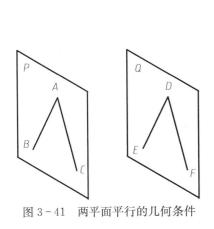

图 3-41 两平面平行的几何条件

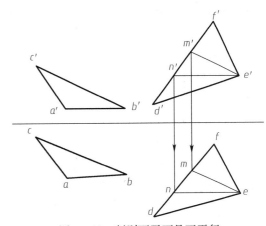

图 3-42 判别两平面是否平行

3.6.2 直线与平面相交、平面与平面相交

1. 直线与平面相交

直线与平面相交,其交点是直线和平面的共有点,它即在直线上又在平面上。当直线或平面与某一投影面垂直时,则可利用其投影的积聚性,在投影图上直接求得交点。

例 3-8 如图 3-43(a)所示,求直线 AB 与铅垂面 CDE 的交点。

解:△CDE 的水平投影 cde 积聚为一条直线,交点 K 是平面和直线的共有点,其水平投影既在平面 cde 上,又在直线 AB 的水平投影 ab 上,所以 cde 和 ab 的交点 k 即为交点 K 的水平投影。再由 k 在 $a'b'$ 上求得 k',则点 $K(k,k')$ 即为所求,如图 3-43(b)所示。

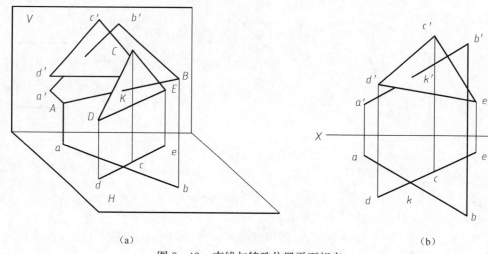

(a)　　　　　　　　　　　(b)

图 3-43　直线与特殊位置平面相交

判别可见性:由于平面在交点处把直线分为两部分,以交点为界,直线的一部分为可见,另一部分被平面所遮盖为不可见。为图形清晰起见,规定不可见部分用虚线表示。交点为可见与不可见的分界点。可见性是利用重影点来判别的,图 3-43(b)中,正面投影 $a'b'$ 与 $c'e'$ 的交点为两点的重影点,此重影点分别为直线 AB 上的点 Ⅰ 和直线 CE 上的点 Ⅱ 的正面投影,从水平投影 y 坐标值看,$y_1 > y_3$,即在重影点处直线 AB 以交点 K 为界,右段在前,左段在后,所以正面投影以 k' 为界,$k'b'$ 为可见,$k'a'$ 被三角形遮盖部分为不可见,用虚线表示。判断某个投影的可见性时,可在该投影图上任取一个重影点进行判别。

2. 平面与平面相交

空间两平面若不平行就必定相交。相交两平面的交线是一条直线,该交线为两平面的共有线,交线上的每个点都是两平面的共有点。当求作交线时,只要求出两个共有点即可。

例 3-9 求△ABC 与铅垂面 $DEFG$ 的交线(图 3-44)。

解:因为铅垂面 $DEFG$ 的水平投影 $defg$ 有积聚性,按交线的性质,铅垂面与平面 ABC 的交线的水平投影必在 $defg$ 上,同时又应在平面 ABC 的水平投影上,因而可确定交线 KL 的水平投影 kl,进而求得 $k'l'$,如图 3-44(b)所示。

3.6.3 直线与平面垂直、平面与平面垂直

1. 直线与平面垂直

由初等几何可知,如一直线垂直于一平面,则此直线必垂直于该平面内的一切直线,其中

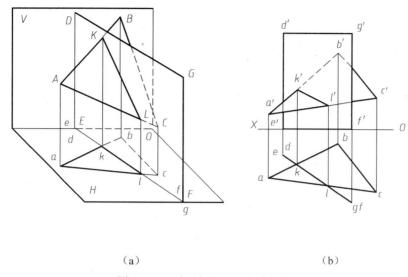

（a） （b）

图 3-44 平面与铅垂面交线的求法

包括平面内的水平线和正平线。图 3-45 中，直线 AB 垂直于平面 P，则必垂直于平面 P 内的一切直线，其中包括水平线 CD 和正平线 EF。根据直角投影定理，在投影图上，必是直线 AB 的水平投影垂直于水平线 CD 的水平投影（$ab \perp cd$），直线 AB 的正面投影垂直于直线 EF 的正面投影（$a'b' \perp e'f'$）。反之，在投影图上，若直线的水平投影垂直于平面内水平线的水平投影，直线的正面投影垂直于平面内的正平线的正面投影，则直线必垂直于该平面。如图 3-46 所示，相交的水平线 CD 和正平线 EF 给定一平面，令直线 AB 垂直于该平面，则水平投影 $ab \perp cd$，正面投影 $a'b' \perp e'f'$。

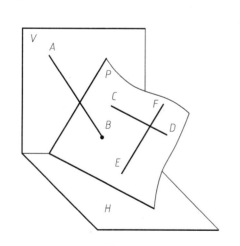

图 3-45 直线与平面垂直

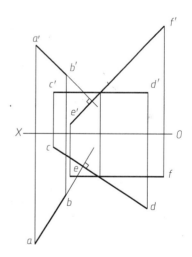

图 3-46 作直线与平面垂直的方法

例 3-10 试过定点 K 作平面（$\triangle ABC$）的垂线 LK（图 3-47）。

解：只要能知道垂线两投影的方向就可以作。为此，作平面内任意正平线 BD 和水平线 CE，过 k' 作 $b'd'$ 的垂线 $k'l'$，便是所求垂线的水平投影。应用直线垂直于平面的条件，可解决定点到平面的距离问题。

45

2. 两平面相互垂直

根据初等几何定理,如果一直线垂直于一平面,则过此直线的所有平面都垂直于该平面。反之,如果两平面相互垂直,则由第一平面内的任意一点向第二平面作垂线,该垂线一定在第一平面内。

如图 3-48 所示,直线 KL 垂直于平面 P,则通过直线 KL 的平面 N、S、R 等都与该平面垂直。

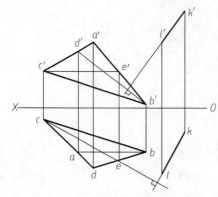

图 3-47　过定点作平面的垂线

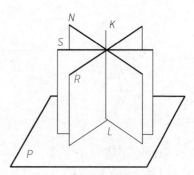

图 3-48　两平面垂直的条件

例 3-11　过直线 DE 作一平面与△ABC 垂直。

解:根据上述定理,只要过直线 DE 上的任意点作垂直于△ABC 的直线,则此直线与已知直线的所组成的平面,即为所求,见图 3-49。

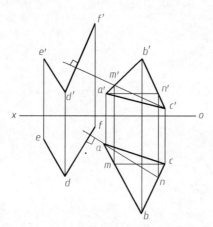

图 3-49　过直线作平面与已知平面垂直

在△ABC 内作水平线 AN 及正平线 CM,过直线 DE 上的 D 点作△ABC 的垂线 DF(即 $d'f'\perp c'm'$,$df\perp an$),则由相交两直线 DE、EF 所组成的平面即为所求。

第4章 投影变换

从以上几章的学习中，可以看到，在图解几何元素的定位、度量问题时，若几何元素处于特殊位置，图解则更为明了、简捷。为此，将一般位置几何元素变换为特殊位置，以求简化解题，这就需要用到投影变换。

4.1 投影变换目的及其种类

只有空间几何要素在多面正投影体系中对某一投影面处于特殊位置时，它们的投影才能直接反映实长、实形等特性，从而便于求解几何元素实长、实形、距离、夹角、交点、交线等问题，如表 4-1 所列。

表 4-1 空间几何要素对投影面处于特殊位置时的度量问题

实长(形)问题		距离问题		
线段实长	平面的实形	点到直线的距离	两直线间的距离	点到平面的距离
距离问题		角度问题		
直线到平面的距离	两平面之间的距离	两直线的夹角	直线与平面的夹角	两平面之间的夹角

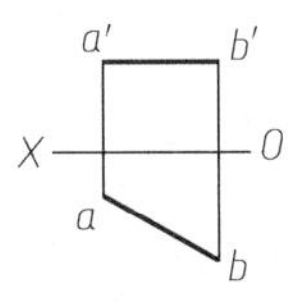

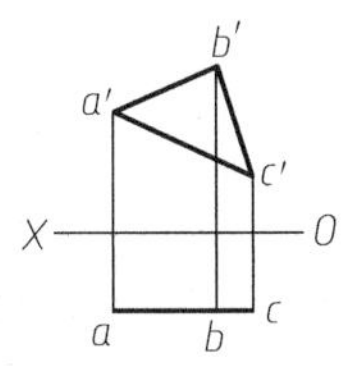

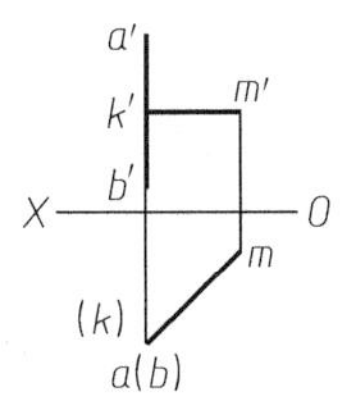

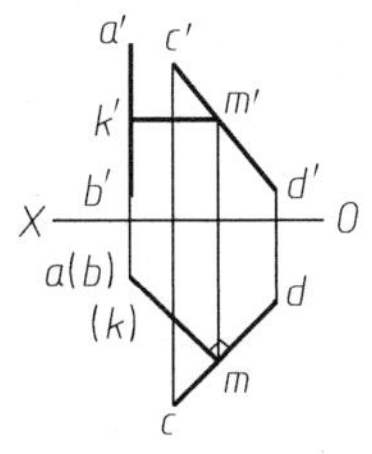

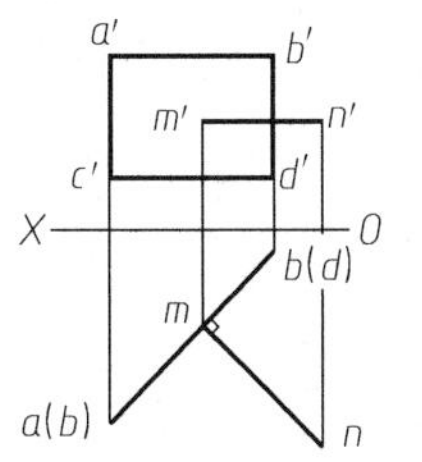

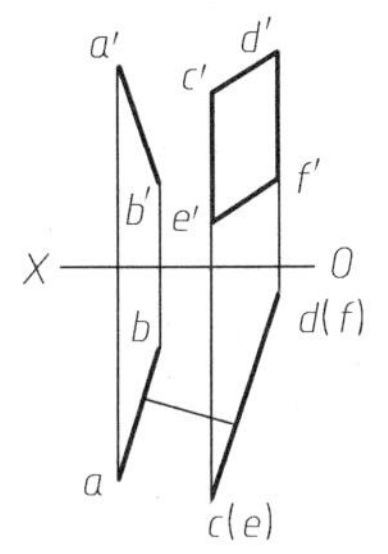

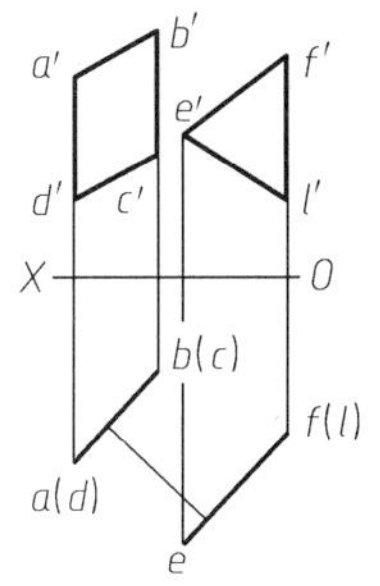

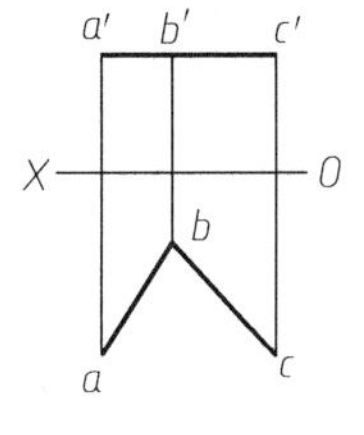

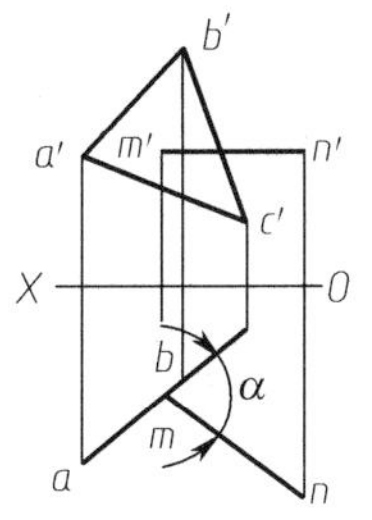

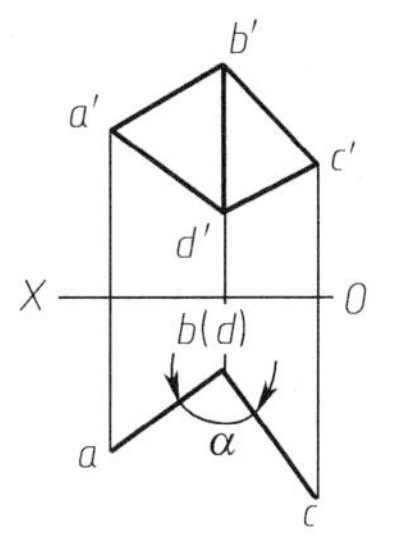

当要解决一般几何元素的度量或定位问题时，可设法把它们与投影面的相对位置由一般位置改变为特殊位置，使空间问题的解决得到简化。

改变空间几何元素对投影面相对位置或改变投影方向的方法，称为投影变换。

进行投影变换的方法有多种，本章只扼要介绍换面方法：

换面法　指空间几何要素的位置不动，用新的投影面来代替旧的投影面，使空间几何要素相对新投影面变成特殊位置,然后用其新投影解题。

投影变换还可以采用旋转法,是指原投影面不动,使空间几何要素绕某一轴旋转到另一位置,然后解题。本章内容中不介绍此方法。

4.2 换 面 法

4.2.1 新投影面的设置条件

换面法是空间几何元素不动,设置一个新的投影面替换原投影体系中的某一投影面,组成一个新的投影体系,使相应的几何元素在该投影体系中处于特殊位置,达到简化解题的目的,这种方法称为变换投影面法,简称换面法。如图 4-1 所示,$\triangle ABC$ 在原投影面体系中是铅垂面,其两个投影均不反映实形。现设置一个新投影面 V_1,使 V_1 面垂直于 H 面并与 $\triangle ABC$ 平行,于是组成了一个新投影面体系 V_1/H,V_1 面与 H 面交线 O_1X_1 为新投影轴。在这个新投影体系中,$\triangle ABC$ 是 V_1 面的平行面,所以它在 V_1 面上的投影反映实形。

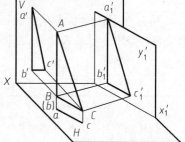

在换面法中,新投影面的设置必须满足以下两个条件:

(1)新投影面必须垂直于原投影体系中的某一投影面;

(2)新投影面必须使几何元素(直线或平面)处于便于解题的位置。

图 4-1 换面法

4.2.2 点的投影变换规律

点是最基本的几何形体要素。首先须了解点的投影变换规律。

1. 点的一次换面

如图 4-2(a)所示,A 点在原投影体系 V/H 中的投影为 a、a'。现设置一个新投影面 V_1 替换 V 面,建立新的投影体系 V_1/H,则 A 点在 V_1/H 体系中的投影为 a、a'_1。使 V_1 面绕新投影轴 O_1X_1 旋转与 H 面重合,就得到 A 点在 V_1/H 体系中的两面投影图,如图 4-2(b)所示。从图中可以看出,新投影 a'_1 与不变投影面 H 面上的投影 a 的连线垂直于新投影轴,a'_1 到 X_1 轴的距离等于 a' 到 X 轴的距离。由此可得换面法中投影变换规律如下:

(1)新投影与不变投影之间的连线垂直于投影轴;

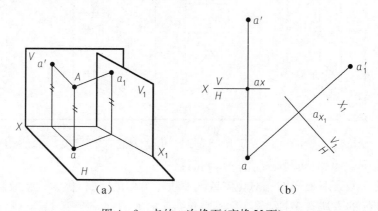

（a）　　　　　　　　　　　（b）

图 4-2 点的一次换面(变换 V 面)

（2）新投影到新轴的距离等于被替换投影到旧轴的距离。

根据上述规律，点的一次换面作图步骤如下：

① 确定要变换的投影面，如变换 V 面，作新轴 X_1，X_1 轴的位置可根据作图需要而定；

② 过 a 点作新轴 X_1 的垂线；

③ 在垂线上截取 $a_1'a_{X_1} = a'a_X$，即得 A 点在 V_1 面上的新投影 a_1'。

若变换 H 面，作图步骤与上述相似，如图 4-3 所示。

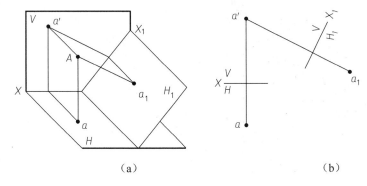

（a）   （b）

图 4-3　点的一次换面（变换 H 面）

2. 点的二次换面

在解题中，有时一次换面还不能解决问题，而需要连续两次换面（图 4-4）。二次换面是在一次换面的基础上进行换面，其原理和作图方法与一次换面相同。但要注意二次换面中，先换哪一个面应视解题需要而定，然后按顺序进行换面，如 $V/H \rightarrow V_1H \rightarrow V_1H_2$ 或 $V/H \rightarrow V/H_1 \rightarrow V_2/H_1$。

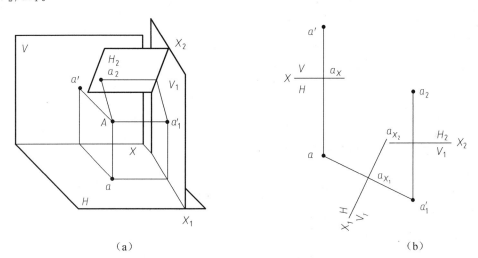

（a）   （b）

图 4-4　点的二次换面

4.2.3　直线的换面

1. 将一般位置直线变换成投影面平行线

如图 4-5 所示，AB 为一般位置直线。现设置 V_1 面平行于 AB 且垂直于 H 面，建立新的投影面体系 V_1/H，则 AB 变换成 V_1 面的平行线。AB 在 V_1 面的投影 $a_1'b_1'$ 将反映 AB 的实长，$a_1'b_1'$ 与投影轴 X_1 的夹角反映直线 AB 对 H 面的倾角 α。作图步骤如下：

(1) 作新投影轴 $X_1 // ab$；

(2) 分别由 a、b 两点作 X_1 轴的垂直线，与 X_1 轴交于 a_{X_1}、b_{X_1}，然后在垂线上量取 $a_1'a_{X_1} = a'a_X$、$b_1'b_{X_1} = b'b_X$，得到新投影 a_1'、b_1'；

(3) 连接 a_1'、b_1' 得到投影 $a_1'b_1'$，它反映 AB 的实长，与 X_1 轴的夹角反映 AB 对 H 面的倾角 α。

若求 AB 对 V 面的倾角 β，则要设置新投影面 H_1 平行于 AB，作图时取 X_1 轴平行于 $a'b'$，如图 $4-6$ 所示。

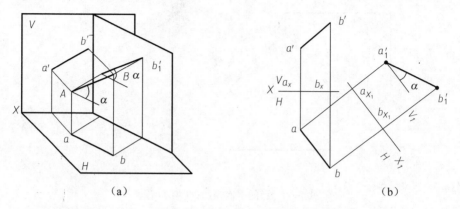

图 $4-5$　将一般位置直线变换成投影面平行线（变换 V 面）

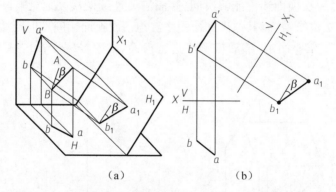

图 $4-6$　将一般位置直线变换成投影面平行线（变换 H 面）

2. 将投影面平行线变换成投影面垂直线

如图 $4-7$ 所示，AB 为一水平线，现设置 $V_1 \perp AB$，建立新体系 V_1/H，则 AB 为 V_1 面的垂直线。AB 在 V_1 面上的投影积聚成一点。作图步骤如下：

(1) 作新投影轴 $X_1 \perp AB$；

(2) 过 a 或 b 点作 X_1 轴的垂直线；

(3) 作出 AB 在 V_1 面上的投影 $a_1'(b_1')$。

3. 将一般位置直线变换成投影面垂直线

将一般位置直线变换成投影面垂直线，必须经过二次换面：第一次将一般位置直线变换成投影面平行线；第二次再将投影面平行线变换成投影面垂直线。作图步骤如图 $4-8$ 所示：

(1) 作新投影轴 $X_1 // ab$，求得 AB 在 V_1/H 体系中的新投影 $a_1'b_1'$；

(2) 再作一新投影轴 $X_2 \perp a_1'b_1'$，求得 AB 在 V_1/H_2 体系中的新投影 $a_2(b_2)$。

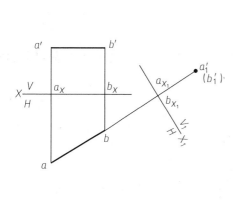

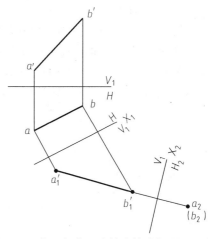

图 4-7　将投影面平行线变换成投影面垂直线　　　图 4-8　将一般位置直线变换成投影面垂直线

4.2.4　平面的换面

1. 将一般位置平面变换成投影面垂直面

将一般位置平面变换成投影面垂直面,即使该一般位置平面垂直于新投影面。在一般位置平面上只要作一条直线垂直于新投影面,则该平面即垂直于新投影面。为了简化作图,可在一般位置平面上任取一条投影面平行线,作其垂直面既为新投影面,则该平面即为新投影面的垂直面(图 4-9)。作图步骤如下:

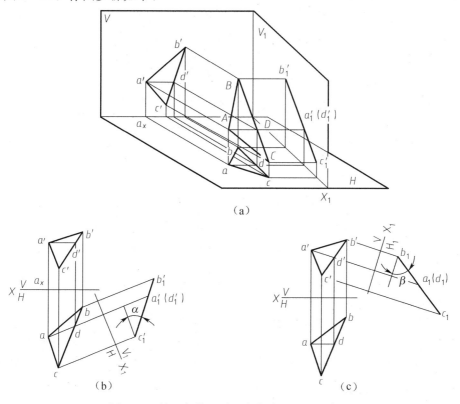

(a)

图 4-9　将一般位置平面变换成投影面垂直面

(a)立体图;(b)投影图(换 *V* 面);(c)投影图(换 *H* 面)。

（1）在 V/H 体系中，作 $\triangle ABC$ 上水平线 AD 的两面投影 ad、$a'd'$；

（2）作 $X_1 \perp ad$，求得 $\triangle ABC$ 的积聚投影 $a'_1 b'_1 c'_1$。

2. 将投影面垂直面变换成投影面平行面

如图 4-10 所示，$\triangle ABC$ 为铅垂面，将其变换成投影面平行面，只需一次换面，即变换 V 面，使 V 面平行于 $\triangle ABC$。作图步骤如下：

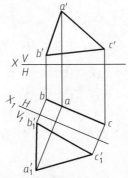

图 4-10 将投影面垂直面变换成投影面平行面

（1）作新投影轴 X_1 平行于 $\triangle ABC$ 的积聚投影 abc；

（2）按点的投影变换规律作图，求出 a'_1、b'_1、c'_1，则 $\triangle a'_1 b'_1 c'_1$ 反映 $\triangle ABC$ 实形。

3. 将一般位置平面变换成投影面平行面

将一般位置平面变换成投影面平行面，必须经过两次换面。第一次将一般位置平面变成投影面垂直面；第二次将投影面垂直面变换成投影面平行面。如图 4-11 所示，先将 ABC 变换成 H_1 面的垂直面，再变换成 V_2 面的平行面。作图步骤如下：

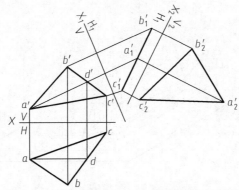

图 4-11 将一般位置平面变换成投影面平行面

（1）在 $\triangle ABC$ 上作正平线 AD，设置新投影面 $H_1 \perp AD$，即作 $X_1 \perp a'd'$，然后作出 $\triangle ABC$ 在 H_1 面上的积聚投影 $a_1 b_1 c_1$。

（2）作新投影面 V_2 平行于 $\triangle ABC$，即作 $X_2 /\!/ a_1 b_1 c_1$，然后作出 $\triangle ABC$ 在 V_2 面上的新投影 $\triangle a'_2 b'_2 c'_2$，它即反映 $\triangle ABC$ 实形。

以上直线和平面的换面作图可综合为两个基本问题：

（1）把已知投影变换为平行投影（可得到实长、实形，或垂直关系，或为下步作图的基础）。

（2）把已知投影变换为积聚性投影（可得夹角、距离、垂直关系，或为下步作图的基础）。

4.2.5 换面法应用举例

在应用换面法解题时，首先要分析空间已知元素和未知元素的相互关系；再分析空间几何元素与投影面处于何种相对位置时,解题最为简捷;然后根据题目要求再分析需要换几次面以及先换哪个投影面。只有在对解题的思路和步骤十分明确的情况下,才可应用上述的基本作图方法进行解题。

例 4-1 试过点 A 作直线 AK 与已知直线 EF 正交,如图 4-12 所示。

解:空间分析:由直角投影定理可知:当直线 EF 平行于某一投影面,则在该投影面上的投影反映正交。所以,只需变换一次投影面可将直线 EF 由一般位置的直线变成投影面的平行线。本题可将直线 EF 变成 V_1 面的正平线或 H_1 面的水平线,均可解题。

作图过程如图 4-12 所示:

(1) 将直线 EF 变为 V_1 面的平行线。

① 作新轴 $X_1 \parallel ef$,按点的投影变换规律,求出 e_1' 和 f_1';

② 点 A 随同直线 EF 一起变换得 a_1';

(2) 根据直角投影定理,过 a_1' 向 $e_1'f_1'$ 作垂线,与 $e_1'f_1'$ 交于 k_1',$a_1'k_1'$ 即为两线正交后的交点 K 在 V_1 面上的投影。

(3) 由 k_1' 返回 V/H 体系中求出 k、k',连接 ak、$a'k'$ 即为所求直线 AK 的投影。

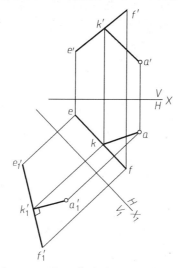

图 4-12 点 A 作直线 AK 与直线 EF

例 4-2 试求点 S 到平行四边形 $ABCD$ 的距离,如图 4-13 所示。

解:空间分析:如图 4-13(a)所示,当平面变成投影面垂直面时,平面在该投影面上的投影积聚为一直线,点到平面的距离即为自点向该平面所作的垂线的长度。此垂线必平行于该投影面,反映点到平面的真实距离。一般位置平面变成投影面垂直面,只需一次变换。

作图:如图 4-13(b)所示。

(1) 平行四边形 $ABCD$ 变为投影面 V_1 的垂直面,点 S 随同一起变换。从图中可知:平面 $ABCD$ 中的 AD、BC 边为水平线,所以可作新轴 $X_1 \perp ad$,按点的换面投影规律,求出 a_1'、b_1'、c_1'、d_1' 和 s_1'。

(2) 过 s_1' 作平面 a_1'、b_1'、c_1'、d_1' 的垂线,得垂足点 k_1'、$s_1'k_1'$ 即为点 S 到平面 $ABCD$ 的距离。返回投影作出 sk 和 $s'k'$。

例 4-3 求作交叉两直线 AB、CD 的公垂线,如图 4-14(a)所示。

解:空间分析:在求解中若使交叉二直线之一变换成新投影面的垂直线,则公垂线必平行

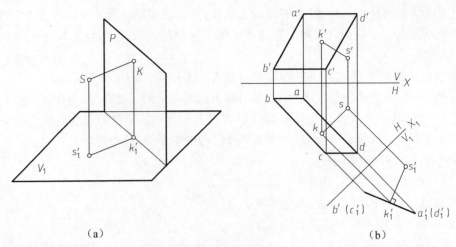

（a）   （b）

图 4-13　求点到平面的距离

(a)立体图；(b)投影图。

于该投影面，并反映实长。图中把直线 AB 变为投影面垂直线，则 CD 与 AB 间的公垂线 EF 必平行于该投影面，并反映实长。公垂线 $EF \perp CD$，则在 V_2 面上的投影反映直角。因为 AB 是一般位置的直线，故需经二次变换求解。

作图过程如图 4-14(b)所示。

(1) 作 $X_1 // a'b'$，在新投影面 H_1 上求出 a_1b_1 和 c_1d_1。

(2) 作 $X_2 \perp a_1b_1$，在新投影面 V_2 上求出 $a'_2b'_2$ 和 $c'_2d'_2$。

(3) 自 $a'_2(b'_2)$ 作 $c'_2d'_2$ 的垂线 $e'_2f'_2$，则 $e'_2f'_2 // V_2$，$e'_2f'_2$ 即为所求公垂线的实长。

(4) 因为 $EF // V_2$，所以 $e_1f_1 // V_2$，。由 e'_2、f'_2 返回投影求出公垂线 EF 的 H 面、V 面和 H_1 面的投影 ef、$e'f'$ 和 e_1f_1，则确定了公垂线的位置。

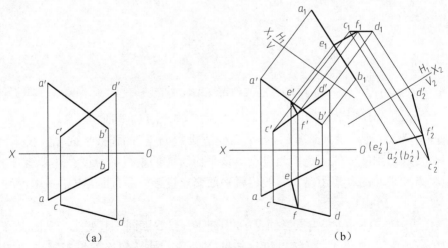

（a）   （b）

图 4-14　求作交叉两直线间的距离

第5章 平面立体的投影

再复杂的工程形体都是由基本立体组合而成的。立体可分为平面立体和曲面立体两类。若立体表面全部由平面所围成,则称为平面立体。若立体表面由曲面和平面或全部由曲面所围成,则称为曲面立体。

5.1 平面立体的投影

平面立体由若干多边形所围成,因此,绘制平面立体的投影,可归结为绘制它的所有多边形表面的投影,也就是绘制这些多边形的边和顶点的投影。多边形的边是平面立体的轮廓线,分别是平面立体的每两个多边形表面的交线。当轮廓线的投影为可见时,画粗实线;不可见时,画虚线;当粗实线与虚线重合时,应画粗实线。

工程上常用的平面立体是棱柱和棱锥(包括棱台)。

5.1.1 棱柱的投影

棱柱通常有三棱柱、四棱柱、五棱柱、六棱柱等。棱柱的特点是组成棱柱的各侧棱相互平行,上、下底面相互平行。现以正六棱柱为例说明棱柱的投影特点。

如图 5-1(a)所示,正六棱柱是由上、下底面和六个侧棱面所围成。上、下底面为水平面,其水平投影反映实形并重合。正面投影和侧面投影积聚成平行于相应投影轴的直线,六个侧棱面中,前、后两个棱面为正平面,它的正面投影反映实形并重合,水平投影和侧面投影积聚成平行于相应投影轴的直线;其余四个棱面均为铅垂面,其水平投影分别积聚成倾斜直线,正面投影和侧面投影都是缩小的类似形(矩形)。将其上、下底面及六个侧面的投影画出后,即得正六棱柱的三面投影图,如图 5-1(b)所示。

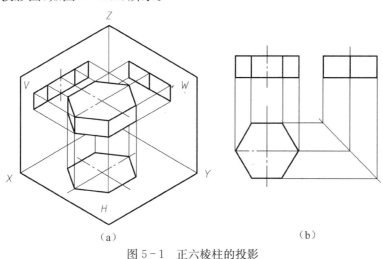

(a)   (b)

图 5-1 正六棱柱的投影

作图过程,如图 5-2 所示。

(1) 画中心线、对称线,确定图形位置,如图 5-2(a)所示;

(2) 画出上、下底的水平投影,正面投影,侧面投影,如图 5-2(b)所示;

(3) 将上、下底面对应顶点的同面投影连接起来,即得棱线的投影,如图 5-2(c)所示。

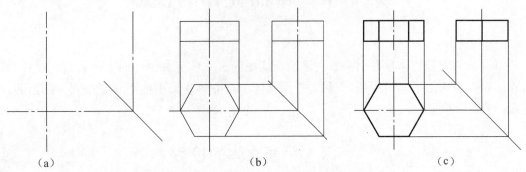

(a)　　　　　　　　　　(b)　　　　　　　　　　(c)

图 5-2　画正六棱柱的三面投影图的步骤

5.1.2　棱锥的投影

棱锥通常也有三棱锥、四棱锥、五棱锥、六棱锥等。棱锥是由一个底面和几个侧面所围成。棱锥侧面彼此相交的交线,称为棱线;棱线汇交为一点,此点称为锥顶。如图 5-3 (a)所示的四棱锥,$ABCD$ 为底面,SA、SB、SC、SD 为棱线,S 为锥顶。现以四棱锥为例,说明棱锥的投影特点。

四棱锥的底面 $ABCD$ 为水平面,其水平投影反映实形,正面投影和侧面投影积聚成平行相应投影轴的直线。左、右两个棱锥面 SAD 和 SBC 是正垂面,所以它的正面投影积聚为两段直线,水平投影 sad 和 sbc 为缩小且大小相等的类似形,侧面投影 $s''a''d''$ 和 $s''b''c''$ 为缩小的大小相等且投影重合的类似形。前、后两个棱锥面 SAB 和 SCD 是侧垂面,其侧面投影积聚为两段直线,水平投影 sab 和 scd 为缩小的类似形,正面投影 $s'a'b'$ 和 $s'c'd'$ 为缩小的类似形且投影重合,如图 5-3(b)所示。

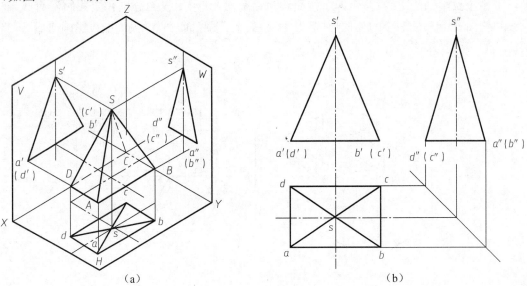

(a)　　　　　　　　　　　　　　　(b)

图 5-3　四棱锥投影

四棱锥投影的作图步骤,如图 5-4 所示。

(1) 画中心线、对称线,确定图形位置,如图 5-4(a)所示;

(2) 画四棱锥底面 $ABCD$ 的水平投影、正面投影、侧面投影,如图 5-4(b)所示;

(3) 画顶点 S 的三面投影,如图 5-4(c)所示;

(4) 连接锥顶 S 与锥底 $ABCD$ 的各同名投影,即完成全图,如图 5-4(d)所示。

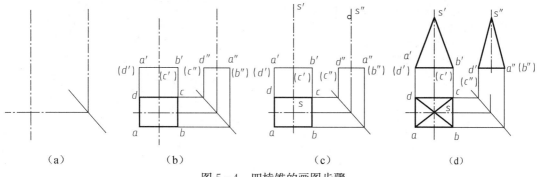

（a）　　　　　　（b）　　　　　　（c）　　　　　　（d）

图 5-4　四棱锥的画图步骤

5.2　平面立体表面上的点和直线

平面立体表面取点、直线的方法,与前面所述在平面内取点、直线的方法相同。下面举例说明在平面立体表面取点、直线的作图方法。

图 5-5(a)、(b)表示由已知正五棱柱棱面上点 M 和点 N 的正面投影 m' 和 (n'),求作水平投影和侧面投影的作图过程。

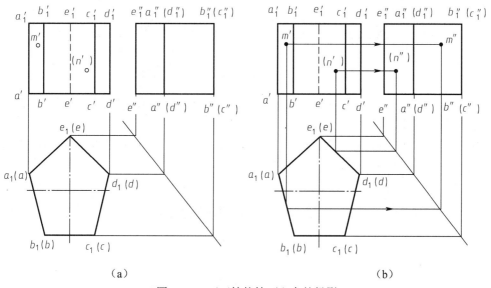

（a）　　　　　　　　　　　　（b）

图 5-5　正五棱柱棱面上点的投影

由于点 M 的正面投影 m' 为可见;所以点 M 在铅垂面 AA_1B_1B 上。而点 N 的正面投影 n' 为不可见,则点 N 在 D_1DEE_1 上。利用铅垂面水平投影的积聚性,先求出点 M 和点 N 的水平投影 m、n,再求出其侧面投影 m''、(n'')。

图 5-6 表示求正三棱锥的侧面投影及点 P 和点 M 的水平投影和侧面投影的作图过程。

从图 5-6(a)中可知,正三棱锥的底面 ABC 为水平面,棱面 SAB 和 SAC 为一般位置平面,SBC 为正垂面。在补画正三棱锥的侧面投影时,首先画出底面 ABC 的侧面投影 $a''b''c''$,然后画出锥顶 S 的侧面投影 s'',s'' 与 $a''b''c''$ 分别连线,即为所求,如图 5-6(a)所示。

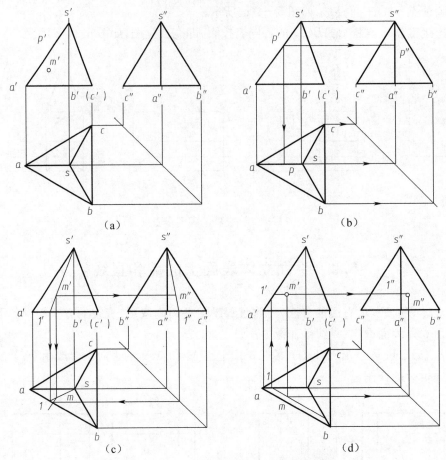

图 5-6　正三棱锥棱线和棱面上点的投影

点 P 是正三棱锥棱线 SA 上的点,利用点在线上的投影特性,即可求出 P 的水平投影 p 和侧面投影 p'',如图 5-6(b)所示。

从图 5-6(a)可知:m' 为可见,所以 M 点在棱面 SAB 上。点 M 的其余二投影可利用面上取点法求之,具体作图步骤详见图 5-6(c)、(d)。

5.3　平面立体的截切

5.3.1　概述

立体的截切即是平面与立体相交。截切立体的平面成为截平面,截平面与立体表面的交线成为截交线,由截交线围成的图形称截断面,如图 5-7 所示。

虽然不同立体与不同位置平面相交产生不同的截交线,但均有共同的性质与做图步骤。本节主要介绍截交线的求法。

基本性质:

（1）共有性：截交线既属于平面上的线，又属于体表面上的线；

（2）封闭性：因立体是由它表面围合而成的封闭空间，故截交线为封闭的平面图形。

由于截交线既是截平面上的点，又是立体表面上的点的集合，故求作截交线可归纳为求截平面与立体表面共有点的作图。

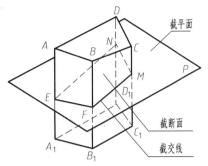

图 5-7　平面与立体截切

作图步骤：

（1）形体分析：分析立体的性质及截平面对投影面的位置。

（2）截交线的分析：分析阶段类型及截交线性质。

（3）求截交点：原则上才用以上介绍的线面求交点的基本方法。但当立体表面或截平面为特殊位置时，则可简化为面上取点的作图。

（4）连截交点：

① 平面立体截切时连点的原则是，既在同一截面上，又在同一棱面上的两点才能相连。

② 曲面立体截切时连点的原则是，相临素线上的截交点依次相连。

（5）可见性判别：投影图中，可见面上的线必然可见，不可见面上的线要看截切后是否被遮挡而定。

（6）完成截切立体的投影图：将截切立体轮廓线投影画完整，并判别可见性。

5.3.2　平面与平面立体截切

截交线性质：平面立体的截交线是一封闭的平面折线——即平面多边形。多边形的各边是截平面与立体相应棱面的交线，多边形的顶点是截平面与立体相应棱线的交点。

下面通过对不同平面立体的不同切口形状的分析，了解和掌握其投影图的画法。

例 5-1　求作五棱柱被切割后的三面投影

解： 如图 5-8 所示，已知五棱柱的正面投影和水平投影，并用正垂面 P 切割掉左上方的一块，被切割掉的部分用双点划线表示，求作截交线以及五棱柱被切割后的三面投影。

因为截交线的各边是正垂面 P 与五棱柱的棱面和顶面的交线，它们的正面投影都重合在 P_V 上，所以截交线的正面投影已知，五棱柱被切割后的正面投影也已知，只要作出截交线的水平投影，就可作出五棱柱被切割后的水平投影。根据五棱柱的正面投影和水平投影，可以作出它的侧面投影；同理，由已作出的截交线的正面投影和水平投影，也可作出截交线的侧面投影，从而作出五棱柱被切割后的侧面投影。从已知的正面投影可以直观地看出，断面的水平投影和侧面投影都是可见的。

作图过程如图 5-8 所示：

（1）在五棱柱正面投影右侧的适当位置画表示后棱面的铅垂线，用水平投影中从后棱面向前的距离 y 和 y_1，按侧面投影与水平投影宽相等和前后对应，以及五棱柱顶面、底面的正面投影和侧面投影应分别在同一水平线上的原则，就可由已知的正面投影和水平投影作出完整的五棱柱的侧面投影。

（2）在截交线已知的正面投影上，标注出棱线 AA_0、BB_0、EE_0 与截平面 P 的交点 F、G、J 的正面投影 f'、g'、j'，标注出截平面 P 与顶面的交线 HI（及其端点 H、I）的正面投影 $h'i'$，就

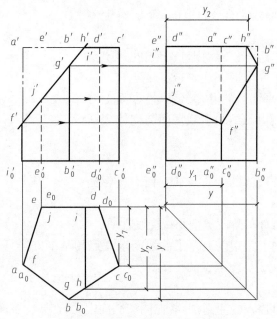

图 5-8　作五棱柱被切割后的三面投影

表示了截交线五边形 $FGHIJ$ 的正面投影 $f'g'h'i'j'$。

在 aa_0、bb_0、ee_0 上分别标出 f、g、j，由 $h'i'$ 作出 h、i，画出截交线五边形 $FGHIJ$ 的水平投影 $fghij$，也就补全了五棱柱被切割后的水平投影。

由 f'、g'、j' 分别在 $a''a_0''$、$b''b_0''$、$e''e_0''$ 上作出 f''、g''、j''；由于点 I 在顶边侧垂线 ED 上，所以可直接在积聚成一点的 $e''d''$ 上标出 i''；在顶面的侧面投影上，从 i'' 向前量取水平投影中的距离 y_2，就可作出 h''。连 j'' 与 f''、f'' 与 g''、g'' 与 h''，$h''i''$、$i''j''$ 分别积聚在顶面、后棱面的侧面投影上，便画出截交线五边形 $FGHIJ$ 的侧面投影 $f''g''h''i''j''$。因为棱线 AA_0 在点 F 之上的一段已被切割掉，而棱线 CC_0 仍是全部存在的，所以在侧面投影中应将 f'' 以上的粗实线改为虚线，仅表示侧面投影不可见的棱线 CC_0 的上部的一段；同时还应将 h'' 以前和 g'' 以上的五棱柱被切割掉的侧面投影的轮廓线擦去或改为双点划线，也就作出了五棱柱被切割后的侧面投影。

例 5-2　求作切口三棱锥的投影

解：如图 5-9 所示，已知缺口三棱锥的正面投影，补全它的水平投影和侧面投影。

从正面投影中可见：缺口是由一个水平面和一个正垂面切割三棱锥而形成的，左棱线 SA 有一段被切割掉，在正面投影中画成双点划线，而在水平投影和侧面投影中，则由于未经作图确定 SA 被切割掉的一段棱线的投影之前，暂时先将 sa 和 $s''a''$ 都画成双点划线。

可以想象：因为水平截平面平行于底面，所以它与前、后棱面的交线 DE、DF 分别平行于底边 AB、AC。正垂截平面分别与前、后棱面相交于直线 GE、GF。由于两个截平面都垂直于正面，所以它们的交线 EF 一定是正垂线。想象的结果如图 5-9(a) 右下角的立体图所示。画出这些交线的投影，也就画出了这个缺口的投影。

作图过程如图 5-9(a) 所示：

（1）因为这两个截平面都垂直于正面，所以 $d'e'$、$d'f'$ 和 $g'e'$、$g'f'$ 都分别重合在它们的有积聚性的正面投影上，$e'f'$ 则位于它们的有积聚性的正面投影的交点处。于是在正面投影中标注出这些交线的投影。

（2）由 d' 在 sa 上作出 d。由 d 作 $de/\!/ab$、$df/\!/ac$，再分别由 $e'f'$ 在 de、df 上作出 e、f。由 d'

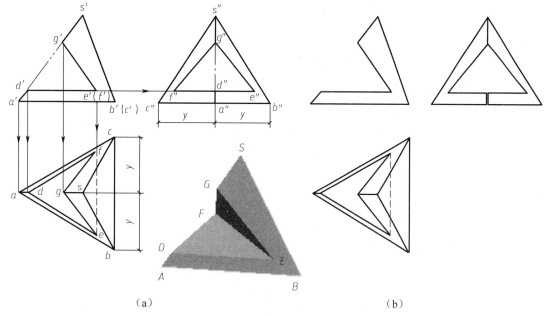

（a）　　　　　　　　　　　　　　　　　（b）

图 5-9　补全缺口三棱锥的水平投影和侧面投影

e'、de 作出 $d''e''$，由 $d'f'$、df 作出 $d''f''$，它们都重合在水平截平面的积聚成直线的侧面投影上。

（3）由 g' 分别在 sa、$s''a''$ 上作出 g、g''，并分别与 e、f 和 $e''f''$ 连成 ge、gf 和 $g''e''$、$g''f''$。

（4）连 e 和 f，由于 ef 被三个棱面 SAB、SBC、SCA 的水平投影所遮而不可见，画成虚线；$e''f''$ 则重合在水平截平面的有积聚性的侧面投影上。

（5）用粗实线加深在棱线 SA 上实际存在的 SG、DA 段的水平投影 sg、da 和 $s''g''$、$d''a''$；原来用双点划线表示的 GD 段的三面投影 $g'd'$、gd、$g''d''$ 实际上是不存在的，不应画出。

由此就补全了缺口三棱锥的水平投影和侧面投影，作图结束如图 5-9(b)所示。

例 5-3　画出开槽三棱柱的投影，见图 5-10。

解： 三棱柱被两个正垂面左右各切去一部分，然后在底部又挖去一梯形通槽。整个截切后的立体前后、左右对称，见图 5-10(b)。

作图过程如图 5-10(a)所示。

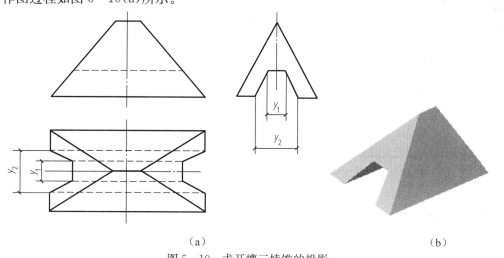

（a）　　　　　　　　　　　　　　　　　（b）

图 5-10　求开槽三棱锥的投影

61

（1）先画出完整三棱柱的三面投影。

（2）三棱柱被左右两个正垂面截切后，得到的截交线是两个三角形。截交线的正面投影积聚成直线，侧面投影仍是三角形，没变化，水平投影也是两个三角形。

（3）由于梯形通槽的两个侧面是侧垂面，顶面是水平面，这三个面在侧面的投影都有积聚性，故可先画出开槽的侧面投影，进而画出它的正面投影。再根据槽顶的宽 y_1、槽开口的宽 y_2 以及投影关系作出通槽的水平投影。

（4）判断可见性。组成槽的三个面在水平投影中都是不可见的，故要画成虚线。但由于被两个正垂面截切，通槽的进口和出口的水平投影却是可见的，作图结果见图 5-10(a)。

例 5-4 求作穿孔六棱柱的投影

解：如图 5-11(a)所示，已知一个具有正垂的三棱柱穿孔的正六棱柱的正面投影，补全这个穿孔六棱柱的水平投影、侧面投影。

从已知的正面投影以及未穿孔时六棱柱的水平投影可以看出：穿孔六棱柱左右、前后都对称；前孔口是三棱柱孔的三个棱面与六棱柱左前、前、右前棱面的交线，而后孔口则是三棱柱孔的三个棱面与六棱柱左后、后、右后棱面的交线，前后孔口的正面投影互相重合，都积聚在三棱柱孔的三个棱面的正面投影上。想象出的形状如图 5-11(b)所示。

作图过程如图 5-11(a)所示：

（1）在正面投影中标注出前孔口 $ABCDEFGA$ 的投影 $a'b'c'd'e'f'g'a'$ 和后孔口 $A_0B_0C_0D_0E_0F_0G_0A_0$ 的投影 $a_0'b_0'c_0'd_0'e_0'f_0'g_0'a_0'$，它们相互重合。三棱柱孔的三条正垂线 AA_0、CC_0、EE_0 的正面投影即为 $a'a_0'$、$c'c_0'$、$e'e_0'$，它们分别积聚成一点。

（2）由于前孔口在水平投影中积聚在正六棱柱的左前、正前、右前这三个棱面的有积聚性的投影上，后孔口同样也积聚在左后、正后、右后棱面的投影上，所以由前、后孔口的正面投影就可标注出它们的水平投影 $abcdefga$ 和 $a_0b_0c_0d_0e_0f_0g_0a_0$。分别连 a 与 a_0、c 与 c_0、e 与 e_0，aa_0、cc_0、ee_0 即为三棱柱孔的三条棱线的水平投影，由于它们都被六棱柱的顶面所遮，所以都画成虚线。

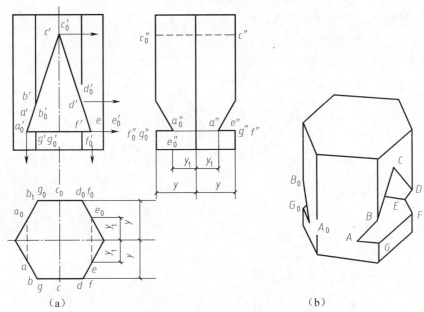

（a）   （b）

图 5-11　补全穿孔六棱柱的水平投影，作出它的侧面投影

（3）在已知正面投影右侧的适当位置作出六棱柱的侧面投影，六棱柱的左前、右前、左后、右后棱线分别各有一段 BG、DF、B_0G_0、D_0F_0 是不存在的，画图时应断开。由正面投影和水平投影可作出三条棱线的侧面投影 $a''a''_0$、$c''c''_0$、$e''e''_0$，$a''a''_0$ 与 $e''e''_0$ 相互重合，由于这些棱线的侧面投影都不可见，应画虚线。

由此就补全了穿孔六棱柱的水平投影，作出了它的侧面投影。

5.4　两平面立体相交

5.4.1　概述

立体与立体相交称为相贯，立体相贯时形成的表面交线称为相贯线。通常根据相交立体的不同将立体相交分为两平面立体相交、平面立体与曲面立体相交以及两曲面立体相交三种情形进行讨论。

5.4.2　两平面立体相交

两平面立体表面相交产生的相贯线，一般是封闭的空间折线。折线的每一段是其中一个立体的某一棱面与另一立体的某一棱面的交线；折线的顶点是一个立体的某一棱线与另一立体侧表面的交点。因此，求两平面立体的相贯线，可采用两平面交线的方法。最终转化为求平面与直线的交点问题。

如图 5-12 所示，烟囱的四个棱面的水平投影和屋面的侧面投影都有积聚性，烟囱（四棱柱）与屋子（五棱柱）的表面交线（四边形折线）的水平投影和侧面投影分别在各个积聚性投影上。表面交线的正面投影 $1'2'3'4'$（封闭图形）可利用这些积聚性来求。

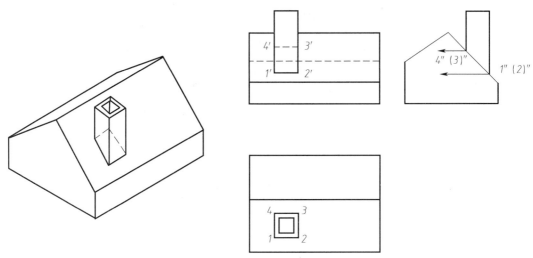

图 5-12　两平面立体相交（一）

当只有一面投影有积聚性或三面投影都没有积聚性时，求它们的相贯线就相对麻烦一些了。这时要注意逐点、逐线有条不紊地进行，才能顺利求解（先求点后求线）。例如，求做图 5-13 所示的房顶透气窗的水平投影，如果没有给出侧面投影，这就需要先利用面上取点的方法，找到点Ⅰ、Ⅱ、Ⅲ的水平投影，再连线即为所求，如图 5-13 所示。

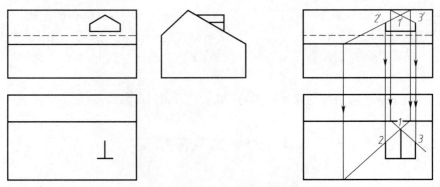

图 5-13 两平面立体相交(二)

5.5 同坡屋面的交线

如果同一屋面上各个斜坡面的水平倾角 α 都相等,并且周围的屋檐高度相同,则称为同坡屋面(也称为同坡屋顶)。同坡屋面上的交线是平面立体相贯的工程实例,如图 5-14 所示,但它的作图却与前述平面立体相贯的方法有所不同,有自己的特殊性。

同坡屋面的名词术语如图 5-14(a)所示。同坡屋面的投影图有如下特点:

(1)同坡屋面如前后檐口线平行且等高时,前后坡面必相交成水平的屋脊线。屋脊线的 H 面投影,必平行于檐口线的 H 面投影,且与两檐口线等距。

(2)檐口线相交的两相邻坡面,必相交成斜脊线或天沟线。它们的 H 面投影为两檐口线 H 面投影夹角的平分线。斜脊位于凸墙角上,天沟位于凹墙角上,如图 5-14 所示。当两檐口线相交成直角时,两坡面的交线(斜脊线或天沟线)在 H 面上的投影与檐口线的投影成 $45°$。

(3)在屋面上如果有两斜脊、两天沟、或一斜脊一天沟相交于一点,则必有第三条屋脊线通过该点。这个点就是三个相邻屋面的公有点。

同坡屋面的投影图作法如图 5-14 所示。

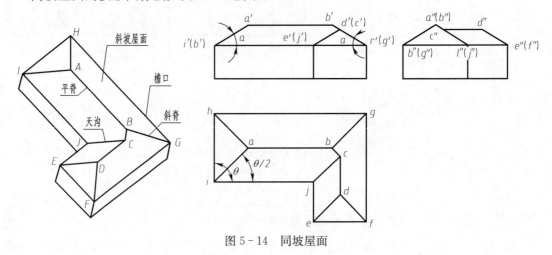

图 5-14 同坡屋面

第6章 曲面立体的投影

6.1 回转体(圆柱、圆锥、圆球)的投影

曲面立体由曲面或曲面和平面所围成。常见的曲面立体有圆柱、圆锥、圆球和圆环及具有环面的回转体。它们通常均称为回转体。

曲面立体的投影就是组成曲面立体的曲面和平面的投影的组合。本节主要介绍曲面立体投影图的画法以及表面取点的方法。

6.1.1 圆柱

圆柱由圆柱面、顶面、底面所围成。圆柱面由一条直母线绕与它平行的轴线旋转而成。

如图6-1(a)所示,当轴线为铅垂线时,圆柱面上所有素线都是铅垂线,圆柱面的水平投影积聚成一个圆,圆柱面上的点和线的水平投影都积聚在这个圆上。圆柱的顶面和底面是水平面,它们的水平投影反映真形,就是这个圆。用点划线画出对称中心线,对称中心线的交点是轴线的水平投影。

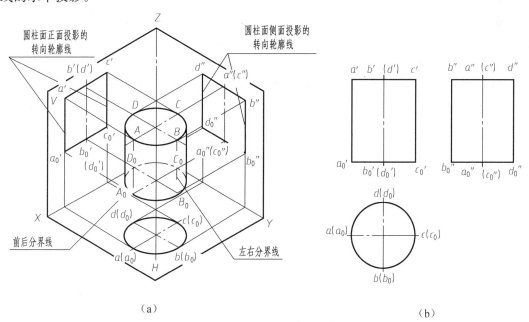

（a）　　　　　　　　　　　　（b）

图6-1 圆柱的投影

圆柱的顶面、底面的正面投影都积聚成直线;圆柱的轴线和素线的正面投影、侧面投影仍是铅垂线,用点划线画出轴线的正面投影和侧面投影。圆柱的正面投影的左右两侧是圆柱面的正面投影的转向轮廓线 $a'a_0'$ 和 $c'c_0'$,它们分别是圆柱面上最左、最右素线 AA_0、CC_0(也就是正面投影可见的前半圆柱面和不可见的后半圆柱面的分界线)的正面投影; AA_0 和 CC_0 的

侧面投影 $a''a_0''$ 和 $c''c_0''$ 则与轴线的侧面投影相重合。圆柱的侧面投影的前后两侧是圆柱面的侧面投影的转向轮廓线 $b''b_0''$ 和 $d''d_0''$，它们分别是圆柱面上最前、最后素线 BB_0 和 DD_0（也就是侧面投影可见的左半圆柱面和不可见的右半圆柱面的分界线）的侧面投影；BB_0 和 DD_0 的正面投影 $b'b_0'$ 和 $d'd_0'$ 则与轴线的正面投影相重合。

这个圆柱的三面投影，如图 6-1(b)所示。

在圆柱表面上取点，可利用圆柱表面投影为圆的积聚性或作辅助素线的方法求得。

如图 6-2 所示，已知圆柱面上的点 A 和 B 的正面投影 $a'(b')$，求作它们的水平投影和侧面投影。作图过程如下：

（1）从 a' 可见和 (b') 不可见得知，点 A 在前半圆柱面上，而点 B 在后半圆柱面上。

（2）于是就可由 $a'(b')$ 引铅垂的投影连线，在圆柱面的有积聚性的水平投影上作出 a 和 b。

（3）由 $a'(b')$ 引水平的投影连线，由 a、b 按宽相等和前后对应，可作出 a'' 和 b''。由于点 A 和 B 都在左半圆柱面上，所以 $a''b''$ 都是可见的。

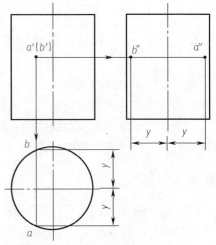

图 6-2　作圆柱面上的点的投影

6.1.2　圆锥

圆锥由圆锥面、底面所围成。圆锥面由一条直线绕与它相交的轴线旋转而成，圆锥表面上的一切素线为过锥顶的直线。

如图 6-3 所示，当圆锥的轴线为铅垂线时，底面的正面投影、侧面投影分别积聚成直线，水平投影反映它的真形——圆。

用点划线画出轴线的正面投影和侧面投影；在水平投影中，用点划线画出对称中心线，对称中心线的交点就是轴线的水平投影，又是锥顶 S 的水平投影 s。

圆锥面正面投影的转向轮廓线 $s'a'$、$s'b'$ 是圆锥面最左、最右素线 SA、SB（也就是正面投影可见的前半圆锥面和不可见的后半圆锥面的分界线）的正面投影；SA、SB 的侧面投影 $s''a''$、$s''b''$，与轴线的侧面投影相重合。圆锥面侧面投影的转向轮廓线 $s''c''$、$s''d''$ 是圆锥面上最前、最后素线 SC、SD（也就是侧面投影可见的左半圆锥面和不可见的右半圆锥面的分界线）的侧面投影；SC、SD 的正面投影 $s'c'$、$s'd'$，与轴线的正面投影重合。

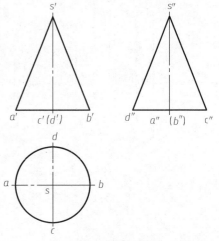

图 6-3　圆锥的投影

在图 6-3 中清楚地表明了锥顶 S 的正面投影 s'、侧面投影 s'' 和水平投影 s。圆锥面的水平投影与底面的水平投影相重合。显然，圆锥面的三个投影都没有积聚性。

如图 6-4 所示，已知圆锥的三面投影以及圆锥面上的点 A 的正面投影 a'，求作它的水平投影 a 和侧面投影 a''。由于圆锥面的三个投影都没有积聚性，所以需要在圆锥面上通过点 A

作一条辅助线。为了作图方便,应选取素线或垂直于铅垂轴线的纬圆(水平圆)作为辅助线,分述如下。

方法一(素线法):先参阅图6-4(a)中的立体图,连 S 和 A,延长 SA,交底圆于点 B,因为 a' 可见,所以素线 SB 位于前半圆锥面上,点 B 也在前半底圆上。作图过程如图6-4(a)投影图所示:

(1) 连 s' 和 a',延长 $s'a'$,与底圆的正面投影相交于 b'。由 b' 引铅垂的投影连线,在前半底圆的水平投影上交得 b。由 b 按宽相等和前后对应在底圆的侧面投影上作出 b''。分别连 s 和 b、s'' 和 b'',即得过点 A 的素线 SB 的三面投影 $s'b'$、sb 和 $s''b''$。

(2) 由 a' 分别引铅垂的和水平的投影连线,在 sb 上作出 a 和在 $s''b''$ 上作出 a''。由于圆锥面的水平投影可见,所以 a 也可见;又由于点 A 在左半圆锥面上,所以 a'' 亦为可见。

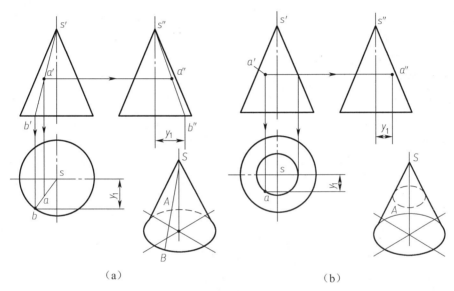

图6-4 作圆锥面上的点的投影
(a)素线法;(b)纬圆法。

方法二(纬圆法):先参阅图6-4(b)的立体图,通过点 A 在圆锥面上做垂直于轴线的水平纬圆,这个圆实际上就是点 A 绕轴线旋转所形成的。作图过程如图6-4(b)投影图所示:

(1) 过 a' 作垂直于轴线的水平纬圆的正面投影,其长度就是这个纬圆的直径的真长,它与轴线的正面投影的交点,就是圆心的正面投影,而圆心的水平投影则重合于轴线的有积聚性的水平投影上,与 S 相重合。由此就可作出这个圆的反映真形的水平投影(也可如图中所示,利用这个圆在最右素线上的点作出)。

(2) 由于 a' 可见,所以点 A 应在前半圆锥面上,于是就可由 a' 引铅垂的投影连线,在水平纬圆的前半圆的水平投影作出 a。由 a' 引水平的投影连线,又由 a 按宽相等和前后对应,即可作出点 A 的侧面投影 a''。可见性的判断在方法一中已阐述,不再重复。

6.1.3 球

球由球面围成。球面由圆绕其直径为轴线旋转而成。

如图6-5所示,球的三面投影都是直径与球直径相等的圆,它们分别是这个球面的三个投影的转向轮廓线。正面投影的转向轮廓线是球面上平行于正面的大圆(前后半球面的分界线)的正面投影；水平投影的转向轮廓线是球面上平行于水平面的大圆（上下半球面的分界线）的水平投影；侧面投影的转向轮廓线是球面上平行于侧面的大圆（左右半球面的分界线）的侧面投影。在球的三面投影中，应分别用点划线画出对称中心线，对称中心线的交点是球心的投影。

如图 6-5 所示，已知球面上点 A 的正面投影 a'，求作它的水平投影和侧面投影。因为球面的三个投影都没有积聚性，而且球面上不存在直线，但可以在球面上过点 A 作平行于投影面的圆，所以图中过点 A 作球面上的水平圆，这个圆实际上就是点 A 绕球的铅垂轴线旋转所形成的纬圆。

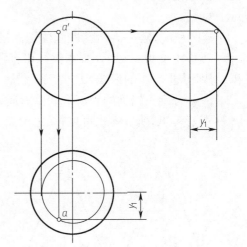

作图过程如图 6-5 所示：

(1) 过 a' 作球面上的水平圆的正面投影，按在正面投影中所显示的这个圆的直径的真长（或如图中所示，利用这个圆在球面的平行于正面的大圆上的点），作出反映这个圆的真形的水平投影。

图 6-5　球和球面上的点的投影

(2) 因为 a' 可见，便可由 a' 引铅垂的投影连线，在这个圆的前半圆的水平投影上作出 a。

(3) 由 a' 引水平的投影连线，由 a 按宽相等和前后对应，就可作出 a''。因为从 a' 可看出点 A 位于上半和左半球面上，所以 a 和 a'' 都是可见的。

读者可以自作：用同样的作图原理和方法，也可在图中用过点 A 的球面上平行于侧面的圆求作 a'' 和 a；还可以用过点 A 的球面上平行于正面的圆求作 a 和 a''。

6.2　回转体的截切

由于回转体是由平面与曲面或全部由曲面围成的立体，所以平面截割回转体时产生的截交线既可能是平面与平面的交线——直线段，也可能是平面与曲面的交线——曲线段。平面截割回转体产生的截交线同样具有公有性和封闭性。

截交线是截平面与立体表面的共有线，因此求截交线就是求截平面与立体表面的共有点，再按顺序依次连接各共有点。

常用求截交线的方法有积聚性法、辅助平面法。

下面分别介绍圆柱、圆锥、球的截交线的求法。

6.2.1　圆柱的截切

平面截割圆柱时，根据截平面与圆柱轴线的相对位置不同，可得到三种不同位置的截交线（表 6-1）。

求圆柱表面的截交线，可利用圆柱轴线垂直于某一投影面时其表面投影的积聚性，用表面取点法直接作图。取点时，先求特殊点，即最高、最低、最左、最右、最前、最后点以及转向轮廓线上的点。再求一般点，特殊点要取全，一般点要适当。

表 6-1 平面与圆柱相交的截交线

截平面位置	与轴线平行	与轴线垂直	与轴线倾斜
截交线形状	二平行直线	圆	椭圆
轴测图			
投影图			

例 6-1 求正垂面截切圆柱的截交线(图 6-6)。

解：由图 6-6(a)可以看出,由于截平面与圆柱面倾斜且垂直于正面,所以截交线为一椭圆,椭圆的正面投影积聚为直线,水平投影与圆柱表面的水平投影重合,因此截交线的两个投影为已知,侧面投影可通过取点的方法求出。由于截平面对于侧平面是倾斜位置,截交线的侧面投影一般仍为椭圆,但不反映实形。

作图过程如图 6-6(b)所示。

(1)求作特殊点。Ⅰ、Ⅱ两点是位于圆柱正面转向轮廓线上的点,也是截交线上最低、最高点,Ⅲ、Ⅳ两点是位于圆柱侧面转向轮廓线上的点,也是截交线上最前、最后点。由正面投影 1′、2′、3′、(4′)及水平投影 1、2、3、4,求得侧面投影片 1″、2″、3″、4″。

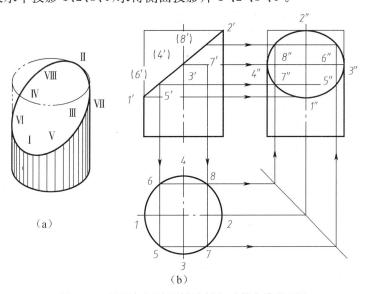

图 6-6 平面与圆柱面轴线斜交时截交线的画法

69

（2）求作一般点。在适当位置取一般点,取Ⅴ、Ⅵ、Ⅶ、Ⅷ为一般点,先从正面投影5′、(6′)、7′、(8′),求出其水平投影5、6、7、8,最后根据正面投影和水平面投影求出侧面投影5″、6″、7″、8″。

（3）依次圆滑连接各点的侧面投影,即为所求。

若截平面与圆柱轴线倾斜45°时,截交线的侧面投影为圆。

例6-2 圆筒轴端开凸榫,已知其正面投影,试完成其水平投影和侧面投影(见图6-7)。

解:如图6-7(a)所示,圆筒被侧平面截切所得的截交线为平行于轴线的直线;被水平面截切所得的截交线为水平圆弧。如交线Ⅰ Ⅱ、Ⅲ Ⅳ、Ⅴ Ⅵ、Ⅶ Ⅷ及圆弧Ⅷ Ⅱ、Ⅵ Ⅳ,直线Ⅱ Ⅳ、Ⅵ Ⅷ为两截平面的交线,而直线Ⅰ Ⅲ、Ⅴ Ⅶ是截平面与圆筒上端面的交线。

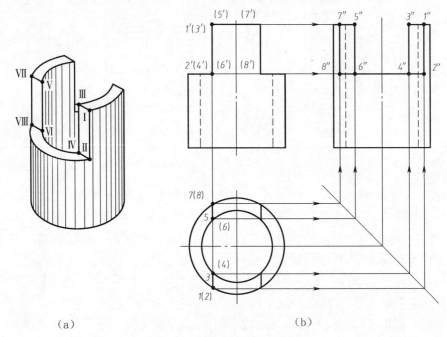

（a）　　　　　　　　　　　　　　　（b）

图6-7 圆筒开槽的截交线画法

由于被切圆筒左右对称,这里只分析左侧被切部分的投影。

作图过程如图6-7(b)所示:

（1）先作出直线和圆弧各端点的正面投影1′、(3′)、(5′)、(7′)及2′、(4′)、(6′)、(8′),由于交线Ⅰ Ⅱ、Ⅲ Ⅳ、Ⅴ Ⅵ、Ⅶ Ⅷ是四条铅垂线,它们的水平面投影积聚成一点,并且位于圆筒内、外圆柱面的水平投影上,因此可求出水平投影1(2)、3(4)、5(6)、7(8)。根据投影规律求出侧面投影1″2″、3″4″、5″6″、7″8″。

（2）交线Ⅱ Ⅷ和Ⅳ Ⅵ圆弧是平行于水平面的圆弧,其水平面投影(2)(8)、(4)(6)圆弧为圆筒内、外圆柱面水平投影的一部分,侧面投影为直线2″8″、4″6″,并重合。

（3）连接各点的水平投影和侧面投影。

形体右侧被切割部分的正面投影和水平投影与左侧对称,侧面投影与左侧重合。

6.2.2 圆锥的截割

圆锥被不同位置平面截切时,根据截平面与圆锥轴线相对位置不同,可得到5种不同的截交线(表6-2),求圆锥的截交线,可用圆锥表面取点法或辅助平面法。

表 6-2　平面与圆锥相交的截交线

截平面位置	过锥顶	垂直于轴线 θ＝90°	倾斜于轴线 θ＞α	倾斜于轴线 θ＝α	平行或倾斜于轴线 θ＝0°θ＜α
截交线形状	相交两直线	圆	椭圆	抛物线	双曲线
轴测图		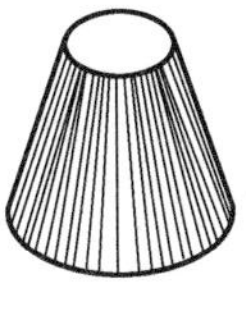	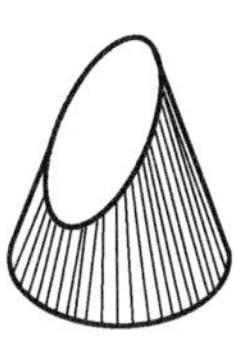	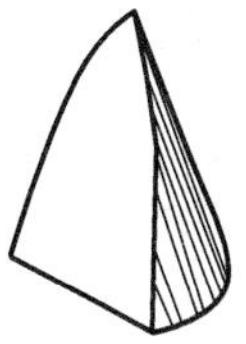	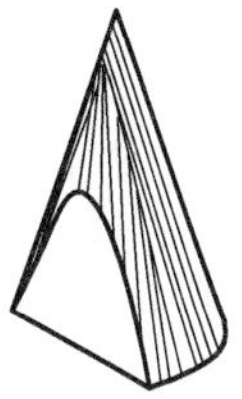
投影图	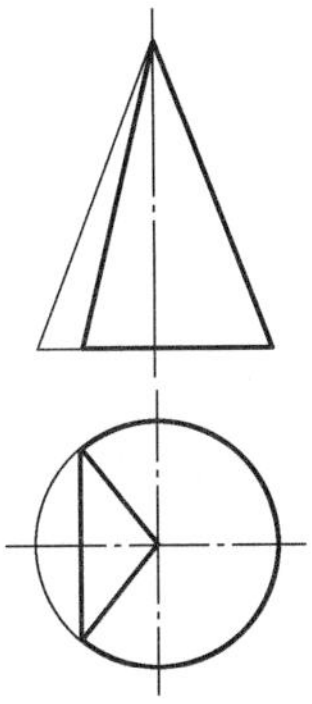	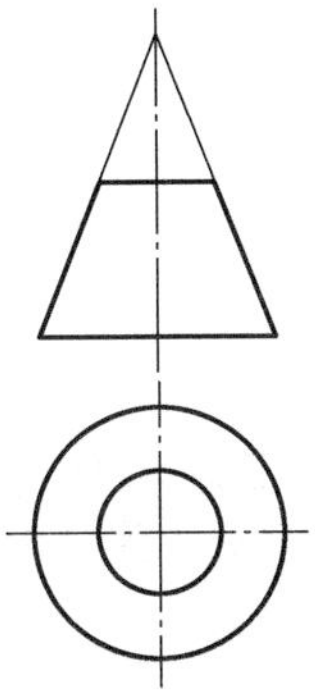	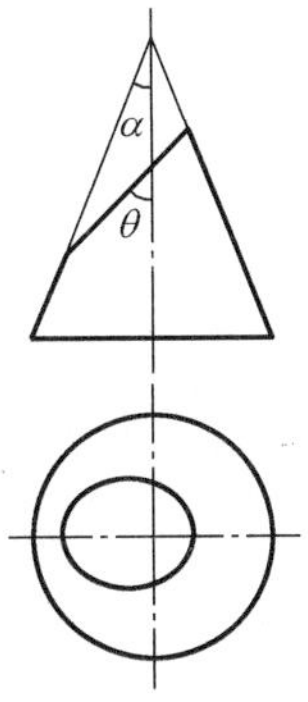	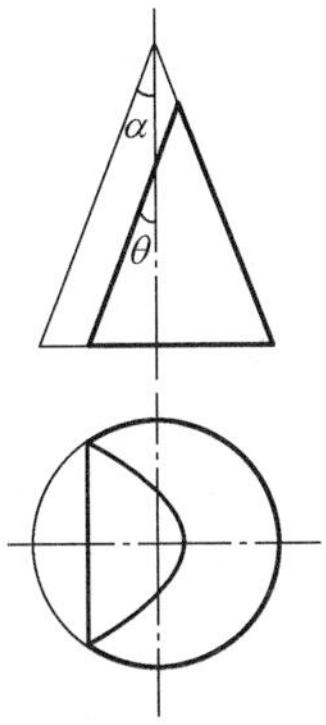	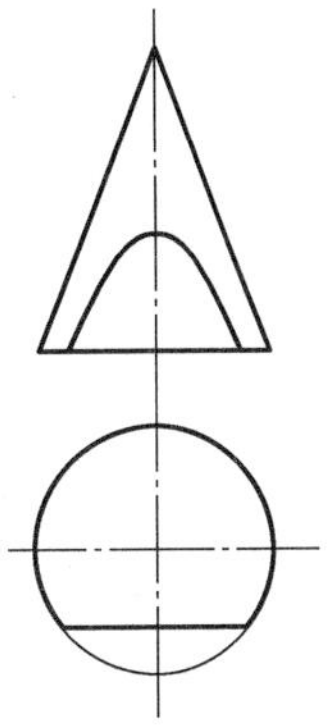

辅助平面法是求截交线的常用方法,其实质是利用三面共点原理,求出交线上的点,连接这些点就得到截交线的投影。下面以截平面与圆锥轴线平行,截交线为双曲线为例,说明辅助平面法的作图方法。

求截交线的投影,实质上是求截交线上点的投影。如图 6-8(a)所示,截交线是截平面 Q 与圆锥表面相交形成的交线,因此这条交线上的点,均为平面 Q 与圆锥表面所共有,如果用垂直于圆锥轴线的辅助平面 P 切割圆锥,平面 P 与锥面相交,其交线为圆 R,平面 P 与平面 Q 相交,其交线为直线 MN,圆 P 和直线 MN 的交点 IV、V 为圆锥表面、截平面 Q 和辅助平面 P 这三面所共有,此二点即为截交线上的点。因此,只要求得一系列这样的点,连接起来,就是所求的截交线。

例 6-3　直立圆锥被侧平面(不过锥顶)所截,求截交线的侧面投影(图 6-8)。

解:截平面为不过锥顶的侧平面时,截交线为双曲线,其正面投影和水平面投影均为直线,侧面投影反映实形。

作图过程如图 6-8(b)所示:

(1) 求作特殊点。点 I 为双曲线的最高点,在圆锥最左素线上,由 $1'$ 求得 1 和 $1''$。点 II、III 为截交线的最低点,在圆锥底圆上,由 $2'$、$(3')$ 和 2、3 求得 $2''$、$3''$。

(2) 求作一般点。选水平面 P 作辅助平面,即作 P_V 与截交线正面投影交于 $4'(5')$,与圆锥最右素线交于 m',求得 m,以 o 为圆心,om 为半径作圆,与截交线的水平投影交于 4、5,由 $4'$、$(5')$ 和 4、5 求得 $4''$、$5''$。用同样方法在 P 上下再作辅助平面,求出若干点。

(3) 依次圆滑连接所求各点,即得截交线的侧面投影。

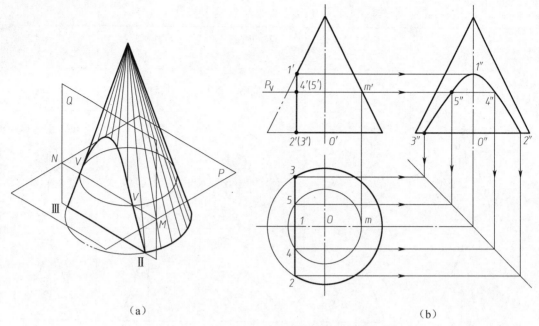

（a）   （b）

图 6-8　平面与圆锥轴线平行时截交线的画法

例 6-4　直立圆锥被正垂面所截,求截交线的水平投影和侧面投影(图 6-9)。

解:如图 6-9(a)所示,因截平面 P 倾斜于圆锥轴线且 $\theta > \alpha$,故截交线为椭圆,其正面投影积聚在 P_V 上,椭圆的长轴为正平线,其端点分别在最左、最右素线上,短轴为过长轴中点的正垂线,其水平投影反映实长。

作图过程如图 6-9(b)所示:

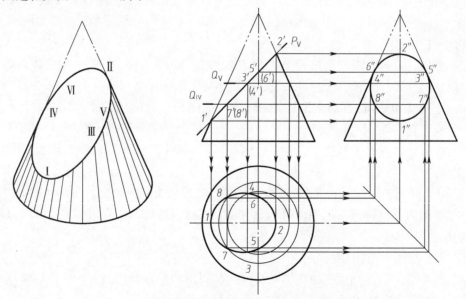

图 6-9　平面与圆锥轴线倾斜时截交线的画法

（1）求作特殊点。点Ⅰ和点Ⅱ分别在圆锥的最左和最右素线上,其正面投影为 $1'$、$2'$,由 $1'$、$2'$求得 $1,2$ 和 $1''$、$2''$。在 $1'2'$ 中点处取点 $3'$、$(4')$ 为椭圆短轴ⅢⅣ的正面投影,过Ⅲ、Ⅳ点作水平辅助平面 Q,Q 与圆锥面的交线为水平圆,则Ⅲ、Ⅳ点的水平投影和侧面投影必在这个圆的同面投影上,因此可得 3、4 及 3″、4″。点 Ⅴ、Ⅵ 分别在最前和最后素线上,由 5′、(6′)可求得 5、6 和 5″、6″。

（2）求作一般点。在截交线上取点 Ⅶ、Ⅷ,其正面投影为 7′、(8′),过 Ⅶ、Ⅷ 点作辅助平面 Q_{1V},求出 7、8 及 7″、8″。

（3）依次圆滑连接各点的同面投影,即得截交线的水平投影和侧面投影。

6.2.3　圆球的截切

圆球被任一位置平面所截,其截交线均为圆。当截平面为投影面的平行面时,截交线在该投影面上的投影为反映实形的圆;当截平面为投影面的垂直面时,截交线在该投影面上的投影积聚为直线;当截平面倾斜于投影面时,截交线在该投影上的投影为椭圆。

例 6 - 5　求半圆球被开凹槽后的水平和侧面投影(见图 6 - 10)。

解:圆球被两个侧平面 P_1、P_2 所截其截交线为完全相同的两段圆弧,其正面投影分别与 P_{1V}、P_{2V} 重合,P_{1V} 交半球正面投影的转向轮廓线于 1′,由 1′得 1″,以 $O″$ 为圆心,$O″1″$ 为半径作弧得截交线的侧面投影,水平投影为直线。

同理,Q_V 交球体正面投影的转向轮廓线为 2′,由 2′得 2,以 O 为圆心,以 $O2$ 为半径作弧得截交线圆弧的水平投影,侧面投影为直线。

判别可见性,整理轮廓线。

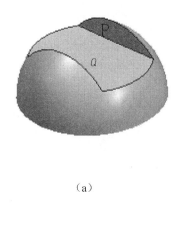

（a）

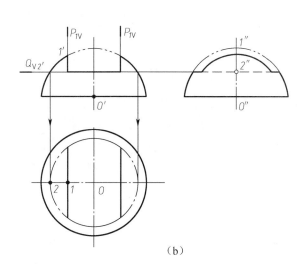

（b）

图 6 - 10　圆球开槽的截交线画法

例 6 - 6　球体被正垂面所截,试完成其水平投影和侧面投影(图 6 - 11)。

解:如图 6 - 11(a)所示,由于截平面为正垂面,所以截交线圆的正面投影积聚为直线,水平投影和侧面投影为椭圆。可用辅助平面法求之。

作图过程如图 6 - 11(b)所示:

（1）求特殊点。由正面投影可知,点 Ⅰ、Ⅱ 为截交线的最左、最右点,并且位于最大正平圆上,由 1′、2′可直接求得 1、2 和 1″、2″。取 1′2′的中点 3′、(4′)为截交线圆的水平、侧面投影椭圆长轴上的两端点的正面投影,点 Ⅲ、Ⅳ 为最前、最后点,作辅助平面 Q 可求得 3、4 及 3″、4″。点 Ⅴ、Ⅵ、Ⅶ、Ⅷ 为球面转向轮廓线上的点,由 5′、(6′)、7′、(8′)可求得 5、6、7、8 和 5″、6″、7″、8″。

（2）求作一般点。在适当位置取若干个一般点,利用辅助平面法,由正面投影求得水平投影和侧面投影。

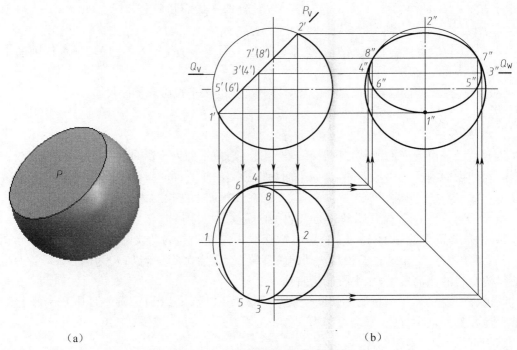

(a)   (b)

图 6-11　斜切圆球的截交线画法

（3）依次圆滑连接各点的同面投影，并整理轮廓线，判别可见性。

6.2.4　组合体的截切

由于组合体是由几个基本体组合而成，所以截交线也是由各基本体的截交线组合而成，在求作截交线时，分别作截平面与基本体的截交线，再把它们组合在一起，即是截平面与组合体的截交线。

例 6-7　求作顶针截交线的水平投影（图 6-12）。

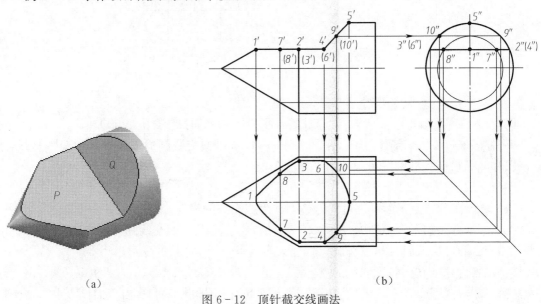

(a)   (b)

图 6-12　顶针截交线画法

解:如图 6-12(a)所示,顶针是由同轴的圆锥和圆柱组成,上部被一个水平截面 P 和一个正垂面 Q 所截切,截交线由三部分组成,由于平面 P 平行于轴线,所以它截切圆锥得双曲线,截切圆柱得平行二直线;而正垂面 Q 截切圆柱得一段椭圆曲线,截交线的正面和侧面投影均有积聚性,只需求水平投影。

作图过程如图 6-12(b)所示。

(1) 求作特殊点。由正面投影可知,Ⅰ点是双曲线的顶点,它位于圆锥对正面的转向轮廓线上,由 $1'$ 得 1、$1''$。Ⅱ、Ⅲ是双曲线与平行二直线的结合点,它位于圆锥底圆上,由 $2'$、$3'$ 和 $2''$、$3''$ 可得 2、3。Ⅳ、Ⅵ是椭圆曲线与平行二直线的结合点,且 $4''$、$6''$ 分别与 $2''$、$3''$ 重合,由 $4'$、$6'$ 和 $(4'')$、$(6'')$ 可得 4、6。Ⅴ点是椭圆曲线的最右点,也是圆柱对正面转向轮廓线上的点,由 $5'$ 可直接得 5、$5''$。

(2) 求作一般点。在圆锥面上取Ⅶ、Ⅷ两点,在圆柱面上取Ⅸ、Ⅹ点,可用辅助平面法求得其水平投影 7、8、9、10。

(3) 依次圆滑连接各点,并整理轮廓线,判别可见性。

6.3 平面体与回转体相交

平面立体与回转体相交,其相贯线是由若干段平面曲线(包括直线段和曲线段)所组成的空间曲线,一般为封闭的。相贯线的每段平面曲线是平面立体的某一棱面与回转体相交所得的截交线。两段平面曲线的交点叫结合点,是平面立体的棱线与回转体的交点。因此,求平面立体与回转体的交线可以归结为两个基本问题,即求平面与曲面的截交线及直线与曲面的交点。

例 6-8 求圆锥形薄壳基础的表面交线,如图 6-13 所示。

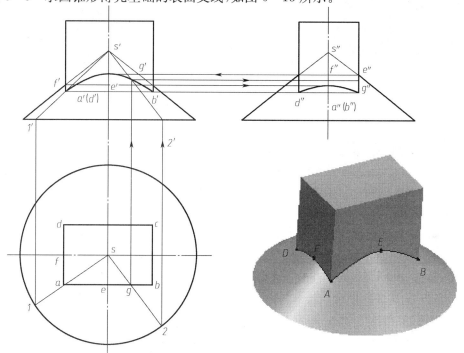

图 6-13 四棱柱与圆锥相交

解:该基础实际上由四棱柱与圆锥相交而成,它们的中心线相互重合,故其表面交线为由四条双曲线组成的空间封闭的曲线。整个基础前后左右对称。四条双曲线的交点也就是四棱柱的棱线与圆锥面的交点。作图步骤如下:

(1)先求四个结合点的投影。由于四棱柱的水平投影有积聚性,故这四个结合点 A、B、C、D 的水平投影 a、b、c、d 为已知。作过 A 点的圆锥素线 S_1 的水平投影 s_1,据此按投影关系作出 $s'1'$、$s'1'$ 与四棱柱棱线正面投影的交点即为 a'。A 点在四棱柱的前面上,此面的侧面投影有积聚性,再根据投影关系(高平齐)作出 a''。同理可作出另三个结合点的投影。

(2)求四条双曲线的四个最高点。圆锥最左、右和最前、后四条素线与四棱柱相应棱面的交点即为所求的四个最高点。图中利用四棱柱前面的积聚性先求出 e 和 e'',再求出 e';利用四棱柱左面的积聚性先求出 f 和 f',再求出 f''。

(3)再求若干一般点。在圆锥面上任作素线 S_2 的水平投影 s_2,与 ab 交于 g,按投影关系作出 $s'2'$ 后便可据 g 求出 g',进而求出 g''。

(4)最后,将求出的点以四个结合点为界,分段逐次光滑相连,便可完成作图。

本例也可以用在圆锥面上作一系列纬圆的方法来求解。

6.4 两回转体相贯

两回转体相交,其相贯线一般是封闭的空间曲线,特殊情况下可能是平面曲线或直线。投影作图时,需先设法求出两形体表面的共有点(特别是特殊位置的点),然后把它们用曲线光滑连接起来,并区分可见性。图 6-14 为回转体相贯的工程实例。

(a)　　　　　　　　　(b)　　　　　　　　　(c)

图 6-14　回转体相贯实例

相贯线有三种形式:两外表面相贯、外表面与内表面相贯和两内表面相贯。轴线垂直正交的两圆柱相贯的三种形式如图 6-15 所示,这三种情况下相贯线的形状和性质一样,求法也相同,所不同的是圆孔与圆孔相交若不可见时,圆孔的转向轮廓线和相贯线的投影应画成虚线。

相贯线是由两立体表面一系列共有点组成的,因此求相贯线实际上就是求两立体表面上一系列共有点,然后依次连接各点。常用的方法有:

(1)利用积聚性投影取点作图法。当相交的回转体的某面投影有积聚性时,可利用其积聚性的投影特性,通过在立体表面取点求相贯线的投影。

(2)辅助平面法或辅助球面法。当相交的两回转体的相贯线不能用积聚性投影求作时,可采用辅助平面法,条件合适时,也可采用辅助球面法作图。注意,为使作图简便,要让辅助面与两回转体的交线的投影都是最简单易画的图形,即直线或圆。

本书重点介绍两轴线垂直正交圆柱的相贯线的求法。

76

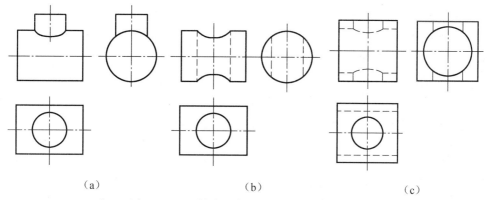

（a）　　　　　　　　　　（b）　　　　　　　　　　（c）

图 6-15　两轴线垂直正交的圆柱相贯线形式

6.4.1　轴线垂直正交的两圆柱的相贯线的求法

当圆柱轴线垂直于某个投影面时，则圆柱面在该投影面上的投影有积聚性，所以轴线垂直正交的两圆柱的相贯线可采用利用积聚性投影取点作图法求解。

例 6-9　求轴线垂直正交的两圆柱的相贯线。

解：如图 6-16（a）所示，两圆柱垂直正交，其相贯线为左右、前后对称的封闭空间曲线。相贯线是两圆柱的共有线，由于两圆柱的轴线分别为铅垂线和侧垂线，因此，相贯线的水平投影和侧面投影分别积聚在小圆柱和大圆柱的相应水平和侧面投影上，只需求相贯线的正面投影即可。

作图过程如图 6-16（b）所示。

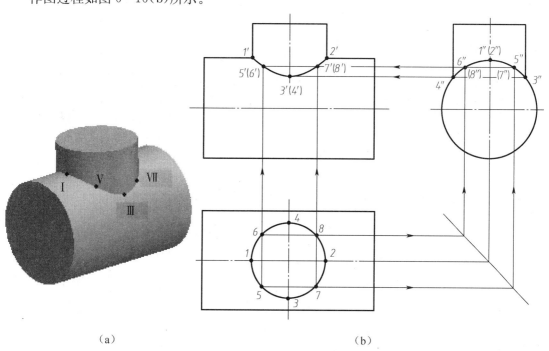

（a）　　　　　　　　　　　　　　　（b）

图 6-16　轴线垂直正交两圆柱相贯线的画法

（1）求特殊点。点 Ⅰ、Ⅱ 分别为相贯线的最左点和最右点，也是相贯线的最高点。Ⅲ、Ⅳ是相贯线的最低点，也分别是相贯线的最前点和最后点，它们位于小圆柱对侧面的转向轮廓线上。根据水平投影和侧面投影可直接求出 $1'$、$2'$、$3'$、$4'$。

（2）求一般点。在相贯线适当位置取若干点，如取 Ⅴ、Ⅵ、Ⅶ、Ⅷ 四点，先在水平投影中取 5、6、7、8，再在侧面投影中得到 $5''$、$6''$、$(7'')$、$(8'')$，最后求出 $5'$、$(6')$、$7'$、$(8')$。

（3）依次圆滑连接各点。$1'$、$5'$、$3'$、$7'$、$2'$ 为前半段相贯线的正面投影，后半段相贯线与之重合。

6.4.2　轴线垂直正交的两圆柱的相贯线的变化趋势

两圆柱轴线垂直正交且平行于同一投影面，当两圆柱的直径大小相对变化时，将会引起它们表面的相贯线的形状和位置产生变化，如图 6-17 所示。变化的趋势是：相贯线总是从小圆柱向大圆柱的轴线方向弯曲，当两圆柱等径时，相贯线由两条空间曲线变为两条平面曲线——椭圆，此时它们的与两轴线同时平行的投影面的投影为相交两直线(图 6-17)。

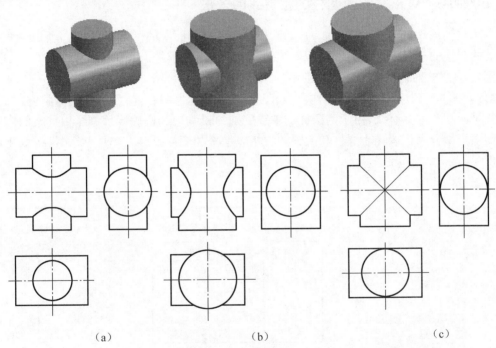

图 6-17　轴线垂直正交的两圆柱相贯线的变化趋势
(a)两直径竖小横大；(b)两直径竖大横小；(c)两直径相等。

6.4.3　轴线垂直正交的圆柱与圆锥的相贯线的变化趋势

如图 6-18 所示为两轴线垂直正交的圆柱与圆锥，随着圆柱直径的大小和相对位置不同，相贯线在两条轴线共同平行的投影面上，其投影的形状或弯曲趋向也会有所不同。如图 6-18(a)所示圆柱贯入圆锥，左右对称的两条相贯线的正面投影由圆柱向圆锥轴线方向弯曲，并随圆柱直径的增大，相贯线逐渐弯近圆锥轴线；如图 6-18(b)所示圆锥贯入圆柱，上下两条相贯线的正面投影由圆锥向圆柱轴线方向弯曲，并随圆柱直径的减小，相贯线逐渐弯近圆柱轴线；如图 6-18(c)所示的圆柱与圆锥互贯，且圆柱面与圆锥面同时外切于一个球面，此时相贯线成为两条平面曲线——椭圆，此时它们的与两轴线同时平行的投影面的投影为相交两直线。

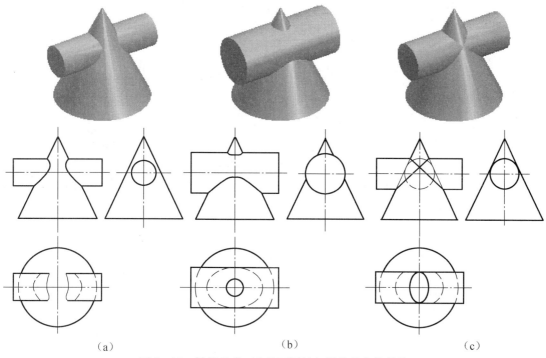

图 6-18 轴线垂直正交的两圆柱相贯线的变化趋势

6.4.4 同轴回转体的相贯线

当相交回转体的轴线重合时,他们所产生的相贯线为一个与轴线垂直的圆(平面圆),而相贯线的投影则与回转体的轴线对投影面的相对位置有关。同轴回转体的相贯线在平行于轴线的投影面上的投影是直线段,如图 6-19 所示。

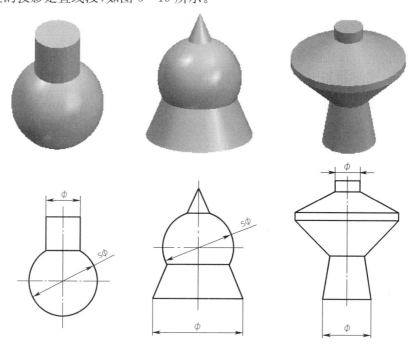

图 6-19 同轴回转体相贯线的投影

第7章 常用工程曲线与曲面

建筑工程中常用到一些特定的曲线与曲面,由于它们的空间形象比较复杂,仅根据它们的形象一般不易直接作图。反过来,单从它们的投影图也难以确定其空间形象。因此在投影作图过程中要反映出形成该曲线或曲面的各种要素,才能将它们准确表达。本章简要探讨一些常用曲线与曲面的投影作法。

7.1 曲 线

7.1.1 形成及分类

1. 形成

曲线的形成可以认为是:

(1) 点运动的轨迹。根据其运动的方式可分为有规则曲线和无规则曲线两种。

(2) 直线运动时所得线簇的包络线,或平面与曲面、两曲面的交线。

2. 分类

根据曲线上各点的相对位置可分为两类:

(1) 平面曲线。曲线上所有的点都从属于同一个平面。例如第 6 章提到的(也是大家所熟知的)圆、椭圆、双曲线、抛物线等都是。

(2) 空间曲线。曲线上任意连续四点不从属于同一个平面,如图 7-1 任意曲线及圆柱螺旋线等。

7.1.2 曲线的投影特性

(1) 曲线的投影一般仍为曲线,如图 7-1 所示。只有当平面曲线所在平面垂直于投影面时,它在该投影面上的投影才为一直线,如图 7-2 所示。

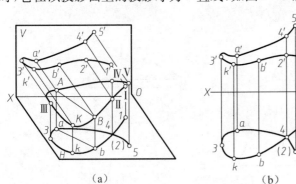

(a)

(b)

图 7-1 曲线的投影特性及其画法

(a)立体图;(b)投影图。

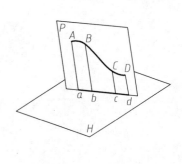

图 7-2 特殊位置平面曲线

80

（2）二次曲线的投影一般仍为二次曲线。圆和椭圆的投影一般为圆或椭圆,且圆心或椭圆中心投影后仍为中心并平分过中心的弦;抛物线、双曲线的投影一般仍为抛物线或双曲线。只有当圆、椭圆、抛物线、双曲线所在的平面垂直于某一投影面时,在该投影面上的投影才为直线。

（3）空间曲线的投影为平面曲线,不可能为直线。

7.1.3 曲线的投影作法

由于曲线的投影一般仍为曲线,故作图时应先求出曲线上一些的投影,然后用曲线板将各点的投影按顺序光滑地连接来,即得曲线的投影。曲线板用法见第1章内容。

圆倾斜于投影面时的投影为椭圆,称为投影椭圆,如图7-3(a)所示,已知圆 O 所在平面 $P\perp V$,P 面与 H 面的倾角为 α,圆心为 O,直径为 ϕ。此时:

（1）由于圆 O 所在平面 P 为正垂面,故其正面投影积聚为长度等于直径 ϕ 的直线段。该直线段与 OX 轴的夹角为 α（见图7-3(b)）。

（2）由于 P 面倾斜于 H 面,故圆的水平投影为椭圆。圆心 O 的水平投影为椭圆的中心 o。椭圆的长轴是通过圆心 O 的水平直径 AB 水平投影 ab,椭圆的短轴则为与 AB 垂直的直径 CD 的水平投影 cd。从图中可见,用数学公式描述时,$cd=CD\cdot\cos\alpha$（见图7-3(c)）。

（3）如果设定一个垂直于 V 面且平行于 P 面的辅助投影面（下章详细讨论）H_1,则圆 O 在 H_1 面上的辅助投影为以 o_1 为圆心、直径为 ϕ 的圆周,该圆周反映圆 O 的实形（见图7-3(d)）。作水平投影中的椭圆时,已知长轴 ab、短轴 cd,也可用几何作图的方法画出椭圆（见习题集第二章的"几何作图"）。也可借助于辅助投影,即在任一位置上画出一平行于直径 a_1b_1 的弦 e_1f_1 与圆周相交于 e_1、f_1;量取该两点的 y_1 坐标值,按投影关系即可在原有的水平投影中定出 e、f。同法,多求出一些点的投影之后就可用曲线板将椭圆描绘完成了。

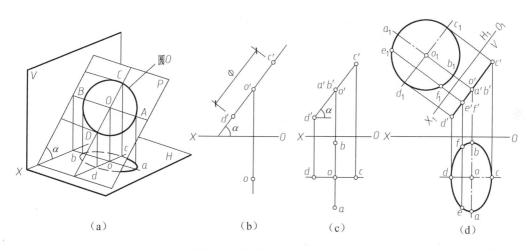

（a）　　　　　　（b）　　　　　（c）　　　　　　　（d）

图7-3　圆的投影椭圆作法

对于圆或椭圆的投影,必须用细点划线表示出它们的圆心位置或一对共轭直径（或长短轴）等形成要素。

椭圆的其他作法及部分常用规则曲线的作法及详细步骤请见第1章。其他不规则曲线的投影画法与上述方法相似,此处不再赘述。

7.2 回 转 曲 面

7.2.1 直纹回转面

以直线为母线而形成的回转面称为直纹回转面。常见的直纹回转面除了第 6 章回转体中讲到的圆柱面与圆锥面以外,还有单叶双曲面。圆柱面、圆锥面此处不再重复。

当母线 AB 与轴线 OO 交叉回转时则围成单叶回转双曲面。简称单叶双曲面,如图 7-4 所示。其中,A、B 两点形成的圆称为顶圆和底圆。

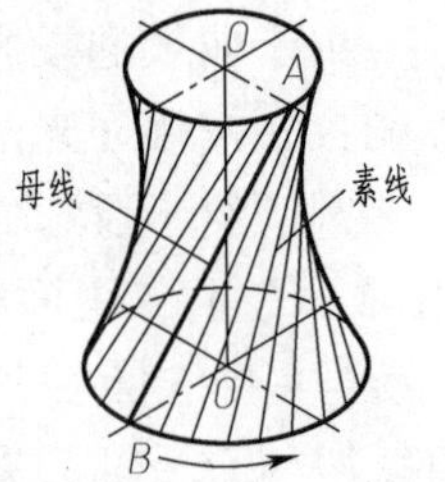

单叶双曲面的投影作法

由母线与轴线交叉所形成的单叶回转双曲面的投影图如图 7-5 所示。根据单叶双曲面的形成特点,它的投影作法有两种:

(1)纬圆法 如图 7-5(a)所示,已知母线 AB 及铅垂轴 OO 的两面投影,于是该曲面的顶圆、底圆和喉圆都在水平投影中以 o 为圆心,以 oa、ob 和 oc($oc\perp ab$)为半径画出。这三个圆的正面投影分别是过 a'、b'、c' 的水平线段,长度等于各自的直径。为了较准确地作出该曲面的正面投影,可在母线 AB 上再任取若干点,如 $D(d,d')$、$E(e,e')$ 等,同理过这些点可分别作出各个纬圆的水平投影和正面投影。将上述各水平线段的端点依次连接,即得该曲面正面投影的左、右外形线(双曲线)。区分可见性和整理后即得清晰的投影图如图 7-5(b)所示。

(2)素线法 如图 7-6(a)所示,先作出顶圆和底圆的水平投影和正面投影;再在水平投影中分别从点 a、b 开始将顶圆、底圆各作相同的等份(例如 12 等份)得 $1,2;3,4,\cdots$ 和 $1_1,2_1,3_1,4_1,\cdots$ 等点,并分别定出这些点的正面投影 $1',2',3',4',\cdots$ 和 $1'_1,2'_1,3'_1,4'_1,\cdots$;然后将正面投影和水平投影中相同编号的点用直线连结起来,区分可见性;最后画出包络线(正面投影中的双曲线和水平投影中的圆周),整理全图得图 7-6(b)。

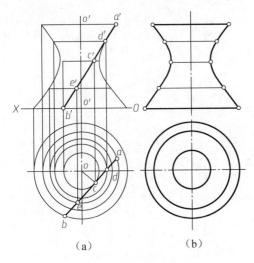

（a）　　　　　　（b）

图 7-5　纬圆法作单叶回转双曲面

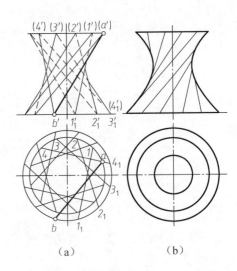

（a）　　　　　　（b）

图 7-6　素线法作单叶回转双曲面

上述两种作图方法,所得结果是一致的。

图 7-4　直纹回转面

上述的单叶回转双曲面也可看成是由一条双曲线绕轴线运动而成的回转面。

图7-7为单叶回转双曲面在建筑工程中的应用实例——德国某影院。

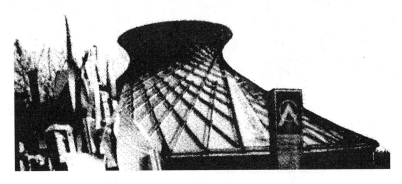

图7-7 单叶回转双曲面应用实例

7.2.2 曲纹回转面

以曲线为母线作回转运动而形成的曲面称曲纹回转面。工程上最特殊的曲纹回转面有球面和圆环面两种。前者可看成是由一圆周以任一条直径为轴作回转运动而形成;后者则可看成是一圆周以不通过圆心但与圆周共面的一条直线为轴作回转运动而形成。他们的投影图见第6章表6-2。其他形式的曲纹回转面,在工程上和生活中能够见到许多,例如,机床上的各种手等物体。此处从略。

7.3 非回转直纹曲面

这类曲面根据直母线运动方式的不同,大致可分为五种。

7.3.1 柱面

当直母线 AB 沿着一曲导线 L 移动,并始终与一直导线 OO 平行时,所形成的曲面称为柱面;控制直母线运动的导线 L 可以是闭合的或不闭合的。如图7-8所示,该图的曲导线 L 是位于正平面 P 上的半个椭圆,直导线 OO 通过椭圆中心且与正平面垂直。该柱面的特点是所有素线均相互平行。

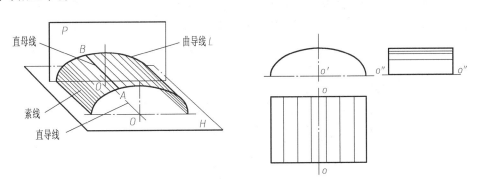

图7-8 柱面的形成及其三面投影图

7.3.2 锥面

当直母线 SA 沿着一曲导线 L 移动,并始终通过一固定点 S 时所形成的曲面称为锥面。如图 7-9 所示,曲导线 L 是位于正平面上的半圆,固定点 S 位于半圆右端的外形素线某一位置上。锥面的特点是所有素线均交汇于锥顶。

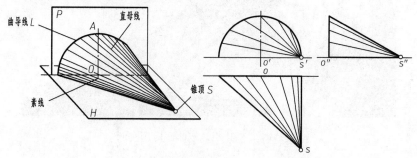

图 7-9 锥面的形成及其三面投影图

7.3.3 柱状面

当一直母线沿着两条曲导线移动,并始终平行于一导平面时,所形成的曲面称为柱状面,如图 7-10 所示。柱状面的相邻两素线是两交叉直线。

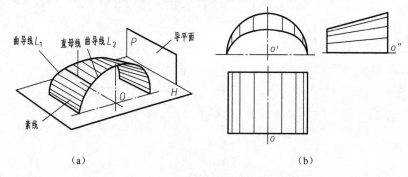

（a） （b）

图 7-10 柱状面的形成及其三面投影

7.3.4 锥状面

当一直母线沿一条曲导线和一条直导线移动,并始终平行于一导平面时,所形成的曲面称为锥状面,如图 7-11 所示。锥状面的相邻两素线也是两条交叉直线。

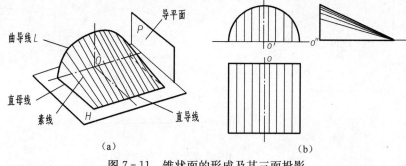

（a） （b）

图 7-11 锥状面的形成及其三面投影

84

比较上述四种曲面的投影图,可见有其相似之处,但有更多不同之处,这都是由约束直母线运动的条件不同而造成的。需牢记各种不同的约束条件及其投影图的特点。

7.3.5 双曲抛物面

当一直母线沿两交叉直导线移动,并始终平行于一导平面时,所形成的曲面称为双曲抛物面。如图 7-12 所示,设母线 AC 以 AB、CD 为导线,P 为导平面(P 垂直于 H 面),所有素线都与 P 面平行,于是该母线 AC 的轨迹为双曲抛物面。该图也可解释为:AB 母线以 AC、BD 为导线,Q 为导平面(Q 垂直于 H 面),于是母线 AB 移动所形成的曲面亦为同一个双曲抛物面。

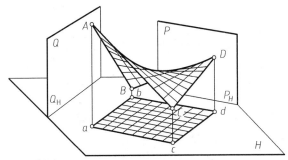

图 7-12 双曲抛物面的形成

双曲抛物面投影图的作图过程如图 7-13 所示,其中:

(1) 已知导线 AB、CD 及导平面户的投影($AB=cd$,但 AB 与 CD 不一定等长)(见图 7-13(a));

(2) 将 ab、cd 分成相同等份,过相同的等分点作一系列平行于 P_H 的素线,并作出这些素线的正面投影,如图 7-13(b)所示;

(3) 在正面投影中画素线投影的包络线,并区分可见性,如图 7-13(c)所示。

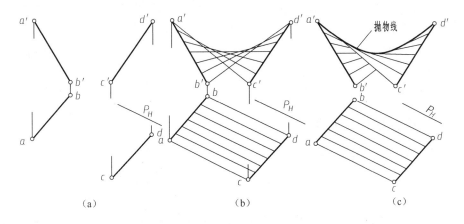

图 7-13 双曲抛物面的投影画法

双曲抛物面在一些公共建筑中经常获得应用。如图 7-14 所示某音乐厅的外观图。它反映出建筑艺术之创新精神。此外,水利工程中常采用双曲抛物面的某一部分作为闸门进出口与渠道连接处的护坡,此时把它通称为扭面或扭壳。

柱面、锥面及其他回转面在工程上应用也非常广泛。如通风管道及其接口就常用柱面和锥面。其他复杂曲线和曲面在工程实际中的应用也很多,例如体育馆的立面做成椭圆柱面屋顶做成双曲抛物面,如图 7-15 所示。

图 7-14　某音乐厅外观图

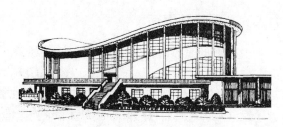

图 7-15　某体育馆外观图

7.4　圆柱螺旋线和螺旋面

7.4.1　圆柱螺旋线的形成

如图 7-16 所示,一个动点绕圆柱的轴线作匀圆周运动,同时该圆周又沿圆柱面的直母线作等速直线运动,点的运动轨迹称为圆柱螺旋线。

7.4.2　圆柱螺旋线的三要素

（1）圆柱直径 d。

（2）旋向　旋向分左旋和右旋两种。右旋螺旋线动点 A 的运动符合右手定则:右手的四指弯曲指向动点的旋转方向,拇指指向动点 A 沿母线的运动方向如图 7-16(a)所示(图中箭头方向,也可记为:当轴线竖直时,螺旋线可见部分自左向右上升)。左旋螺旋线的动点旋转方向与右旋螺旋线相反,如图 7-16(b)所示,符合左手定则。

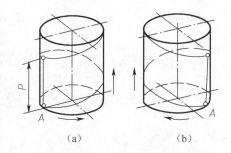

图 7-16　圆柱螺旋线的形成

（3）导程 L 及螺距 P　导程是动点 A 沿圆周旋转一周后,该点沿母线方向移动的距离;相邻的两条螺旋线的轴向距离称为螺距。单线时 $L=P$,多线时 $L=nP$(n 为线数)。

7.4.3　圆柱螺旋线的投影画法

当所属的圆柱轴线为投影面垂直线时,在轴线所垂直的投影平面上,螺旋线上点的投影全部在圆上。画图时,只需要画出螺旋线在轴线所平行的投影平面上的投影,如正面投影,其作图步骤如下:

（1）把圆投影分成若干等分,如 12 等分,按旋向标出各点,如图 7-17(a)、(b)所示。

（2）在非圆投影中,沿轴向在导程 L 的距离内,分成 12 等分。

（3）根据点作螺旋运动的形成方法,分别定出动点 A 在各位置的两面投影 a_1 与 a_1',a_2 与 a_2' …,a_{12} 与 a_{12}'。图 7-17(a)为右旋螺旋线,图 7-17(b)为左旋螺旋线。

（4）圆柱螺旋线的展开,可假想地在动点 A 的起始处,沿 AA 素线将圆柱表面剪开展平,即可得到圆柱螺旋线的展开图,如图 7-17(c)所示。斜边 AA_{12} 为螺旋线的展开实长,底边为

圆的周长 πD,另一直角边为导程 L。斜边与底边的夹角 α 称为螺旋线升角,螺旋线与圆柱素线的夹角 β 称为螺旋线的螺旋角。

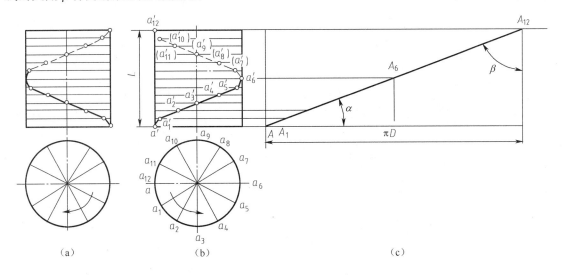

图 7 - 17 圆柱螺旋线的投影画法

7.4.4 正螺旋面的形成画法

1. 螺旋面的形成和特点

一条直母线以螺旋线为导线且与螺旋线的轴线夹角不变作规则运动,形成的轨迹称为螺旋面。若直母线始终与圆柱螺旋线的轴线垂直,则形成正螺旋面;若直母线与螺旋线的轴线始终倾斜成一定角,则生成斜螺旋面。螺旋面是直纹曲面的一种,它是不可展曲面。

2. 正螺旋面的投影画法

正螺旋面投影画法如图 7 - 18(a)所示。步骤如下:

(1) 作出直母线 AB 两端点所在圆柱,并使该圆柱的高等于螺旋线的一个导程,且将一个导程分为 16 等分。

(2) 作出直母线 AB 的端点 A 和 B 所在圆柱的水平投影,且将圆周分为 16 等分,各等分点为 $1,2,3,\cdots$

(3) 根据 AB 直母线每旋转一角度($360°/16$),直母线 AB 的正面投影 $a'b'$ 也相应上升导程的 1/16,作出直母线正面投影的各个位置。

(4)根据螺旋面投影判断其可见性即可。

图 7 - 18(b)为斜螺旋面的投影画法,其方法步骤与正螺旋面的作图类似,请读者自行分析。

螺纹连接件、螺旋绞刀、螺旋楼梯底面均为螺旋面的工程实际应用。

7.4.5 螺旋楼梯的投影画法

设某螺旋楼梯的外圆直径为 D,内圆直径为 d,旋转角度为 $360°$,级数为 12 级,右旋,梯板厚和踢面高均为 h,如图 7 - 19 所示,试作它的投影图。

1. 分析

螺旋楼梯底面为一螺旋面,如图 7 - 19(a)所示,如果将沿其轴线下移一段距离(楼梯板竖

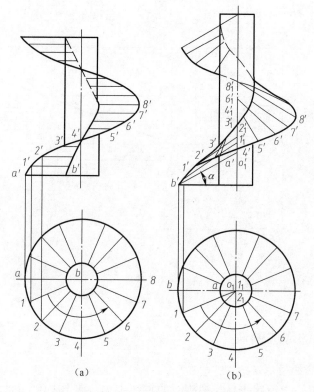

图 7-18　螺旋面的投影画法

向厚度),就可得到两个相互平行的螺旋面,如图 7-19(c)所示,再在上螺旋面上加上三角形(近似的)踏步,扇形的踏面都是水平面,按旋转顺序依次排列,并按等距离垂直升高,即形成一个个踢面,故踢面都是铅垂面,如图 7-19(b)、(c)所示。

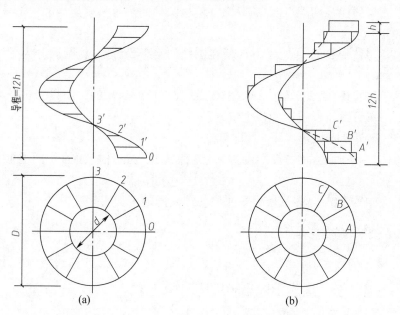

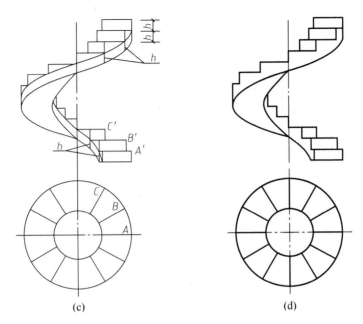

图 7 - 19　螺旋楼梯

2. 作图

作图步骤如下：

(1) 画出大圆、小圆及导程，并分成 12 等分，作出螺旋线的投影，如图 7 - 19(a)所示；

(2) 按踢面高度 h 画出步级，再加一踢面高度，到达上一层楼面，如图 7 - 19(b)所示；

(3) 按梯板厚度 h 在所画螺旋线下方再画出两条螺旋线，如图 7 - 20(c)所示；

(4) 区分可见性，加粗图线，完成作图，如图 7 - 19(d)所示。

第8章 轴测投影

从前几章的内容中可以看出,采用多面正投影来表达工程形体,其优点是能够完全准确地表达出工程体的形状和大小,且作图简便。然而这种图无立体感,缺乏读图基础的人难以看懂。如果将图8-1(a)所示的立体用图8-1(b)所示的轴测投影来表达,就有了立体感,即使是缺乏读图基础的人也能看得懂。轴测投影的缺点是,一般不能反映物体各表面的实形,与坐标轴不平行的线段不易测量,且作图稍复杂。因此,轴测投影只作为辅助图样来帮助人们读图。

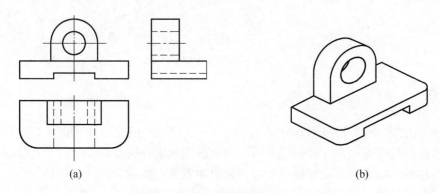

(a)   (b)

图8-1 三面正投影和轴测投影的比较

8.1 轴测投影的基本概念

8.1.1 轴测投影的形成

将物体连同确定其空间位置的参考直角坐标系,沿不平行于任一坐标平面的方向,用平行投影法将其投射在单一投影面上所得到的具有立体感的图形,称为轴测投影(轴测图)。

在轴测投影中,三个坐标轴都不积聚,物体沿三个轴向的情况都能反映出来,因此,轴测图具有立体感。

8.1.2 轴测投影的基本术语

(1)轴测投影面 得到轴测投影的投影面称为轴测投影面,如图8-2所示的投影面 P。

(2)轴测轴 三根直角坐标轴 OX、OY、OZ 的轴测投影 O_1X_1、O_1Y_1、O_1Z_1 称为轴测轴。

(3)轴间角 轴测轴之间的夹角称为轴间角。

(4)轴向伸缩系数 轴测轴上某段长度与其实长的比称为轴向伸缩系数,一般用 p、q、r 分别代表 X、Y、Z 三个方向的变形系数,即 $p=\Delta X_1/\Delta X, q=\Delta Y_1/\Delta Y, r=\Delta Z_1/\Delta Z$。

形成轴测投影的投射线的方向称为轴测投射方向,如图8-2中的 S_1。

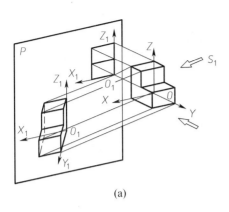 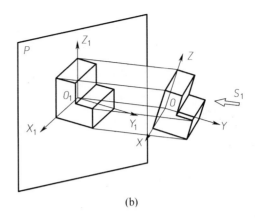

(a)   (b)

图 8-2　轴测投影的形成

(a) 斜轴测图(斜投影法)；(b) 正轴测图(正投影法)。

8.1.3　轴测投影的分类

按照所采用的投影法的不同,轴测投影可分为正轴测投影和斜轴测投影,用正投影法得到的轴测图称为正轴测投影(正轴测图),如图 8-2(b)所示；用斜投影法得到的轴测图称为斜轴测投影(斜轴测图),如图 8-2(a)所示。

根据轴向伸缩系数的不同又可分为：

(1) 正(斜)等轴测投影(等轴测图)　三个轴向伸缩系数均相等的轴测投影。

(2) 正(斜)二轴测投影(二轴测图)　两个轴向伸缩系数相等的轴测投影。

(3) 正(斜)三轴测投影(三轴测图)　三个轴向伸缩系数均不相等的轴测投影。

8.1.4　轴测投影的特性

轴测投影属于平行投影,具有平行投影的投影特性,即

(1) 平行性　物体上相互平行的线段,其轴测投影仍相互平行；物体上平行于坐标轴的直线段,其轴测投影与相应轴测轴保持平行。

(2) 实形性　平行于轴测投影面的直线和平面,其轴测投影反映该直线的实长和平面的实形。

(3) 物体几何元素之间的从属性、比例性、相切性在轴测投影中仍保持不变。

8.1.5　对轴测投影的基本要求

(1) 轴向伸缩系数之比值即 $p:q:r$ 应采用简单的数值,以便于作图。

(2) 轴测图中的三根轴测轴应配置成便于作图的特殊位置；绘图时,轴测轴可随轴测图同时画出,也可以省略不画。

(3) 轴测图中,应用粗实线画出物体的可见轮廓；必要时,可用虚线画出物体的不可见轮廓。

8.1.6　常用的轴测投影

常用的轴测投影见表 8-1。

表 8-1　常用的轴测投影

		正轴测投影			斜轴测投影		
特性		投射线与轴测投影面垂直			投射线与轴测投影面倾斜		
轴测类型		等测投影	二测投影	三测投影	等测投影	二测投影	三测投影
简称		正等测	正二测	正三测	斜等测	斜二测	正三测
应用举例	伸缩系数	$p_1=q_1=r_1=0.82$	$p_1=r_1=0.94$ $q_1=p_1/2=0.47$	视具体要求选用	视具体要求选用	$p_1=r_1=1$ $q_1=0.5$	视具体要求选用
	简化系统	$p=q=r=1$	$p=r=1$ $q=0.5$			无	
	轴间角	120° 120° 120°	97° 131° 132°		90° 135° 135°		
	例图						

8.2　正等轴测投影

8.2.1　正等轴测投影的轴间角和轴向伸缩系数

如图 8-3 所示,正等轴测投影的三个轴间角相等,轴向伸缩系数相等 $p_1=q_1=r_1=0.82$。为了作图简便,通常将轴向伸缩系数取为 $p=q=r=1$。这样,沿轴向的尺寸就可以直接量取物体的实长,作图比较方便,但画出的轴测图比原投影放大了 $1/0.82 \approx 1.22$ 倍。

8.2.2　平面立体的正等轴测投影的画法

画平面立体正等测图的基本方法有坐标法、切割法和叠加法。所谓坐标法就是根据立体表面上的每个顶点的

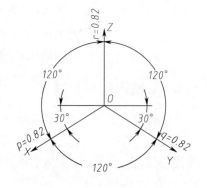

图 8-3　正等测投影的轴向伸缩系数和轴间角

坐标,画出它们的轴测投影,然后连接相应点,从而获得轴测图的方法;切割法是对于某些切割体,可先画出其基本体的轴测图,然后用形体分析法按形体形成的过程逐一切去多余部分从而得到轴测图的方法;叠加法是利用形体分析法将组合体分解成若干个基本体,然后逐个画出基本体的轴测图,再根据基本体邻接表面间的相对位置关系擦去多余的图线而得到立体轴测图的方法。在实际应用中,绝大多数情况是将以上三种方法综合在一起应用,可称之为"综合法"。

例 8-1　已知正六棱柱的 V、H 投影,如图 8-4(a)所示,求作正等轴测图。

解:作图步骤如下:

(1) 在 H 和 V 面投影图上确定参考直角坐标系,坐标原点取为顶面的中心,如图 8-4(a)所示。

（2）画出轴测轴，并在 X 轴上量取 $OA = oa$，$OD = od$；在 Y 轴上量取 $O\mathrm{I} = o1$，$O\mathrm{II} = o2$，如图 8-4(b)所示。

（3）过 I、II 点分别作 X 轴的平行线，并在其上量取 $BC = bc$，$EF = ef$，依次连接各点，得顶面轴测图，见图 8-4(c)。

（4）由顶面各点沿 Z 轴向下引棱线，并截取尺寸 H，即得底面各点（仅画出可见点），见图 8-4(d)。

（5）连接底面各点，擦去作图线，加深各可见棱线，即完成作图，见图 8-4(e)。

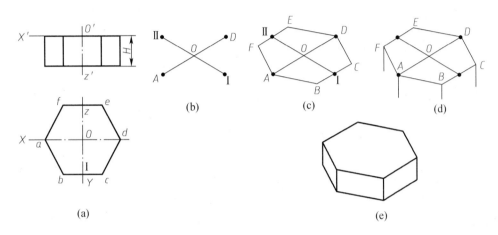

图 8-4　用坐标法作正六棱柱的正等轴测图

例 8-2　根据图 8-5(a)所示切割体的三面正投影图，作出它的正等轴测图。

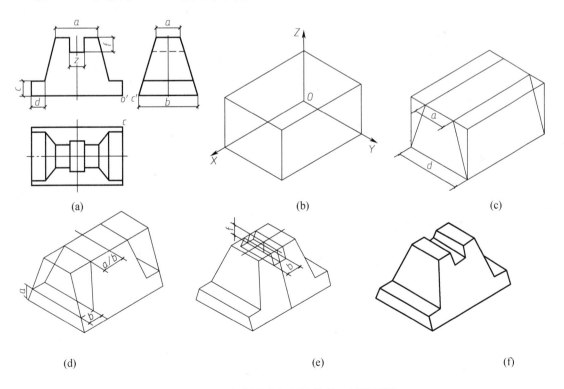

图 8-5　用切割法作切割体体的正等轴测图

93

解:由图 8-5(a)的三视图可知,该立体是由长方体切割而成,作图时宜采用切割画法。即先画出完整长方体的轴测图,然后逐步进行切割。整个立体前后、左右对称。作图步骤如下:

(1) 在投影图上确定一点 $O(O,O',O'')$ 作为坐标原点,画出轴测轴。

(2) 画出完整长方体的正轴测图,如图 8-5(b)所示。

(3) 量宽度尺寸 a 和 b,切去前后两个三棱柱,如图 8-5(c)所示。

(4) 根据尺寸 c、d 和 e,在立体的左、右两侧对称地切去两个缺口,如图 8-5(d)所示。

(5) 根据尺寸 e 和 f,在立体顶部挖了个前后贯通的直槽,这个槽位于左右的对称中心面上,所以要使作图准确,得找到这个中心面,如图 8-5(e)所示。

(6) 擦去多余图线并加深,完成作图,如图 8-5(f)所示。

对于复杂的立体一般边作图边擦去多余的线。

例 8-3 根据图 8-6(a)所示垫块的三面正投影图,作出它的正等轴测图。

解:该垫块由底板、右板和筋板三部分叠加而成,底板可看成是四棱柱被一铅锤面切割去了左前角(也可直接把它看成是五棱柱)。既有切割,又有叠加,可采用综合法求解。作图步骤如下:

(1) 在投影图上确定一点 $O(O,O',O'')$ 作为坐标原点,画出轴测轴。

(2) 量底板长 a、宽 b 和高 c,画出底板四棱柱的轴测图,如图 8-6(b)所示。

(3) 量尺寸 c 和 d,在底板上切去左前角,如图 8-6(c)所示。

(4) 因右板与底板右端平齐,所以在底板之上,从右端据尺寸 f 定出右板的长,右板的宽与底板一致是 b,高是 $g-c$,作出右板的轴测图,如图 8-6(d)所示。注意底板与右板前面平齐,要擦去多余的线。

(5) 筋板位于右板之左,底板之上,三块板后面平齐。据筋板的长 h、宽 i 和高 j,作出其轴测图,如图 8-6(e)所示。

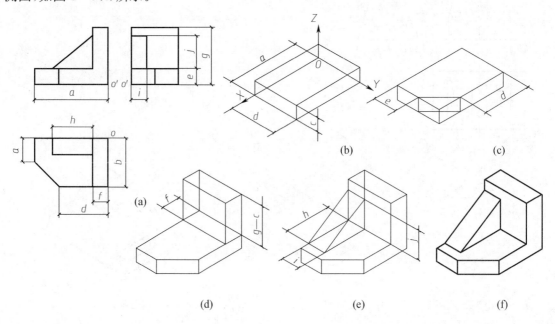

图 8-6 用综合法作垫块的正等轴测图

（6）擦去多余图线并加深，完成作图，如图 8-6(f) 所示。

8.2.3　回转体的正等轴测投影

8.2.3.1　正等轴测投影中圆的画法

从正等轴测投影的形成知道，各坐标面对轴测投影面都是倾斜的，因此，平行于三个坐标面的圆的正等测图均为椭圆，而且大小相等，其长轴方向与所在坐标面相垂直的轴测轴垂直，短轴垂直于长轴。由于画椭圆比较繁琐，况且在绝大多数情况下不必将椭圆画得很精确，所以在工程应用中，大多数是用四段圆弧组成一个近似椭圆来代替投影椭圆。现以平行于 XOY 坐标面的圆的正等测投影的画法为例，说明用菱形法近似画椭圆的方法。步骤如下：

（1）过圆心 O 画坐标轴 OX、OY，作圆的外切正方形，切点为 Ⅰ、Ⅱ、Ⅲ、Ⅳ，如图 8-7(a) 所示。

（2）作轴测轴 O_1X_1、O_1Y_1，从点 O_1 沿轴向按半径量切点 1_1、2_1、3_1、4_1，并过 1_1、2_1 作 Y 轴平行线，过 3_1、4_1 作 X 轴平行线，得外切正方形的正等测投影——菱形。菱形的对角线即为椭圆长、短轴方向，如图 8-7(b) 所示。

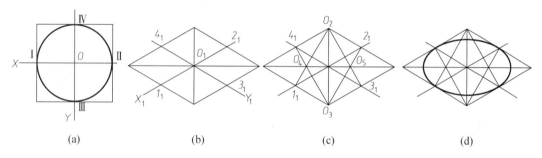

图 8-7　平行于 XOY 坐标面的圆的正等轴测椭圆的画法

（3）设菱形短对角线端点为 O_2、O_3，连接 O_23_1、O_21_1，它们分别垂直于菱形的相应边，并交菱形长对角线于 O_4、O_5，得四个圆心 O_2、O_3、O_4、O_5，如图 8-7(c) 所示。

（4）以点 O_2、O_3 为圆心，O_23_1 为半径，作大圆弧 3_11_1、4_12_1；以 O_4、O_5 为圆心，O_41_1 为半径，作小圆弧 1_14_1、2_13_1，检查描深如图 8-7(d) 所示。

与其他两个坐标面平行的圆的正等测投影也可用菱形法作出，如图 8-8 所示。

8.2.3.2　平行于各坐标面的圆的正等测投影的特征

当以正方体的 3 个不可见的平面为坐标平面时，其余 3 个可见平面上的圆的正等测图如图 8-8 所示，从图中可以看出：

（1）3 个椭圆的形状和大小一样，但方向不同。

（2）各椭圆的短轴方向与相应的轴测轴一致，各椭圆的长轴垂直于相应的短轴，即

① 水平椭圆的短轴平行于 O_1Z_1 轴，长轴垂直于 O_1Z_1 轴；

② 正面椭圆的短轴平行于 O_1Y_1 轴，长轴垂直于 O_1Y_1 轴；

③ 侧面椭圆的短轴平行于 O_1X_1 轴，长轴垂直于 O_1X_1 轴。

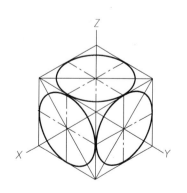

图 8-8　平行于各坐标面的圆的正等测图

8.2.3.3 圆柱的正等测图的画法

画圆柱的正等测图,只要先画出底面和顶面圆的正等测图——椭圆,然后作出两椭圆的公切线即可。

例8-4 已知圆柱的 V、H 投影,如图8-9(a)所示,作出圆柱的正等轴测图。

解:(1) 确定参考坐标系:选顶圆的圆心为坐标原点,XOY 坐标面与上顶圆重合。

(2) 用菱形法画出顶圆的轴测投影——椭圆,将椭圆沿 Z 轴向下平移 H,即得底圆的轴测投影,如图8-9(b)所示。

(3) 作两椭圆的公切线;擦去不可见的部分,加深后即完成作图,如图8-9(c)所示。

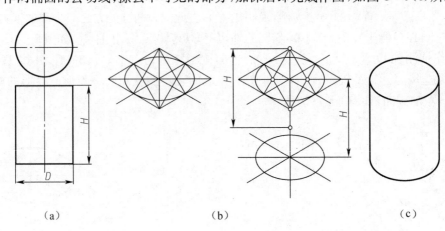

图8-9 圆柱的正等测图画法

8.2.3.4 圆角正等测图的画法

由图8-7中椭圆的近似画法,可以看出:菱形的钝角与大圆弧相对,锐角与小圆弧相对,菱形相邻两条边的中垂线的交点就是圆心。由此得出四分之一圆的正等测投影的近似画法,如图8-10所示立体的圆角画法如下:

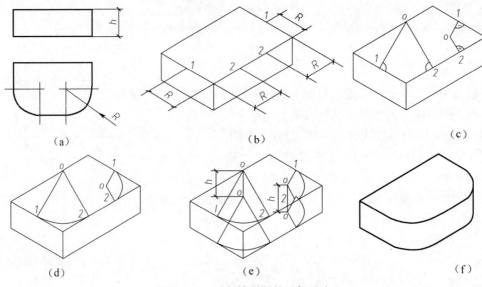

图8-10 圆角轴测图的近似画法

在轴测投影的两条相交边上,量取圆角半径 R 得到切点 1、2,过切点分别作所在边的垂线,交于 O 点,即为所求圆角的圆心;分别以 O 为圆心,以 O_1(或 O_2)为半径画弧 12,即得两圆角的轴测投影图;将所画圆弧沿 Z 轴向下平移 h,即得底面圆角的投影;最后作小圆弧的公切线(轴测投影中 1/4 圆柱面的轮廓线)。

8.3 斜轴测投影

常用的斜轴测投影有正面斜轴测投影和水平斜轴测投影。

8.3.1 正面斜轴测投影的形成及画法

形体仍然保持原来得到三面正投影时的位置不动,用倾斜于 V 面的平行投射线将形体投射在 V 面上,得到正面斜轴测投影。

在形成正面斜轴测投影时,轴测投影面(V 面)平行于形体的坐标面 XOZ,XOZ 在 V 面上的轴测投影 $X_1O_1Z_1$ 保持实形,也就是说 $\angle X_1O_1Z_1=90°$,轴向伸缩系数 $p=r=1$;Y 轴的伸缩系数、Y_1 轴的方向与投影方向有关,一般取 $q=1/2$(正面斜二测)或 $q=1$(正面斜等测),且轴测轴 O_1Y_1 与水平线的倾角为 $45°$,如图 $8-11$(a)所示。

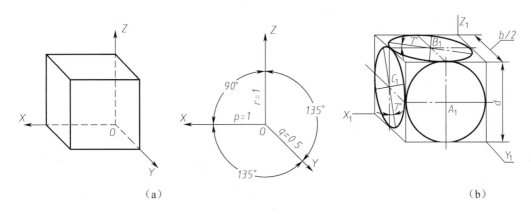

（a）　　　　　　　　　　　　　　　（b）

图 8-11　正面斜二测图的轴间角和轴向伸缩系数及平行于各坐标面的圆的正面斜二测图

平行于各坐标面的圆的正面斜二测图如图 $8-11$(b)所示。其中平行于 XOZ 坐标面的圆的正面斜二测图仍然是圆;平行于 XOY、YOZ 坐标面的圆的正面斜二测图都是椭圆,且形状相同,作图方法一样,只是椭圆的长短轴方向不同。根据计算,正面斜二测图中,$X_1O_1Y_1$ 和 $Y_1O_1Z_1$ 坐标面上的椭圆长轴 $=1.06d$,短轴 $=0.33d$;椭圆长轴分别与 X_1 或 Z_1 轴倾斜约 $7°$。

由于平行于 XOZ 坐标面的圆的正面斜轴测图仍然为圆,所以,当物体上有较多的圆平行于 XOZ 坐标面时,宜采用正面斜轴测图。

例 8-5　画出如图 $8-12$(a)所示路基下通道的斜轴测投影。

解:作图步骤如下:

(1)确定参考坐标系　使所有的圆弧都属于或平行于 XOZ 坐标面,准备作正面斜轴测图;

(2)选择正面斜轴测图的种类　为了量取方便选择正面斜等测图(为了使轴测图立体感较强,可选择正面斜二测图);

(3）画出轴测轴及路基前侧面的轮廓投影,如图 8-12(b)所示;

（4）画出路基后侧面的轮廓投影,并作出相关两圆的公切线(圆柱面的轮廓线),得路基上部半圆柱的正面斜等测投影,如图 8-12(c)、(d)所示;

（5）去除所有辅助线,将可见线描深,完成全图,如图 8-12(e)所示。

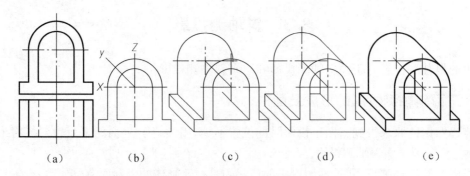

| (a) | (b) | (c) | (d) | (e) |

图 8-12　斜等测图的画法

8.3.2　水平斜轴测投影的形成及画法

形体仍保持原来得到三面正投影时的位置不动,用倾斜于 H 面的平行投射线将形体投射在 H 面上,得到水平斜轴测投影。

与正面斜轴测投影类似,水平斜轴测投影的轴间角 $\angle X_1O_1Y_1 = 90°$,轴向伸缩系数 $p = q = 1$,即在水平斜轴测投影中能反映立体上与 H 面平行的平面的实形。习惯上,轴间角 $\angle Z_1O_1X_1$ 取为 $120°$,Z 轴的轴向伸缩系数取 1;画图时,将 O_1Z_1 画成铅垂方向,O_1X_1 和 O_1Y_1 分别与水平线成 $30°$ 和 $60°$ 角。这种轴测图常常用来绘制一幢房屋的水平剖面图(即房屋的平面图)或一个区域建筑群的总平面图,它可以反映出房屋内部布置或一个区域中各建筑物、道路、设施等的平面位置及相互关系,及各种设施和建筑物等的实际高度。

例 8-6　已知建筑平面图如图 8-13(a)所示,并已知建筑物的形状和高度,试画出其水平斜轴测图。

解:如图 8-13(b)所示,取轴测投影轴 X_1 与水平线成 $30°$,Y_1 轴与水平线成 $60°$,Z_1 位于铅垂位置,用铅垂方向表达建筑物的高度,画出建筑物的水平斜轴测投影。

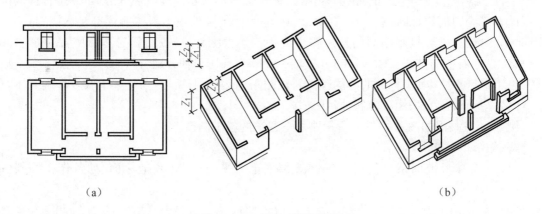

| (a) | (b) |

图 8-13　水平面斜轴测图

(a)建筑平面、立面图;(b)轴测图作图步骤。

以水平斜轴测图来表达建筑物,既有平面图的优点,又具有直观性。如图 8-14(a)所示的建筑群总平面图,其水平斜轴测投影见图 8-14(b)。

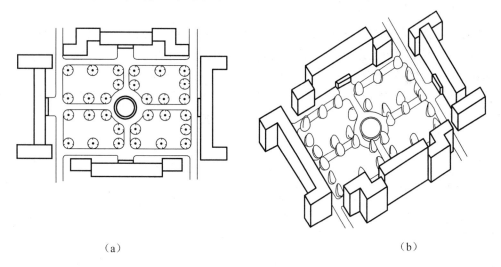

（a）   （b）

图 8-14　水平面斜轴测图
(a)建筑群总平面图;(b)建筑群轴测图。

8.4　轴测投影的选择

轴测图的立体感随着形体、投影面和投影方向的不同而有很大差别。在作图方法上,也存在着繁简之分。选择轴测投影应满足两方面的要求:①立体感强、图形清晰;②作图简便。

8.4.1　满足富有立体感、图形清晰的要求

所谓富有立体感和图形清晰,就是要求所选轴测投影能够清楚地反映出形体的形状和结构,避免形体上的面或棱线重合或积聚。

如图 8-15(a)所示的四棱柱的棱面与正投影面成 45°角,此时采用正等测投影,便出现了面的积聚,失去立体感,如图 8-15(b)所示;因此应采用正二测或斜轴测图,效果较好,如图 8-15(c)所示。

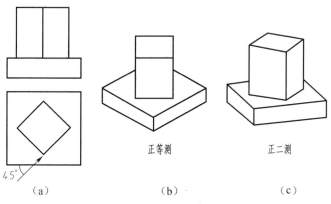

（a）   （b）   （c）

图 8-15　轴测图的选择
(a)投影图;(b)正等测图;(c)正二测图。

一般情况,正二等轴测投影立体感较强,但作图过程稍复杂。

8.4.2 满足作图简便的要求

作轴测图通常比较繁琐,若能选择恰当的轴测图,则可以借助于绘图工具,简化作图。如图 8-12 所示的路基下的通道,选择了正面斜等测图,路基上平行于正面的圆可以用圆规绘制;Y 轴选 45°方向,平行于坐标轴的直线都可以借助三角板进行绘制。

为了把形体表示得更清晰,对于同一个形体,选用同一种轴测图,还可以有不同的投射方向的选择。图 8-16 为绘制正等测图时常用的四种投射方向。

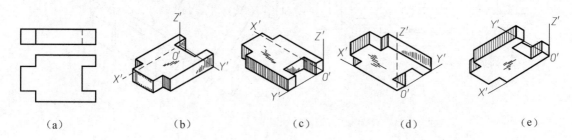

图 8-16 形体的四种投射方向

(a)两面正投影;(b)从左、前、上方向右、后、下方投射;(c)从右、前、上方向右、后、上方投射;

(d)从左、前、下方向左、后、下方投射;(e)从右、前、下方向左、后、上方投射。

8.5 轴测草图的画法

轴测草图是一种凭目测、徒手绘制的轴测图。在工程设计中,常用轴测草图来表达初步构思。在看图时,勾画轴测草图可以帮助构思出形体的空间立体形状。因此,掌握轴测草图的画法也是非常必要的。

8.5.1 徒手画轴测草图的基本方法与技巧

1. 正等测图轴测轴的画法

要求三条轴之间的夹角应尽量接近 120°,O_1Z_1 轴铅垂向上,如图 8-17(a)所示。

2. 正面斜二测图轴测轴的画法

先画互相垂直的轴线 O_1X_1 和 O_1Z_1,然后作第四象限的平分线,即得 O_1Y_1 轴,如图8-17(b)所示。

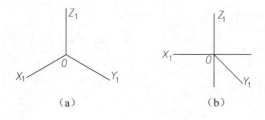

图 8-17 徒手画轴测轴

3. 徒手划分比例线段

在如图 8-18(a)所示的长方体中,设长方体的某一条棱长作单位长度 L,则其余棱线长度都可以按比例划分,另外还可将长度 L 划分成需要的等份。

画轴测草图时,经常要确定图形的对称线及其几何中心的位置。可以作正方形或矩形的两条对角线,或者估计地画出两对边中点的连线来确定它们的位置,如图 8-18(b)所示。利用矩形的对角线可以成比例地放大或缩小矩形的尺寸,图 8-18(c)为重合两边进行缩放。

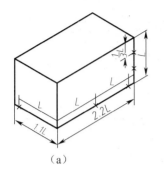
（a）

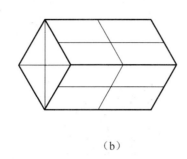
（b）

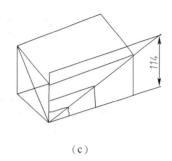
（c）

图 8-18　徒手草图比例线段画法

（a）徒手按比例划分等长线段；（b）确定几何中心的方法；（c）利用对角线缩放矩形。

4. 圆的轴测草图的画法

由于圆的轴测投影一般为椭圆,故画圆的轴测草图就是徒手画椭圆。下面以与 YOZ 坐标平面平行的圆的正等测投影为例进行说明。

（1）作边长约等于圆的直径的菱形,使菱形的边分别平行于 Y 轴和 Z 轴,则其长对角线处于与水平线成 60°的位置,如图 8-19(a)所示。

（2）用细线勾画出四段短圆弧,使之与菱形各边的中点相切,如图 8-19(b)所示。

（3）光滑连接四段圆弧,并描粗即得椭圆,如图 8-19(c)所示。

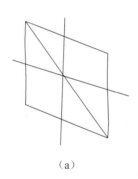
（a）

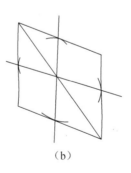
（b）

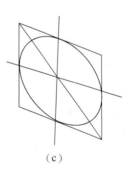
（c）

图 8-19　徒手画椭圆

8.5.2　徒手画轴测草图的一般步骤

（1）从图样、模型或其他资料分析出物体的形状及其比例关系。

（2）选择所用的轴测图种类。

（3）确定合适的轴测投影方向,使之尽可能多地反映物体的形状特征。

（4）进行具体绘图。

图 8-20(b)、(c)、(d)为一支座正等测草图的画法。

画轴测草图时,应特别注意画出的图形各部分的比例应协调。否则,就会使图形严重失真,从而影响立体感。

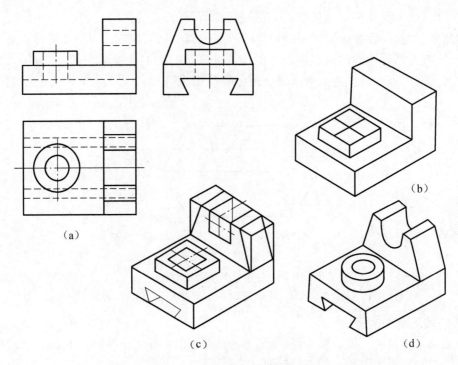

图 8-20　支座正等测草图的画法

第9章 组 合 体

工程形体的形状虽然复杂,但总可以把它看成是由一些简单的基本立体,如棱柱、棱锥、圆柱、圆锥、球、环等组合而成。这种由两个及两个以上的基本体经过叠加、切割等方式组合而成的物体,称为组合体。本章主要研究组合体的画图、看图及尺寸标注等问题。

9.1 组合体的形体分析

9.1.1 组合体的组合形式

组合体的组合形式可分为三种:叠加、切割、综合,如图9-1所示。

如图9-1(a)所示组合体属于叠加式,由四棱柱Ⅰ与Ⅱ叠加而成。

如图9-1(b)所示组合体属于切割式,由四棱柱Ⅰ挖去圆柱体Ⅱ而成。

如图9-1(c)所示组合体属于综合式,它由挖去四棱柱Ⅲ的四棱柱Ⅰ,与挖去半圆柱Ⅳ的四棱柱Ⅱ叠加而成。

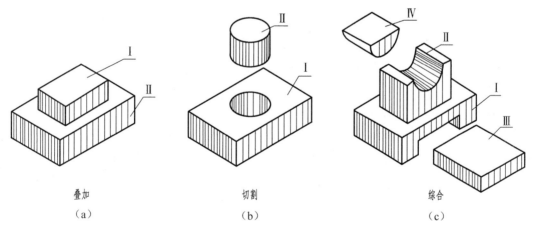

叠加 (a)   切割 (b)   综合 (c)

图9-1 组合体的组合形式

9.1.2 组合体各基本体间表面的连接关系

组合体各基本体间表面的连接关系可分为平齐、相错、相切、相交四种情况。

1. 平齐

如图9-2所示,上下两形体的前表面平齐、共面,结合处没有界线,故在正立面图所指处不应画线。

2. 相错

如图9-3所示,上下两形体的前表面相错,正立面图应画出两表面之间的界线。

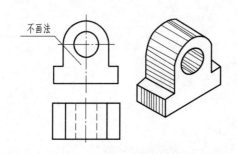

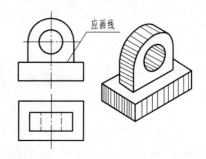

图 9-2　两形体表面平齐　　　　　　　　　图 9-3　两形体表面相错

3. 相切

如图 9-4 所示,底板的前后平面分别与圆柱面相切,在主、左侧立面图的所指处不应画线。

4. 相交

如图 9-5 所示,底板的前后平面分别与圆柱面相交,在正立面图中应画出交线的投影。

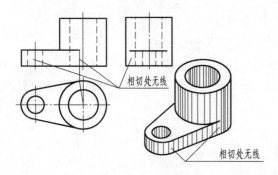

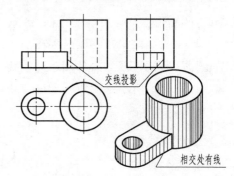

图 9-4　两形体表面相切　　　　　　　　图 9-5　两形体表面相交

9.1.3　形体分析法

组合体是由基本体组合而成的。形体分析法是假想将组合体分解为各个基本形体,弄清各基本形体的组合形式、相对位置,以及关连表面的连接关系,以达到了解整体的目的。

如图 9-6 所示的组合体,可看由底板Ⅰ、圆柱体Ⅱ和立板成Ⅲ三个基本形体叠加而成,底板Ⅰ挖去一长方槽与一圆柱孔,立板Ⅲ与圆柱体Ⅱ各挖去一圆柱孔。它们的相对位置与组合形式:立板Ⅱ叠放在底板Ⅰ的右上部,前、后、右三表面平齐,圆柱体Ⅱ放在底板Ⅰ的上部,外圆柱面与底板上表面相交。

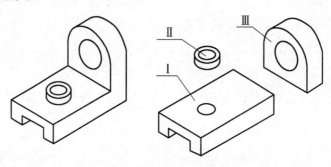

图 9-6　形体分析法

104

形体分析法是画图、看图、标注尺寸所依据的主要方法,它可以将复杂的组合体分解为较简单的基本体来处理。

9.2 组合体视图的画法

9.2.1 形体分析

组合体是由基本几何体组合而成。如图 9-7(a)所示的轴承座,该组合体可以分解为五个基本形体:底板、支承板、轴承、凸台和肋板,如图 9-7(b)所示。底板前面挖切了两个圆角及两个圆柱孔;底板上叠放着支承板与肋,支承板与底板后面平齐,肋板是上边带有圆弧槽的多边形板,它们共同支承着上面的轴承;轴承是带有一小圆孔的空心圆柱,其外圆面与支承板的左、右两侧面相切,前、后面相交,而与肋板的前小平面及左、右侧面均相交,轴承与上面的凸台外表面相交。

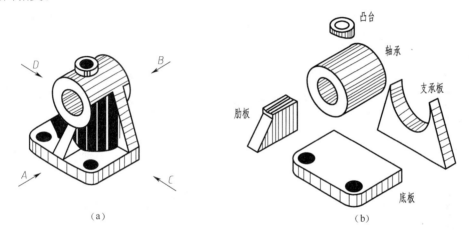

(a)　　　　　　　　　　　(b)

图 9-7 形体分析

9.2.2 视图选择

正立面图是三视图中最重要的视图。它的选择主要从三个方面考虑:

1. 组合体的安放位置

应将组合体放正,大多取自然位置,并尽可能使其主要表面或主要轴线平行或垂直于投影面。

2. 正立面图的投影方向

应选择能较多反映组合体形状特征及各部分相对位置特征的方向作为正立面图投影方向。

3. 视图的清晰性

图中虚线尽可能少。选择正立面图要兼顾平面图与左侧立面图中的虚线尽可能少。

如图 9-7(a)所示的组合体可按自然位置放置,即底板放成水平,这时有 A、B、C、D 四个投影方向。对其所得的四个视图(见图 9-8)进行比较:

对于 A 向与 B 向,B 向视图虚线多,不如 A 向视图清晰;对于 C 向与 D 向,若将 D 向作为正立面图,左侧立面图虚线较多,不如 C 向好;再比较 A 向与 C 向,两者对反映各部分的形状特征和相对位置特征各有特点,差别不大,均符合正立面图选择的要求。选择 A 向作为正立面图方向。

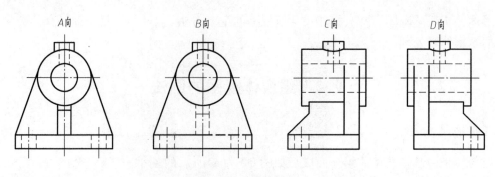

图 9-8 正立面图的选择

9.2.3 画三视图

1. 选比例、定图幅

正立面图确定后,根据实物大小及其形体复杂程度,按照制图标准规定选择适当的画图比例和图幅大小。一般情况下,尽量选用1:1比例。

2. 布图、画基准线

如图9-9(a)所示,视图布置要匀称,要考虑在标注尺寸时留有位置和保持各视图间距。画视图时先画出基准线,基准线是指画图时测量尺寸的基准,一般常用对称中心线、轴线和较大的平面作基准线。

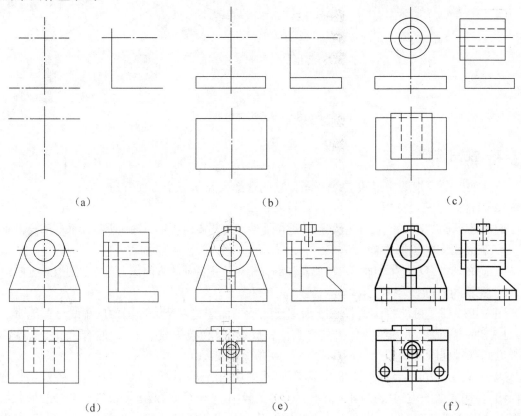

图 9-9 画组合体三视图

106

3. 画各基本形体的三视图

按形体分析法所分解的各基本体及其相对位置,逐个画出它们的视图。画图时,先画主要形体,后画次要形体;先画可见部分,后画不可见部分;先画反映形状特征的视图,后画其他视图。在画每个基本体时,三个视图应同时画出,这样能保持投影关系,提高绘图速度,防止漏线、少线,如图 9 - 9(b)、(c)、(d)、(e)、(f)所示。

4. 检查、加深

检查底稿,擦去多余线,补画遗漏图线。确认无误,按照标准线型加深图线,见图 9 - 9 (f)。

9.3　组合体的尺寸标注

视图只能表示组合体的形状,而其大小和相对位置还需标注尺寸来确定。组合体尺寸标注的基本要求是:

(1) 正确　尺寸标注要符合国家标准中有关"尺寸注法"的规定。

(2) 完整　尺寸必须标注齐全,不能遗漏尺寸,一般也不能有重复尺寸。

(3) 清晰　尺寸标注的布局要整齐、清晰、便于看图。

9.3.1　基本体的尺寸标注

基本体应标注它的长、宽、高三个方向的尺寸,以确定其形状大小。如图 9 - 10 所示列出了一些常见基本体的尺寸标注。

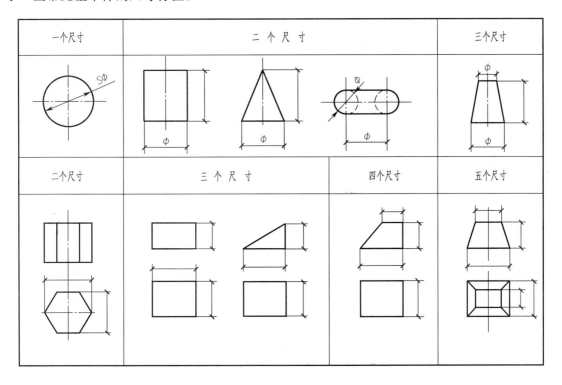

图 9 - 10　常见基本体的尺寸标注

9.3.2　切割体和相贯体的尺寸标注

对于具有斜截面或缺口的形体,除了注出基本体的尺寸外,还要注出截平面的位置尺寸,因为截平面的位置确定后,截交线随之确定,截交线的尺寸不应注出,如图 9-11 所示。

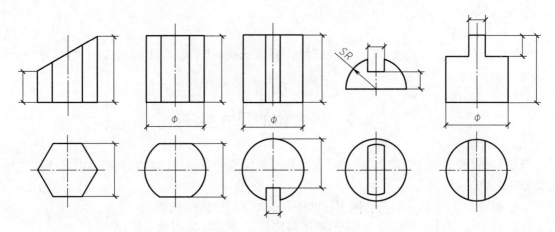

图 9-11　切割体的尺寸标注示例

对于相贯体,应该注出相交两基本体的大小和定位尺寸,而相贯线的尺寸不应注出。如图 9-12 所示。

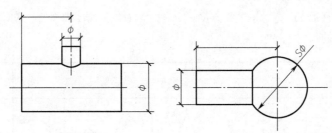

图 9-12　相贯体的的尺寸标注示例

9.3.3　组合体的尺寸标注

组合体尺寸标注的基本要求是:正确、完整、清晰,第一章曾介绍了如何正确地按国家标准的有关规定标注尺寸,下面讲一下如何完整、清晰的标注组合体尺寸。

9.3.3.1　尺寸标注要完整

要完整地标注组合体尺寸,首先要用形体分析法,将组合体分解为若干基本形体,分别注出各基本形体的定形尺寸,然后确定尺寸基准,标出各基本体的定位尺寸,最后注出总体尺寸。

1. 定形尺寸

确定组合体中各基本形体的形状、大小的尺寸,如图 9-13 所示,由底板和竖板组成的"⌐"形的组合体:底板由长方体、半圆柱体以及圆柱孔组成,长方体的长、宽、高尺寸分别为 30、30、10;半圆柱体尺寸为半径 $R15$ 和高度 10;圆柱孔尺寸为直径 $\phi15$ 和高度 10;其中高度 10 是 3 个基本几何体的公用尺寸。竖板为一长方体切去前上角的一块三棱柱体构成(也可以看作是一个五棱柱体),长方体的 3 个尺寸分别为 30、10、20(高度尺寸 20 是间接定出的:切去的三棱柱的定形尺寸为 15、10、10;其中厚度 10 也是两个基本几何体的公用尺寸)。

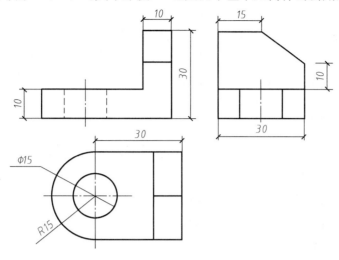

图 9－13　组合体的尺寸标注

2. 尺寸基准

标注尺寸的起点。标注各基本体的定位尺寸以前,必须在长、宽、高三个方向分别选出尺寸基准。通常选择组合体的底面、重要端面、对称平面、回转体轴线等作为尺寸基准。图 9－14 为连接配件的尺寸标注,图中长度方向以"Z"字形板的对称面(线)为基准,宽度方向以"Z"字形板的前表面为基准,高度方向以"Z"字形板的底面为基准。

3. 定位尺寸

确定组合体中各基本形体间相对位置的尺寸。凡是回转体的定位尺寸,应注到回转体的轴线(中心线)上,不许注到孔的边缘。例如图 9－13 的平面图中,圆孔的定位尺寸 30 是注到中心线处的。

对于图 9－14 连接配件上 φ20 的圆孔,其长度、宽度方向均通过基准不需要定位尺寸,高度方向标注定位尺寸 110。

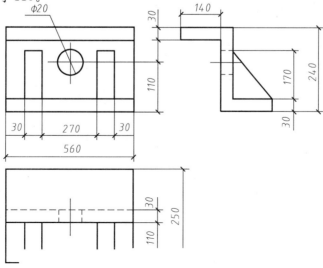

图 9－14　连接配件的尺寸注法

4. 总体尺寸

组合体的总长、总宽、总高尺寸。如图 9-15 所示的 560、250、240，即是组合体的总长、总宽、总高。

当组合体一端或两端为回转面时，一般不注该方向的总体尺寸，而只标注回转面的定位尺寸和定形尺寸。

9.3.3.2　尺寸标注要清晰

1. 尺寸标注要明显

尽可能把尺寸标注在反映形状特征的视图上，并靠近被标注的轮廓线；与两个视图有关的尺寸应注在两视图间的一个视图旁；尽可能不在虚线上标注尺寸。

如图 9-13 所示，两块板厚度尺寸 10，都注写在反映其厚度的正立面图中；平面图中圆孔的定位尺寸 30 则放在平面图与正立面图之间。

2. 尺寸标注要集中

同一个基本体的定形和定位尺寸尽量集中。

如图 9-13 中，表示圆柱孔直径的尺寸 $\phi15$ 和半圆柱的半径尺寸 $R15$ 和定位尺寸 30，都集中注写在平面图上。

在工程图样中，水平面的尺寸一般都集中注写在平面图中，如图 9-15 所示的台阶左方踏步的尺寸 300 和右方栏板的尺寸 240；当然也可标注在形状特征明显的正立面图上。

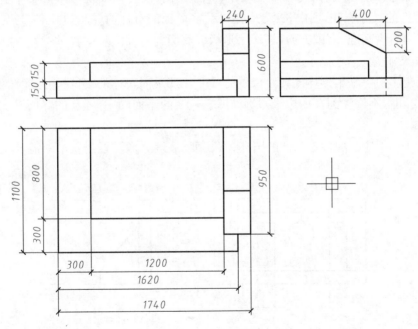

图 9-15　台阶的尺寸注法

3. 尺寸布置要整齐

平行的尺寸线的间隔应相等，尺寸数字应写在尺寸界线的中间位置；短的、细部的尺寸应布置得靠近视图，总尺寸布置在最外侧。

4. 保持视图清晰

尺寸一般应尽可能布置在视图轮廓线之外，只有某些细部尺寸允许标注在图形内。例如

110

图 9 - 14 的定形尺寸 $\phi20$ 就标注在正立面图的图形内。

9.3.3.3 组合体尺寸标注举例

现以图 9 - 16 所示的形体,说明标注组合体尺寸的方法。

首先应对组合体进行形体分析(这一步在画组合体中已作分析,这儿不再赘述)。然后图 9 - 16 组合体的尺寸标注标注各基本形体的定形尺寸,注出基本形体的定位尺寸,最后标注总体尺寸。具体步骤如图 9 - 16 所示。

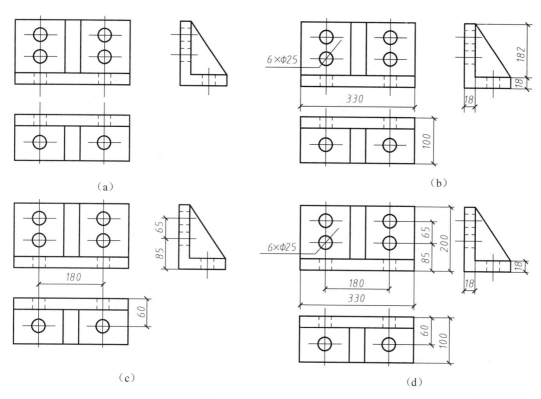

图 9 - 16　组合体的尺寸标注

(a)形体分析;(b)标注基本体的定形尺寸;(c)标注各个基本体之间的定位尺寸;

(d)标注总体尺寸,完成尺寸标注。

9.4　组合体三视图的读图和补画视图

画图和看图是学习工程制图的两个重要环节。画图是由"物"到"图"的过程,而看图则是由"图"到物,即根据视图想象出组合体空间形状的过程,这两方面的训练都是为了培养和提高空间想象能力和构思能力,它们相辅相成,不可分割。

9.4.1　看图的基本要领

9.4.1.1　几个视图联系起来看

一个视图只能反映物体两个方向的尺寸,一般不能确切地表达出物体三维空间的形状,如

图9-17(a)所示的正立面图,可以是图9-17(b)、(c)、(d)三个组合体的正面投影。

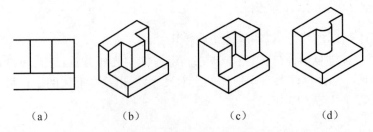

(a)　　　　(b)　　　　(c)　　　　(d)

图9-17　一个视图不能确切地表达物体形状的例子

有时两个视图也不能确定物体的形状,如图9-18(b)、(c)、(d)所示的组合体,主、平面图均为图9-18(a),这两个视图无法确定组合体的形状,只有联系左侧立面图来对照、构思,才能确定各自的形状。因此看图应以正立面图为主,运用投影规律,联系其他视图一起看,才能正确地想象出其立体形状。

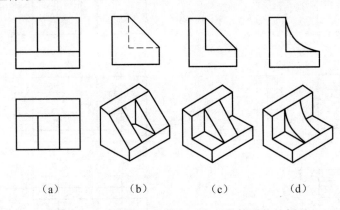

(a)　　　　(b)　　　　(c)　　　　(d)

图9-18　两个视图不能确切地表达物体形状的例子

9.4.1.2　组合体中各基本体的形状与位置特征视图

正立面图是反映组合体形状特征最明显的视图,而构成组合体的各基本体的形状与位置特征则可能表现在其他视图上。因此,在看这些基本体时,要善于找出各自的形状与位置特征的视图来看图。如图9-18所示,它们相异部分的形状特征视图为左侧立面图。

如图9-19(a)所示,若只看主、俯两视图,组合体上Ⅰ、Ⅱ两部分的凹凸情况不明确,它可设想为图9-19(b)、(c)两种情况,而结合左侧立面图,即可明确地看出图9-19(c)是正确的。两部分形状特征较明显的是正立面图,而位置特征明显的则是左侧立面图。

9.4.1.3　明确视图中封闭线框和图线的含义

(1) 视图中每一封闭线框,一般为一个表面的投影,也可能是一个孔的投影。下面以图9-20为例进行说明。①平面的投影,如图中的B面。②曲面的投影,如图中的A面。③孔的投影,如图中的C孔。

(2) 图中的每一条图线,可能有三种含义:①平面或曲面的积聚性投影,如图中的a。②两表面交线的投影,如图中的b。③曲面转向轮廓线的投影,如图中的c。

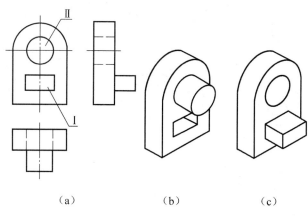

（a） （b） （c）

图9-19 位置特征分析

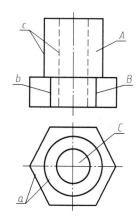

图9-20 封闭线框和图线的含义

9.4.2 看图的基本方法

9.4.2.1 形体分析法

这是看视图的基本方法。通常是从最能反映零件形状特征的视图（一般为正立面图）着手，按照线框将组合体划分成若干基本形体，然后对照其它视图，运用投影规律，想象出它们的空间形状、相对位置以及连接形式，最后综合想象出组合体的整体形状。

下面以图9-21所示的轴承座三视图为例，说明看图的一般方法。

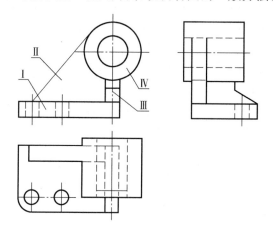

图9-21 轴承座三视图

1. 按线框、划形体。

将正立面图大致分成Ⅰ、Ⅱ、Ⅲ、Ⅳ四个线框，对照俯、左侧立面图可知它们分别表示轴座的底板、支板、肋板、空心圆柱体四个基本形体。

2. 对投影、想形状

按投影关系，找出各形体在三视图上的对应投影，想象出它们的形状。如图9-22（a）、（b）、（c）、（d）所示。

3. 定位置、想整体

在弄清楚各部分形状后，再分析它们之间的相对位置与表面间的连接关系，最后综合起来想象出轴承座的整体形状如图9-22（e）所示。

113

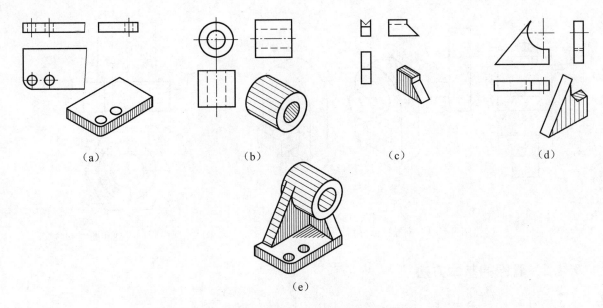

(a)　　　　　　　　　(b)　　　　　　　　　(c)　　　　　　　　　(d)

(e)

图 9 - 22　用形体分析法看轴承座视图

9.4.2.2　线面分析法

　　组合体读图应以形体分析法为主,但有时图形的某一部分难以看懂,可对这些部分作线面分析。线面分析法就是把组合体分解成若干线和面,通过在视图上划线框、对投影,弄清它们的形状及相对位置,进而想象出组合体的空间形状的方法。

　　如图 9 - 23(a)图所示物体,通过形体分析可知,它由底板和直立板堆积而成,但俯视图上长方形线框Ⅰ和三角形线框Ⅱ都是什么面? 可用线面分析的方法读图。

　　与三角形线框Ⅱ对应的正面、侧面投影,均分别为三角形线框Ⅱ′和Ⅱ″,故它表示是在底板上用一般位置平面Ⅱ切去一斜角三角形。三角形每边分别为水平线、正平线和侧平线。

　　综上所述,该立体图为上图 9 - 23(b)所示。

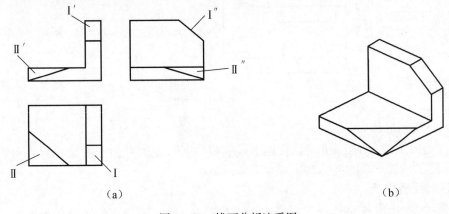

(a)　　　　　　　　　　　　　　　　　(b)

图 9 - 23　线面分析法看图

9.4.3　已知两视图补画第三视图

　　由已知两视图补画第三视图,即包含了看图的过程,又包含了画图的过程,同时也检验了看图的效果,是一个综合性的练习。

例9-1 如图9-24(a)所示,已知支座的主、俯两视图,补画左侧立面图。

解:(1)形体分析 根据主、平面图,可大致将支座分成底板Ⅰ、前立板Ⅱ、后立板Ⅲ三个形体,如图9-24(a)所示。按照投影关系,若不考虑细节,可知三个形体的主要形状及位置如图9-24(b)所示。

(2)线面分析 在底板上的平面图中有一矩形线框a,对应正立面图上的虚线框a',由此可知,底板上挖有矩形方槽,槽底上钻一小孔,槽的前后面与形体Ⅱ、Ⅲ共面。

立板Ⅱ、Ⅲ前后对称,由平面图的直线b对应正立面图的虚线b'可知,两立板左右各切去一角,上部各钻一前后通孔。完整形状如图9-24(c)所示。

(3)画左侧立面图 先按图9-24(b)画基本形体,然后再画矩形方槽、底板小孔,最后画立板切角及圆孔。完成的左侧立面图如图9-25所示。

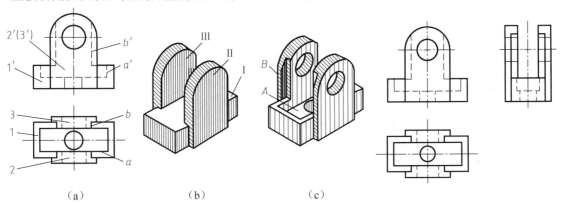

（a）	（b）	（c）	

图9-24 补画支座的左侧立面图　　　　　图9-25 支座三视图

第10章　工程形体的表达方法

本章将应用画法几何中正投影的方法和规律,研究工程制图中如何用图形来表达工程物体,讨论如何用图形来表达工程形体的方法和规律,包含了图形的画法和读法,从而作为表达工程建筑物的基础。为了突出反映表达物体的基本方法和规律,特将工程上的物体稍加简化,抽象成由基本几何形体组成的工程形体。在以后几章中,将进一步研究工程上的具体建筑物,例如房屋和其他工程建筑物的制图内容和表达方法。

10.1　视　　图

10.1.1　基本视图

三视图在工程实际中往往不能满足需要。对于某些物体,需要画出从物体的下方、后方或右侧观看而得到视图。如图 10-1(a)所示,就是增设 3 个分别平行于 H、V 和 W 面的新投影面 H_1、V_1 和 W_1,并在它们上面分别形成从下向上、从后向前和从右向左观看时所得到的视图,分别称为底面图、后立面图和右侧立面图。这样,总共有 6 个投影图或 6 个视图。然后将它们都展平到 V 面所在的平面上,便得到如图 10-1(b)所示的按投影面展开结果配置的 6 个视图的排列位置。图中每个视图的下方均标注了图名。

一般情况下,如果 6 个视图在一张图纸内并且按图 10-1(b)所示的位置排列时,则不必注明视图的名称。如不能按图 10-1(b)配置视图时,则应标注出视图的名称,如图 10-2 所示。按图 10-2 所示的方式命名的视图也称为向视图,也通常用 A、B、C…来命名。

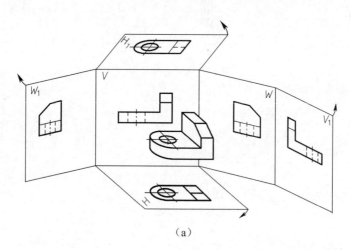

(a)

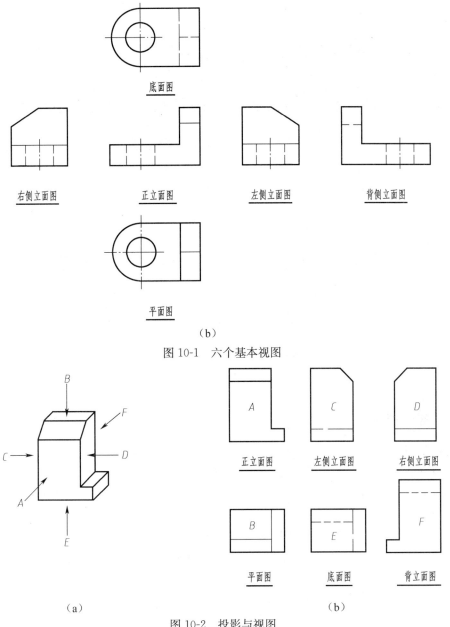

底面图

右侧立面图　　　　正立面图　　　　左侧立面图　　　　背侧立面图

平面图

(b)

图 10-1　六个基本视图

(a)

正立面图　　　　左侧立面图　　　　右侧立面图

平面图　　　　底面图　　　　背立面图

(b)

图 10-2　投影与视图

　　对于建筑物，由于被表达对象较复杂，一般很难在同一张图纸上安排开所有的视图，因此在工程实际中均需标注出各视图的图名称。例如图 10-3 中轴测图表示的一座简单的小房屋，从图中可看出它的不同立面的墙面以及门、窗的布置情况都不相同，因此，要完整表达它的外貌，需要画出 4 个方向的立面图和一个屋顶平面图，如图 10-4 所示，共采用 5 个视图来表达这座房屋的外貌，本例没有完全按视图的展开位置排列。在房屋建筑工程图样的绘制中，有时把左右两个侧立面对换位置，便于就近对照，即当正面图和两侧立面图同时画在一张图纸上时，常把左侧立面图画在正立面图的左边；把右侧立面图画在正面图的右边。

　　如果受图幅限制，房屋的各立面图不能同时画在一张图纸上时，就不存在上述的排列问题。由于视图下面均注有图名，故不会混淆。

117

为了区别以后要引入的其它视图,特把上述的 6 个面视图称为基本视图,并相应地称上述 6 个投影面为基本投影面。

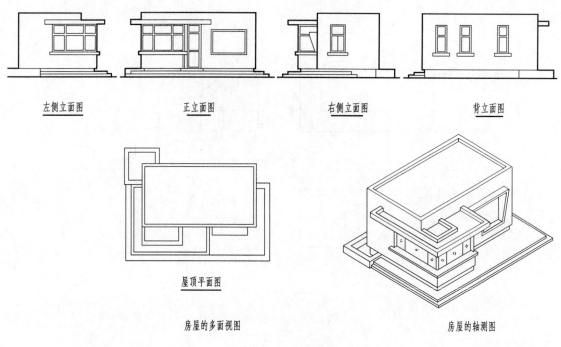

左侧立面图　　　　正立面图　　　　右侧立面图　　　　背立面图

屋顶平面图

房屋的多面视图　　　　　　　　　　房屋的轴测图

图 10-3　房屋的视图

10.1.2　辅助视图

1. 局部视图

把物体的某一部分向基本投影面投影,所得的视图,称为局部视图。

画局部视图时,要用箭头表示它的观看方向,并注上字母,如图 10-4 中的"B"字;在相应的局部视图下方标注"B"字。

当局部视图按投影关系配置,中间又没有其它图形隔开时,可省略标注。如图 10-5(a) 中的平面图也为局部视图。因该平面图的观看方向和排列位置与基本视图的投影关系一致,故不必画出箭头和注写字母。

局部视图断裂处的边界线用波浪线表示,如图 10-5 所示的平面图。当所表示的局部结构是完整的,且外轮廓线又成封闭时,则可省略波浪线,如图 10-4 所示的 A 向和 B 向视图。其中 A 向视图为斜视图,因所显示部分有轮廓线可作边界,故也可不画波浪线。

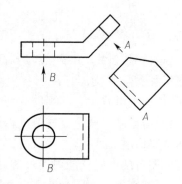

2. 斜视图

向不平行于任何基本投影面的平面观看物体作投影所得的视图,称为斜视图。如图 10-5 所示,物体的右半方部分不平行于基本投影面,为了要得到反映该倾斜部分实形的视图,可应用画法几何中的辅助投影面法(换面法)来解决。即设置

图 10-4　局部视图

一个平行于该倾斜部分的辅助投影面,得到如图中 A 向所示的局部辅助投影,辅助投影反映

118

了这部分的实形,这就是斜视图。工程制图中常用斜视图来表达物体上倾斜结构的实形。

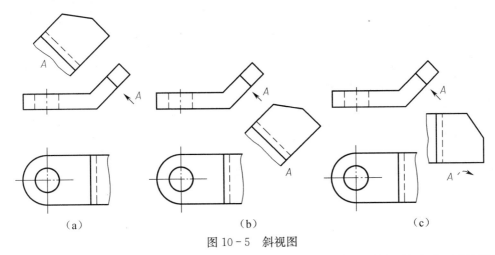

图 10-5 斜视图

在物体上含倾斜平面所垂直的视图上(如图中正立平面图上),须用箭头表示斜视图的观看方向,并用大写拉丁字母予以编号,如图中"A"所示。并在于斜视图下方注写"A"字样。这些字均沿水平方向书写"A"。

斜视图最好沿箭头所指的方向布置,如图 10-5(a)所示;也可随着箭头所指的倾斜结构来布置,如图 10-5(b)所示;甚至必要时允许将斜视图的图形平移布置;或将图形旋转后布置在合适位置,如图 10-5(c)所示,但这时应标注旋转方向的箭头。

斜视图只要求表示出倾斜部分的实形,其余部分仍在基本视图中表达,但需用波浪线表示倾斜部分与其他部分的断裂边界,如图 10-5 所示;同局部视图一样,斜视图所表达部分结构完整,有封闭轮廓线可作边界时可画出完整要素,不画波浪线。

局部视图和斜视图也都属向视图。

3. 旋转视图

假想把物体的倾斜部分旋转到与基本投影面平行后,再投射得到的视图,称为旋转视图。

如图 10-6 所示物体的右方倾斜部分,可应用画法几何中的旋转法来表示倾斜平面的实形。即假想以该物体的中间圆柱体的(带圆柱孔)轴线作为旋转轴,把右方倾斜部分旋转到水平位置后,这时平面图就能反映右侧倾斜平面的实形了。

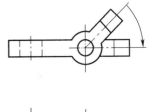

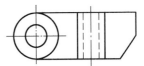

注意图 10-6 中的正立面图仍须保持原来位置;而平面图中右侧倾斜部分则按旋转成水平位置后的情况画出,圆柱体与右侧部分的交线也按旋转后的位置画出。正立面图中的箭头和双点划线表示旋转过程,也可以省略不画。

图 10-6 旋转视图

旋转视图可省略标注旋转方向及字母。

图 10-7 为房屋的综合举例,图中除画出房屋的诸视图外还画了指北针。工程图样中习惯把房屋的大致朝向称为某向立面图,代替前述的正、背、侧等立面图名称。

图 10-7 中房屋的东南立面图是一个斜视图,因按东南方向投射所得的视图倾斜于基本投影面,但用"东南"两字已表明了投射方向,故箭头可以省略。

图 10-7 中的房屋的西立面图,为一局部视图,且都写上了反映方向的图名,故也不必画

119

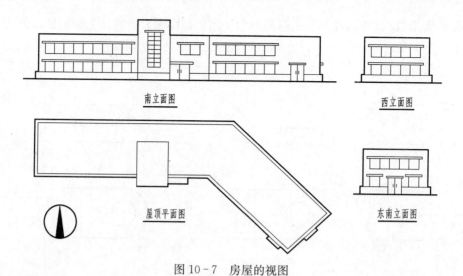

图 10 - 7　房屋的视图

表示投影射或观看方向的箭头。

图 10 - 7 房屋的南立面图的右端,为房屋的右方朝向西南的立面,按旋转法旋转、展开后所得的视图,图中省略了旋转方向的标注。

4. 镜像视图

建筑工程制图新标准中介绍了镜像图示法,即当用直接正投影法绘制不易表达时,可用镜像投影方法绘制。但应在图名后注写"镜像"二字。

把镜面放在物体的下面,代替水平投影面,在镜面中反射得到的图像,则称为"平面图(镜像)"。它和通常投影法绘制平的面图是有所不

同的(虚线变为实线),如图 10 - 8 所示。

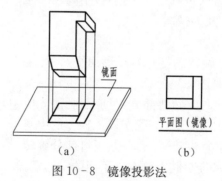

（a）　　　　　　（b）

图 10 - 8　镜像投影法

10.2　剖　面　图

10.2.1　基本概念

视图能够把物体的外形表达清楚,但是,形体上不可见的结构在投影图中需用虚线画出。这样,对于内形复杂的建筑物,例如一幢楼房,内部有各种房间、走廊、楼梯、门窗、基础等等,如果这些看不见的部分都用虚线来表示,必然形成图面虚线实线交错,混淆不清,既不便于标注尺寸,又容易产生差错。某些构件、配件也存在同样的问题。长期的生产实践告诉我们,解决这个问题的好办法是假想将形体剖开,让它的内部构造显露出来,使看不见的部分变成看得

见,然后用实线画出这些内部构造的投影图。

图 10-9 是钢筋混凝土双柱杯形基础的投影图。这个基础有安装柱子用的杯口,在 V、W 投影上都出现了虚线。假想用一个通过基础前后对称平面的剖切平面 P 将基础剖开,然后将剖切平面 P 连同它前面的半个基础移走,将留下来的半个基础投影到与剖切平面 P 平行的 V 投影面上,如图 10-10(a)所示;所得到的投影图,称为剖面图,如图 10-10(b)所示。比较图 10-9 的 V 投影和图 10-10(b)的剖面图,可以看到,在剖面图中,基础内部的形状、大小和构造(杯口的深度、斜度和杯底)都表示得更清楚。同样,用一个通过左侧杯口的中心线并平行于 W 面的剖切平面 Q 将基础剖开,移去剖切平面 Q 和它左边的部分,然后向 W 面进行投影,如图 10-11(a)所示,得到基础另一个方向的剖面图,如图 10-11(b)所示。

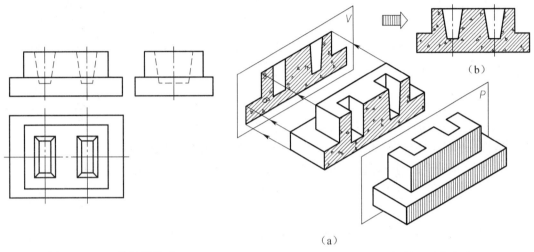

图 10-9　双柱杯形基础

图 10-10　V 向剖面图的产生

(a)假想用剖切平面 P 剖开基础并向 V 面进行投影;(b)基础的 V 向剖面图。

作剖面图时,剖切平面应平行于投影面,从而使断面的投影反映实形。同时,剖切平面还应尽量通过形体上的孔、洞、槽等隐蔽结构的中心线,使形体的内部情形尽量表达得更清楚。剖切平面平行于 V 面时,作出的剖面图称为正立剖面图,可以用来代替原来带虚线的正立面图;剖切平面平行于 W 面时,所作的剖面图称为侧立剖面图,也可以用来代替侧立面图,如图 10-12 所示。

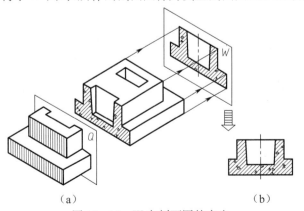

(a)　　　　　　　　(b)

图 10-11　W 向剖面图的产生

(a)假想用剖切平面 Q 剖开基础并向 V 面进行投影;

(b)基础的 W 向剖面图。

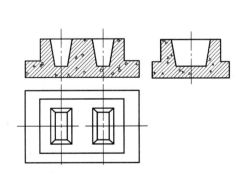

图 10-12　用剖面图表示的投影图

121

在剖面图中,规定要在剖切平面截切形体形成的断面上画出建筑材料图例,以区分断面(剖到的)和非断面(未剖到的)部分。各种建筑材料图例的绘制必须遵照"国标"的规定,不同的材料用不同的图例,部分材料图例如表 10-1 所示。图 10-10~图 10-12 的断面上所画的是钢筋混凝土的图例。画出材料图例,还可以使人们从剖面图中就知道建筑物使用的是哪种材料。在不需要指明材料时,可以用等间距、同方向、45°细斜线来表示断面。

表 10-1　材料图例(部分)(GB 50001)

砖		玻璃及其他 透明材料		混土凝	
自然土壤		木材	纵剖面	钢筋混凝土	
夯实土壤			横剖面	多孔材料	
沙、灰土		木质胶合板 (不分层数)		金属材料	

注意:由于剖切是假想的,所以只有在画剖面图时才假想将形体切去一部分;而在画另一个投影时,还应按完整的形体处理。如图 10-12 所示,虽然在画 V 面的剖面图时已将基础剖去前半部,但是在画 W 面的剖面图时,仍然要按完整的基础剖开,H 面视图也要按完整的基础画出。

10.2.2　剖面图的几种处理方式

画剖面图时,针对建筑形体的不同特点和要求,有如下几种处理方式:

1. 全剖面图

不对称的建筑形体,或虽然对称但外形比较简单,或在另一个投影中已经将它的外形表达清楚了,可用一个剖切平面将形体全部剖开,然后画出形体的剖面图,这种剖面图称为全剖面图。如图 10-13 所示的房屋,为了表示它的内部布置,假想用一水平的剖切平面,通过门、窗

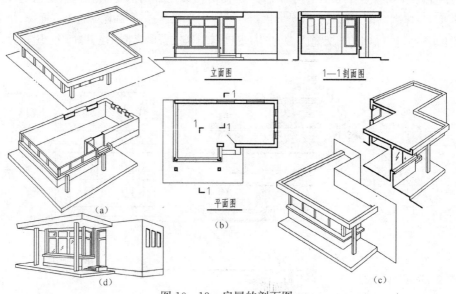

图 10-13　房屋的剖面图
(a)水平全剖面;(b)平立剖面;(c)阶梯剖面;(d)透视图。

洞将整幢房屋剖开,如图 10-13(a)所示,然后画出其整体的剖面图。不过这种水平剖切的剖面图,在房屋建筑图中,称为平面图,如图 10-13(b)中的下图所示。

2. 阶梯剖面图

若一个剖切平面不能将形体上需要表达的内部构造一齐剖开时,可将剖切平面转折成两个(或两个以上)互相平行的平面,将形体沿着需要表达的位置剖开,然后画出剖面图。如图 10-13(b)中的侧立剖面图,如果只用一个平行于 W 面的剖切平面,就不能同时剖开前墙的窗和后墙的窗,这时可将剖切平面转折一次,见图 10-13(c),使一个平面剖开前墙的窗,另一个与其平行的平面剖开后墙的窗,这样就满足了需要。这种剖面图,称为阶梯剖面图,阶梯剖切平面的转折处,在剖面图上规定不画分界线。如图 10-13(b)中的 1—1 剖面图。阶梯剖面图也是全剖面图。立剖面图在房屋建筑图中称为剖面图。

3. 旋转剖面

如图 10-14 所示的过滤池形体的 V 投影,是用两个相交的铅垂剖切平面,沿 1—1 位置将池壁上不同形状的孔洞剖开,然后使其中某半个剖面图,绕两剖切平面的交线旋转到另半个剖面图形的平面(一般平行于基本投影面)上,然后一齐向所平行的基本投影面投射,所得的投影图称为旋转剖面。对称形体的旋转剖面,实际上是由两个不同位置的半剖面拼成的全剖面图。

4. 局部剖面图

当完全剖开建筑形体后它的外形就无法表达清楚时,可以保留原投影图的一部分,而只将形体的局部画成剖面图。如图 10-15 所示,在不影响杯形基础外形表达的情况下,将它的水平投影的一个角落画成剖面图,表示基础内部钢筋的配置情况;这种剖面图称为局部剖面。按"国标"规定,外形投影图与局部剖面之间,要用徒手画的波浪线分界。

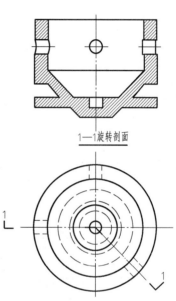

图 10-14　过滤池的旋转剖面图

如图 10-15 所示基础的正面投影,已被剖面图所代替。图上已画出了钢筋的配置情况,在断面上就不再画钢筋混凝土的图例符号。

图 10-16 表示应用分层局部剖面,来反映楼面各层所用的材料和构造的做法。这种剖面图,多用于表达楼面、地面和屋面的构造。

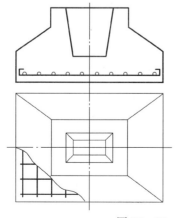

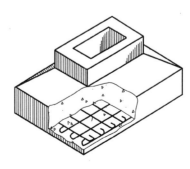

图 10-15　杯形基础的局部剖面

123

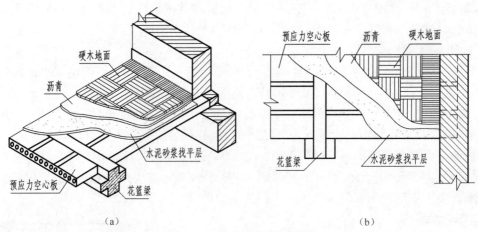

（a）　　　　　　　　　　　　　　　　（b）

图 10-16　分层局部剖面图

4. 半剖面图

当形体的内外结构都具有对称性（左右或前后或上下）时，可以画出由半个外形投影图和半个内形剖面图拼成的图形，同时表示形体的外形和内部构造。这种剖面图称为半剖面图。例如图 10-17 所示的正锥壳基础，画出了半个正面投影和半个侧面投影以表示基础的外形和相贯线，另外各配上半个相应的剖面图表示基础的内部构造。如图 10-12 所示的双柱杯形基础也可以画成半剖面图。在半剖面图中，剖面图和投影图之间，规定用形体的对称中心线（细点划线）为分界线。通常，当对称中心线是铅直时，半剖面图画在投影图的右半边；当对称中心线是水平时，半剖面图画在投影图的下半边。

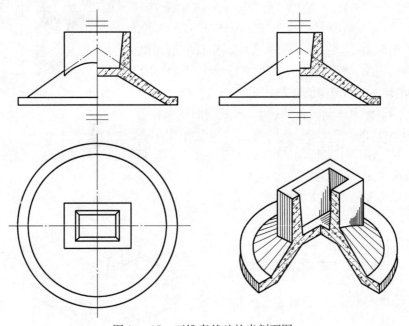

图 10-17　正锥壳基础的半剖面图

10.2.3　剖面图的标注

为了读图方便，需要用剖切符号把剖面图的剖切位置和剖视方向，在投影图上表示出来，

同时,还要给每一个剖面图加上编号,以免产生混乱。对剖面图的标注方法规定如下:

1. 剖切符号

用剖切位置线表示剖切平面的剖切位置。剖切位置线就是剖切平面的积聚投影。不过规定只用两小段粗实线(长度为 6mm~8mm)来表示它,且不许与形体的轮廓线相接触,如图10-18所示。

2. 剖视方向

剖切后的剖视方向用垂直于剖切位置线的短粗线(长度为 4mm~6mm)来表示,如画在剖切位置线的左面表示向左边投影,如图 10-18 所示。

3. 编号

剖切编号采用阿拉伯数字,按顺序由左至右,由下至上连续编排,并注写在剖视方向线的端部。如剖切位置线必须转折时(阶梯剖),一般应在转角的外侧加注于该符号相同的编号,如图 10-18 中所示的"3—3"。

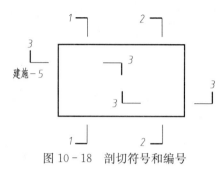

图 10-18　剖切符号和编号

4. 省略

习惯性使用的剖切位置(如房屋平面图中通过门、窗洞的剖切)符号和通过构件对称平面的剖切符号,可以省略标注。

5. 图名

在剖面图的下方或一侧,写上与该图相对应的剖切符号的编号,作为该图的图名,如"1—1"、"2—2"、…,并在图名下方画上一条等长的粗实线,如图 10-17 中的(1-1 旋转剖面)。

10.2.4　轴测剖视图的画法

在轴测图中,为了表达立体的内部形状,可以假想用剖切平面将立体的一部分切去,通常是沿着两个坐标平面将立体剖切去四分之一,画成轴测剖视图。

1. 轴测剖视图的剖面线的画法规定

在立体被截切后新形成的的断面上,应画剖面线,正等测轴测图中剖面线的方向按图10-19(a)绘制;正面斜二测图中的剖面线方向按图 10-19(b)绘制。

注意:正等测图平行于 3 个坐标面的断面上的剖面线方向垂直于相应的轴测轴。

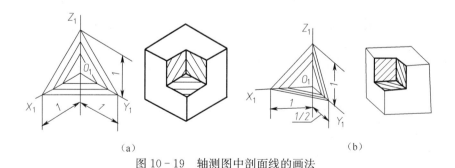

（a）　　　　　　　　　　　　　　　　（b）

图 10-19　轴测图中剖面线的画法

2. 轴测剖视图的画法举例

画轴测剖视图的方法有两种,一种是先画出物体完整的轴测图,然后沿轴测轴方向用剖切面剖开,画出断面和内部看得见的结构形状,如图 10-20 所示。另一种方法先画出断面形状,然后画外面和内部看得见的结构。前者适合初学者,后者适合熟练者,后者因在作图过程中可减少不必要的作图线,使作图更为迅速。

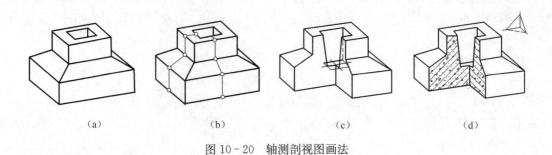

（a） （b） （c） （d）

图 10-20　轴测剖视图画法

10.3　断　面　图

10.3.1　基本概念

前面讲过,用一个剖切平面将形体剖开之后,形体上的截口,即截交线所围成的平面图形,称为断面。如果只把这个断面投影到与它平行的投影面上,所得的投影图,表示出断面的实形,称为断面图。与剖面图一样,断面图也是用来表示形体的内部形状的。剖面图与断面图的区别在于:

（1）断面图只画出形体被剖开后断面的实形,见图 10-21(d)1—1 断面、2—2 断面;而剖面图要画出形体被剖开后整个余下部分的投影,如图 10-21(c)所示,除了画出断面外,还画出牛腿的投影(1—1 剖面)和柱脚部分投影(2—2 剖面)。

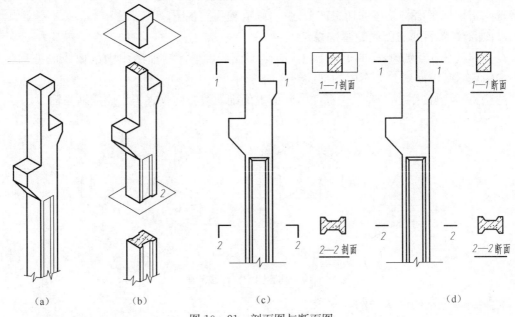

（a） （b） （c） （d）

图 10-21　剖面图与断面图

（a)柱的外形图;(b)剖面示意图;(c)剖面图;(d)断面图。

（2）剖面图是被剖开的形体的投影，是体的投影，而断面图只是一个截口的投影，是面的投影。被剖开的形体必有一个截口，所以剖面图必然包含断面图在内。断面图虽然属于剖面图中的一部分，但一般单独画出。

（3）剖切符号的标注不同。断面图的剖切符号只画图剖切位置线，不画剖视投射方向线，而用编号的注写位置来表示投射方向。编号写在剖切位置线下侧，表示向下投射。注写在左侧，表示向左投射。

10.3.2　画断面图时的几种处理方式

断面图根据布置位置的不同可分为移出断面图、重合断面图、中断断面图。

1. 移出断面图

画在原来视图以外的断面图，称为移出断面图。如图 10-21 所示的柱子，采用 1—1、2—2 两个断面来表达柱身的形状，这两个断面都是移出断面。移出断面图的轮廓线用粗实线画出，根据断面图例可知柱子的材料是钢筋混凝土。

当移出断面图是对称的、它的位置又紧靠原来视图而并无其他视图隔开、即断面图的对称轴线为剖切平面迹线的延长线时，也可省略剖切符号和编号，如图 10-22 所示。

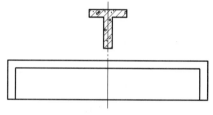

图 10-22　移出断面例二

又如图 10-23(a)是钢筋混凝土梁、柱节点的正立面图和断面图。图 10-23(b)为该节点的轴测图。柱从基础起直通楼面，在正立面图中上、下画了断裂符号，表示取其中一段，楼面梁的左、右也画了断裂符号。因搁置楼板的需要，梁的断面做成十字形，俗称"花篮梁"，花篮梁的断面形状和尺寸，由 1—1（移出断面图）表示。楼面上方柱的断面形状为正方形（250×250），由 2—2 断面（移出断面图）来表示；楼面下方柱的断面形状也是正方形（350×350），由断面 3—3（移出断面图）表示。断面图中用图例表示柱、梁节点的材料为钢筋混凝土。

2. 重合断面图

重叠画在视图之内的断面图称为重合断面图，如图 10-24 所示为角钢的重合断面图。

为了表达明显，重合断面图轮廓线用细实线画出，这点应特别注意，如图 10-24 所示原来视图中的轮廓线与重合断面图的图形重合时，视图中的轮廓线仍应按完整画出，不应间断，角钢的断面部分画上钢材的图例。

图 10-24 所示的角钢是平放的，假想把切得的断面图绕铅直线从左向右旋转后重合在视图内而成。重合断面在实用中可省略任何标注。

图 10-25(a)用重合断面图在平面图上表示工业厂房屋顶的坡度；图 10-25(b)也是用重合断面图在平面图上表示钢筋混凝土屋顶结构的断面形状。图 10-26 是用重合断面图在立面图上表示墙壁立面上部分装饰花纹的凹凸起伏情况，图中右边小部分没有画出断面，作为对比。

3. 中断断面图

绘制细长构件时，常把视图断开，并把断面图画在中间断开处，称为中断断面图。图 10-

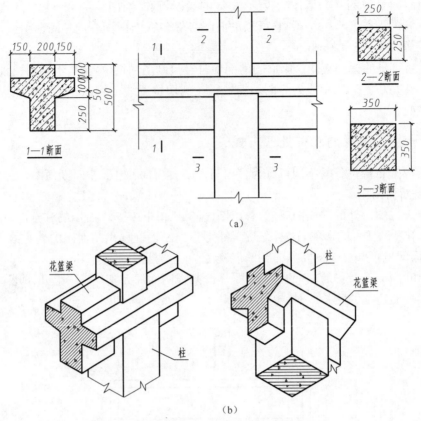

图 10-23　梁、柱节点的立面图、断面图和轴测图

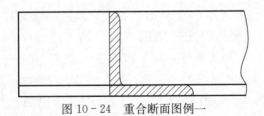

图 10-24　重合断面图例一

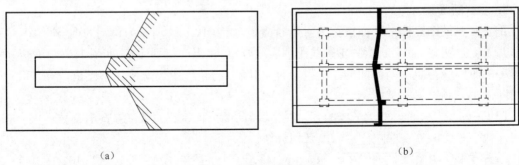

图 10-25　重合断面图例二

27(a)是用中断断面图表示花篮梁的断面形状。图 10-27(b)为一钢屋架图,也是用中断断面图表达了各杆件的两根角钢的组合情况。中断断面图是直接画在视图内的中断位置处,因此也省略剖切符号及其标注。

128

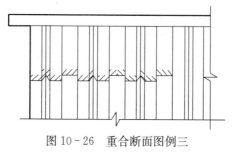

图 10 - 26 重合断面图例三

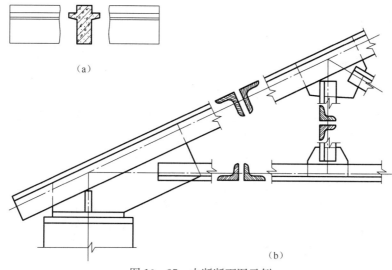

（b）

图 10 - 27 中断断面图示例

10.4 简化画法

为了节省绘图时间,或由于绘图位置不够,建筑制图国家标准允许在必要时可以采用下列的简化画法:

1. 对称简化

对称的图形可只画一半,但要加上对称符号。如图 10 - 28(a)是锥壳基础平面图,因它左右对称,只画左半部,并在对称轴线的两端加上对称符号,如图 10 - 28(b)所示。对称线用细点划线表示。对称符号是用两条相互平行且垂直于对称中心线的短细实线表示,其长度为6mm～10mm。两端的对称符号到图形的距离应基本相等。

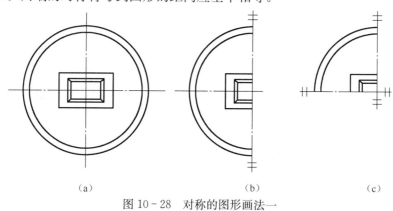

（a） （b） （c）

图 10 - 28 对称的图形画法一

由于圆锥壳基础的平面图不仅左右对称,而且前后对称,因此还可以进一步简化,只画出其四分之一,同时须增加一组水平的对称符号,如图 10-28(c)所示。

对称的图形可只画一大半时(稍稍超出对称线之外),然后加上用细实线画出的折断线或波浪线,如图 10-29(a)的木屋架图和图 10-29(b)的杯形基础图。注意,此时不须加对称符号。

对称的构件需要画剖面图时,也可以用对称线为界,一边画外形图,一边画剖面图。这时需要加对称符号,如图 10-29(c)所示的锥壳基础。

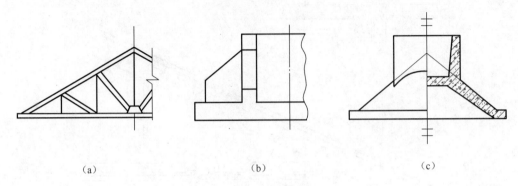

(a)　　　　　　　　　　(b)　　　　　　　　　　(c)

图 10-29　对称的图形画法二

2. 相同要素简化

如果建筑物或构配件的图形上有多个完全相同而连续排列的构造要素,可以仅在排列的两端或适当位置画出其中一两个要素的完整形状,然后画出其余要素的中心线或中心线交点,以确定它们的位置,例如图 10-30(a)中的混凝土空心砖和图 10-30(b)的预应力空心板,图 10-31 是一段砌上 8 件琉璃花格的围墙,图上只需画出其中一个花格的形状就可以了。

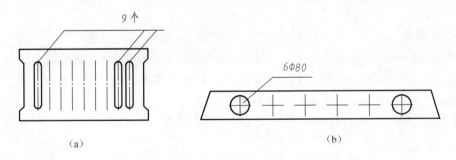

(a)　　　　　　　　　　　　　　(b)

图 10-30　相同要素简化画法一

3. 长件短画

较长的杆状构件,可以假想将该构件折断其中间一部分,然后在断开处两侧加上折断线,如图 10-32(a)所示的柱子。

4. 类似构件简化

一个构件如果与另一构件仅部分不相同,该构件可以只画不同的部分,但要在两个构件的相同部分与不同部分的分界线上,分别画上连接符号。两个连接符号应对准在同一线上,如图 10-32(b)所示。

130

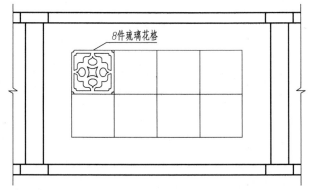

图 10-31　相同要素简化画法二

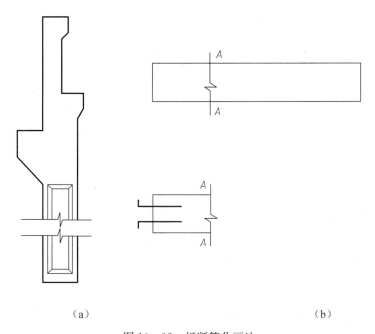

（a）　　　　　　　　　　　　　　　　　　（b）

图 10-32　折断简化画法

第11章 标 高 投 影

建筑物总要和地面发生关系,因此常常需要表达地面的形状绘制地形图。地面的形状比较复杂,毫无规则,而且平面方向的尺寸比高度方向的尺寸大得多,如仍采用前述的多面正投影来表达地面形状,不仅作图困难,而且不易表达清楚。在生产实践中,人们总结出了与地面形状相适应的表达方法——标高投影。

用两个投影表示物体时,当水平投影确定之后,正面投影只起到了提供形体各部分高度的作用,因此,如果已知形体上有关点和线的高度,只用一个水平投影也可以完全确定该形体在空间的形状和位置,方法就是在水平投影上标注高度值。标高投影是在物体的水平投影上加注某些特征面和线,以及控制点高程数值和比例的单面正投影。

11.1 点和直线的标高投影

11.1.1 点的标高投影

如图 11 - 1(a)所示,设点 A 位于已知的水平面 H 的上方 3 单位,点 B 位于 H 上方 5 单位,点 C 位于 H 下方 2 单位,那么,在 A、B、C 的水平投影 a、b、c 之旁注上相应的高度值 3、5、−2,即得点 A、B、C 的标高投影图,如图 11 - 1(b)所示,这时,点的高度值 3、5、−2 称为点的标高。

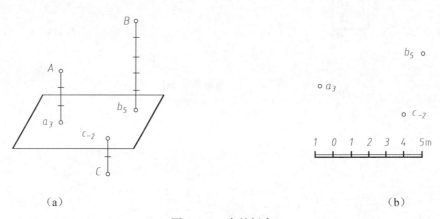

(a)	(b)

图 11 - 1 点的标高

根据标高投影确定上述点 A 的空间位置时,可由 a_3 引垂直于基准面 H 的线,然后在此线上自 a_3 起按一定比例尺往上度量 3 单位,得点 A;对于点 C,则应自 C_{-2} 起往下度量 2 单位。由此可见,要充分确定形体的空间形状和位置,在标高投影图中还必须附有一个比例尺,并注明刻度单位,如图 11 - 1(b)所示。标高投影图常用的单位为米(m)。

通常选定某一水平面(H)作为基准面,它的标高为零,高于基准面的标高为正,低于基准面的标高为负。为了实际应用方便,选择基准面时,最好使各点的标高都是正的;如果结合到地形测量,则应以青岛市外黄海海水平面作为零标高的基准面。

11.1.2 直线的标高投影

在直线的 H 投影 ab 上标出它的两个端点 a 和 b 的标高,例如 a_3b_5(见图 11-2)就是直线 AB 的标高投影。

求直线 AB 的实长以及它与基准面的倾角。可用换面法的概念,即过 AB 作基准面 H 的垂直面 V_1,将 V_1 面绕它与 H 面的交线 a_3b_5 旋转,使 V_1 面与 H 面重合。作图时,只要分别过 a_3 和 b_5 引线垂直于 a_3b_5,如图 11-3,并在所引垂线上按比例尺分别截取相应的标高数 3 和 5,得点 A 和 B。AB 的长度就是所求实长,AB 与 a_3b_5 间的夹角 α 就是所求的倾角。

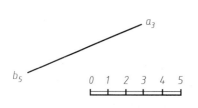

图 11-2 直线的标高投影

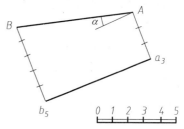

图 11-3 直线的实长和倾角

直线的刻度。直线的刻度就是在直线的标高投影上标出整数标高的点。进行刻度时,仍采用换面法的概念。例如图 11-4 所示,已知直线 AB 的标高投影 $a_{3.7}b_{7.8}$,则在任意位置处作一条 $a_{3.7}b_{7.8}$ 的平行线作为标高等于 3 的整数标高线,然后等间距顺次作出标高等于 4m,…,8m 的整数标高线。自点 $a_{3.7}$、$b_{7.8}$ 引线垂直于 $a_{3.7}b_{7.8}$,在所引线上,结合各整数标高线,按比例插值定出点 A 和 B。连接 AB,它与整数标高线的交点 Ⅳ、Ⅴ、Ⅵ、Ⅶ 就是 AB 上的整数标高点。过这些点向 $a_{3.7}b_{7.8}$ 引垂线,各垂足 4、5、6、7 就是 $a_{3.7}b_{7.8}$ 上整数标高的点。不难看出,这些点之间的距离是相等的。如果所作的一组等高线的距离均按给定比例尺量取,则可同时得到 AB 的实长和 AB 对 H 面的倾角。

直线的坡度 i,如图 11-5 所示,就是当其水平距离为一单位时的高差;直线的间距 l,就是当高差为一单位时的水平距离。例如已知直线 AB 的标高投影 a_2b_4,a_2b_4 的长度即 AB 两点间的水平距离为 L,AB 两点的高差为 I,则直线的坡度

$$i=\frac{I}{L}=\tan\alpha$$

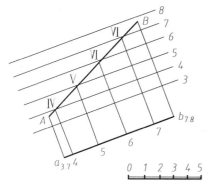

图 11-4 直线的刻度

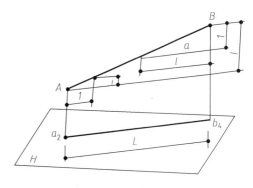

图 11-5 直线的坡度间距

133

直线的间距

$$l=\frac{L}{I}=\cot\alpha$$

由此可见,直线的坡度与间距互为倒数。也就是说,坡度越大,间距越 小;坡度越小,间距越大。

在图 11-5 中,量得 a_2b_4 的长度 $L=6$,AB 间的高差 $I=4-2=2$,于是 $i=1/3$。

直线的标高投影经刻度后,单位标高刻度之间的距离就是一个间距。

直线的标高投影的另一种形式是在直线的 H 投影上只标出线上一个点的标高,并注上坡度和画上表示直线下坡方向的箭头,如图 11-6 所示。

例 11-1 试求图 11-7 所示直线上一点 C 的标高。

解:本题可用图 11-4 所示的图解法来解,此外还可用数解法来解,下面加以介绍。

先求 i 或者 l,按比例尺量得 $L=36$,经计算得 $I=26.4-12=14.4$,则

$$i=\frac{I}{L}=\frac{14.4}{36}=\frac{2}{5}\quad(\text{或 } l=\frac{L}{I}=2.5)$$

然后按比例量得 ac 间的距离为 $L=17$,则根据 $i=I/L$ 得 $I=6.8$;于是,C 点的标高应为 $26.4-6.8=19.6$。

可以根据两直线的标高投影,在适当的位置作出两直线的辅助投影,来判别两直线的相对位置。

例如图 11-8 中,直线 AB 与 EF 平行,AB 与 CD 相交于点 K,CD 与 EF 交叉。由于所引辅助投影面是平行于 AB 和 EF 的,如果 AB、EF 与 CD 垂直,他们的垂直关系就会反映在辅助投影上。要注意所引的整数标高线必须按比例尺画出。

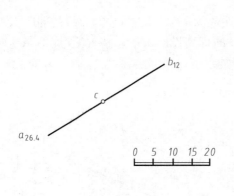

图 11-7 求直线上 C 点的标高

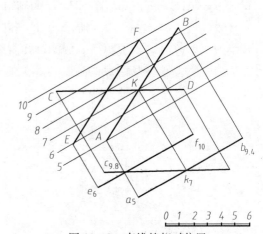

图 11-8 直线的相对位置

图 11-9 中,两直线的标高投影平行,上升或下降方向一致,而且坡度或间距相等,则两直线平行。

又如图 11-10 中,两直线的标高投影相交,经计算知两直线交点处的标高相同,如所示,则两直线相交。否则,它们是交叉的。

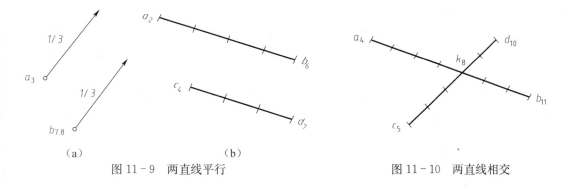

<table>
<tr><td>（a）</td><td>（b）</td></tr>
</table>

图 11-9　两直线平行　　　　　　　　　图 11-10　两直线相交

11.2　平面及平面体的标高投影

11.2.1　平面的标高投影

平面的标高投影,可以用不在同一直线上的三个点、一直线和线外一点、两相交直线或两平行直线等的标高投影来表示。在标高投影中,还有另一些特殊表示法,现介绍如下:

图 11-11 画出一个由平行四边形 $ABCD$ 表示的平面 P。图中 AB 位于 H 面上,它是 P 面与 H 面的交线 P_H。如果以一系列平行于基准面 H 的水平面截割平面 P,则得到 P 面上一组水平线 Ⅰ—Ⅰ、Ⅱ—Ⅱ 等,称为等高线,它们的 H 投影为 1—1、2—2 等;等高线的 H 投影也常简称为等高线。平面 P 的等高线都平行于 P_H;如果水平截平面间的距离相等,则等高线的间隔相等;如果水平截平面间的距离为一个单位,则等高线 H 投影的间隔即为平面的间距。

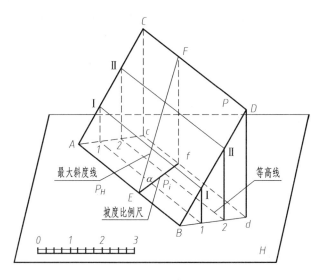

图 11-11　平面的标高投影

在 P_H 上取任一点 E,作平面 P 的最大斜度线 EF。EF 的 H 面投影 E_f 垂直于 PH。直线 E_f 的间距与平面 P 的间距相等。在标高投影中,把画有刻度的最大斜度线标注为 P_i,称为平面 P 的坡度比例尺。坡度比例尺垂直于平面的等高线,它的间距等于平面的间距,因而可以用坡度比例尺 P_i 表示平面 P,如图 11-12(a)所示;根据坡度比例尺,可作出平面的等高

135

线,如图 11-12(b)所示。

平面上最大斜度线与它的 H 投影之间的夹角 α,就是平面对 H 的倾角。如果给出 P_i 和比例尺,就可以用图 11-12(c)的方法求出倾角 α。先按比例尺作出一组平行于 P_i 的整数标高线,然后在相应标高线上定出点 Ⅱ 和 Ⅵ,连 Ⅱ Ⅵ,它与 P_i 的夹角就是平面 P 的倾角。此作法实质上是作出最大斜度线在过 P_i 而垂直于平面 P 的辅助投影面($\perp H$)上的辅助投影。

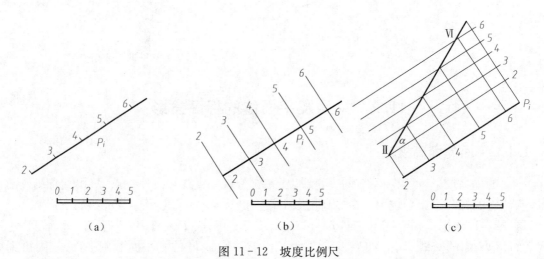

图 11-12　坡度比例尺

例 11-2　如图 11-13(a)所示,已知一平面 Q 由 $a_{4.2}$、$b_{7.5}$、c_1 三点所给定,试求平面 Q 的坡度比例尺。

解:只要先作出平面的等高线,就可以画出 Q_i。为此,先连各边,并在各边上刻度。然后连邻边同一标高的刻度点,得等高线,再在适当位置引线垂直于等高线,即可作出 Q_i,如图 11-13(b)所示。

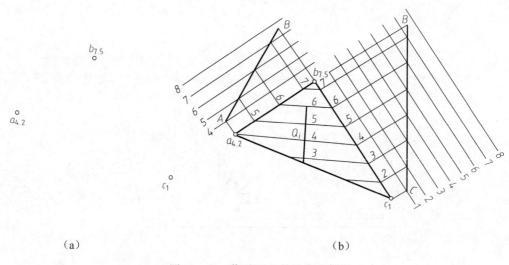

图 11-13　作平面 Q 的坡度比例尺

平面的另一种表示法如图 11-14 所示,即画出平面 P 与 H 面的交线 PH(图 11-14(a))或画出平面的一根等高线(图 11-14(b)),然后画出与它们垂直的箭头表明下坡方向,并注明坡度。

两平面可以平行或相交。若两平面 P 和 Q 平行,则它们的坡度比例尺 P_i 和 Q_i 平行,间

136

距相等,而且标高数字增大或减小的方向一致,如图 11 - 15 所示。

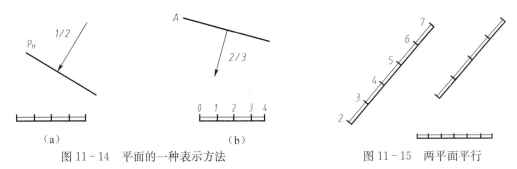

（a）　　　　　　　（b）

图 11 - 14　平面的一种表示方法　　　　图 11 - 15　两平面平行

若两平面相交,则仍用引辅助平面的方法求它们的交线。在标高投影图中最方便引用的辅助面是标高为整数的水平面,如图 11 - 16(a)所示,这时,所引辅助平面与已知平面 P、Q 的交线,分别是两已知平面上相同整数标高的等高线,它们必然相交于一点。如引两个辅助平面,可得两个交点,连接起来,即得交线。

这个概念可以引伸为:两面(平面或曲面)上相同标高等高线的交点连线,就是两面的交线。作图方法如图 11 - 16(b)所示,在坡度比例尺 P_i 和 Q_i 上分别作等高线 10 和 13,a_{13} 和 b_{10} 的联线即为平面 P 和 Q 的交线的标高投影。

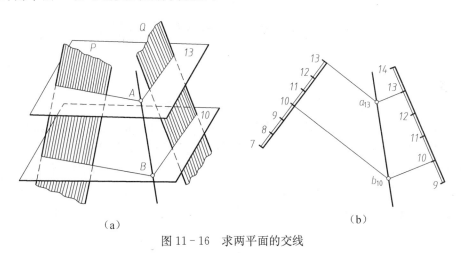

（a）　　　　　　　　　　　　　　　　（b）

图 11 - 16　求两平面的交线

例 11 - 3　需要在标高为 5m 的水平地面上堆筑一个标高为 8m 的梯形平台。堆筑时,各边坡的坡度如图 11 - 17(a)所示,试求相邻边坡的交线和边坡与地面的交线(即施工时开始堆砌的边界线)。

解:可用图解法或数解法先求出各边坡的间距 $l_{1/3}$、$l_{2/3}$、$l_{3/2}$。如用图解法可在给出的比例尺上进行,如图 11 - 17(a)所示,然后按求得的间距作出各边坡的等高线,它们分别平行于平台各边。相邻边坡的交线是一直线,就是它们的相同标高等高线的交点连线,标高为 5 的 4 根等高线,就是各边坡与地面的交线,如图 11 - 17(b)所示。

11. 2. 2　平面体的标高投影

在标高投影中,立体的表达通常都用画出立体上相邻表面的交线、画出立体与地面的交线以及立体上的平面或曲面的等高线的方法。平面体的表示法如图 11 - 17(b)所示,曲面体的标高投影下节中再作讨论。

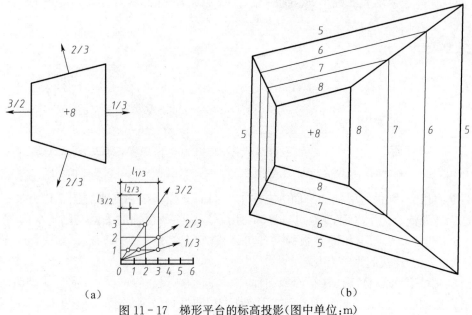

（a） （b）

图 11-17 梯形平台的标高投影（图中单位:m）

11.3 曲面体及同斜曲面的标高投影

11.3.1 曲面体的标高投影

曲面体的表示方法与平面体相同,画出其表面的等高线及其与地面的交线即可。如图 11-18所示为一正圆锥和一斜圆锥的标高投影,它们的锥顶标高都是 5,都是假设用一系列整数标高的水平面切割圆锥,画出所有截交线的 H 投影,并注上相应的标高(即画出等高线)。图 11-18(a)是正圆锥的标高投影,各等高线是同心圆,通过锥顶 S_5 所引的各锥面素线间距相等。图 11-18(b)是斜圆锥的标高投影,等高线是异心圆,过锥顶 f_5 所引各锥面素线,它们的间距,除关于过锥顶的正平面对称的素线外均不相等。间距最小的锥面素线就是锥面的最大斜度线。

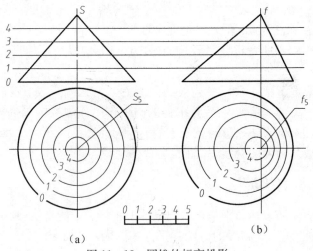

（a） （b）

图 11-18 圆锥的标高投影

山地一般是不规则曲面，其表示法同上，即以一系列整数标高的水平面截切山地，把截得的等高截交线正投影到水平面上，得一系列不规则形状的等高线，注上相应的标高值。图 11 - 19 下方，就是一个山地的标高投影图，称为地形图。看地形图时，要注意根据等高线间的间距去想象地势的陡峭或平缓程度，根据标高的顺序来想象地势的升高或下降。

如果以一个铅垂面截切山地，可作出山地与平面的截交线（工程上称为断面图），如图 11 - 19 所示的 I—I 断面（通常将断面设为正平面）。为作断面图可先作一系列等距线作为整数等高线的正投影，然后从断面位置 I—I 与地面等高线的交点引铅直联系线，在相应的标高线的正投影上定出各点，按标高顺序连接正投影中的各点，即得山地的断面图。断面处山地的起伏情况可从该断面图上形象地反映出来，如图 11 - 19 上图所示。

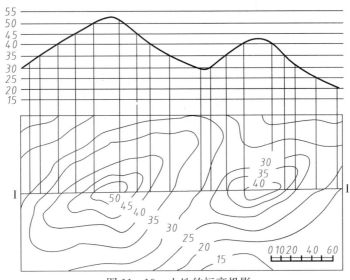

图 11 - 19　山地的标高投影

11.3.2　同斜曲面的标高投影

如果曲面上各处的最大斜度线的坡度都相等，这种曲面称为同斜曲面（或称为同坡曲面）。正圆锥面、弯曲的路堤或路堑的边坡面，都是同斜曲面。

图 11 - 20 表示同斜曲面的作图法。设有一弯曲斜路面，其两侧边界都是空间曲线。要求通过其中一根曲线 $A_0-B_1-C_2-D_3$ 作一边坡面，坡面的最大坡度是 2/3。从图 11 - 20(a)中以看出，如果分别以 B_1、C_2、D_3 为锥顶，作素线坡度为 2/3 的正圆锥，则过曲线 $A_0-B_1-C_2-$

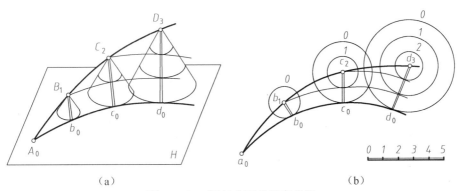

　　　　　（a）　　　　　　　　　　　　　　　　（b）

图 11 - 20　同斜曲面的标高投影

D_3 并与各正圆锥同时相切的曲面就是一个同斜曲面。这时,同斜曲面上的等高线与各正圆锥面上相同标高的等高线相切,同斜曲面与各正圆锥面的切线 B_1b_0、C_2c_0、D_3d_0 都是同斜曲面上的最大斜度线。它们的坡度都是 2/3。作图方法如图 11-20(b)所示。

当斜路面两侧的边界线是直线时,作边坡面的方法亦与上述相同。所作边坡面是一平面。

例 11-4 拟用一倾斜的直路面 $ABCD$ 连接标高为零的地平面和标高为 4 的平台,如图 11-21(a)所示,斜路面两侧的边坡坡度为 1/1,平台的边坡坡度为 3/2,试作标高投影图。

解:先在比例尺上用图解法求各边坡的间距,其次对边坡边界线进行刻度,并在斜路面上作出等高线。平台边坡的等高线作法与图 11-17 相同。斜路面两侧的边坡平面是同斜曲面的一种特殊情况,作法与同斜曲面基本相同,先分别以刻度点 e_1、f_2、g_3、b_4 为圆心作素线坡度为 1/1 的正圆锥的标高投影,然后引直线与各圆锥面的相同标高等高线相切,便得边坡的等高线。

由于斜坡路面的边坡是平面边界坡,等高线都是平行的直线,故作法可以简化。如对斜路面另一侧边坡,只要以 a_4 为圆心作正圆锥面上标高为 0 的等高线,然后过 d_0 引直线与它相切。即得边坡上标高为零的等高线,分别过点 H_1、i_2、j_3 引线与它平行,即得边坡上标高为 1、2、3 的等高线。

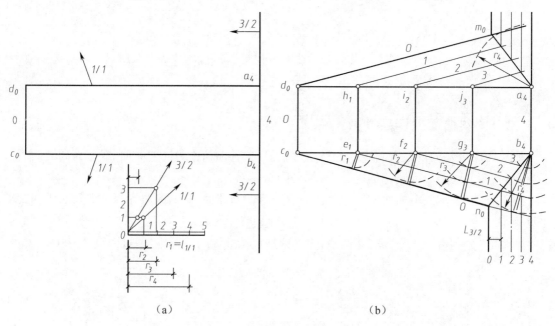

(a)　　　　　　　　　　　　　(b)

图 11-21　斜坡路面的标高投影图

最后求相邻边坡的交线 b_4n_0 和 a_4m_0,所得标高投影如图 11-21(b)所示。

图 11-22 是将上图的直斜路面改为弯斜路面后的标高投影图。路面的中心线是一根正圆柱螺旋线,弯曲角为 90°,路面宽度为 6 单位,各边坡坡度同前。作图方法请对照图 11-20 和图 11-21 分析,此处从略;所作弯斜路面的等高线,如图 11-22 所示。

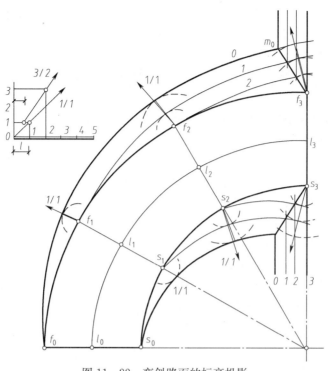

图 11-22　弯斜路面的标高投影

11.4　标高投影的应用举例

本节将结合实际,举例说明标高投影在地形问题上的应用。

例 11-5　如图 11-23 所示,求一段直铁路隧道线 $a_{19.7}b_{20.7}$ 与山坡的交点。

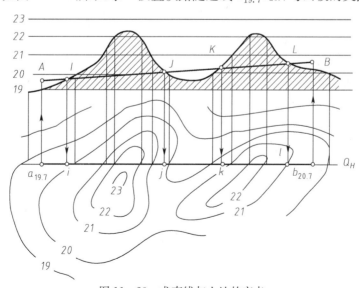

图 11-23　求直线与山地的交点

分析　把直线 AB 看作是铁道线的中心线,则所求交点就是隧道的进出口。

解:由求直线与立体表面贯穿点的方法,过直线 AB 作一垂直于 H 面的辅助平面,求辅助平面与地面的交线,即得山地断面图。根据 AB 的标高在断面图上作出直线 AB,它与山地断面的交点 I、J、K、L,就是所求交点。最后画出各交点的标高投影。

例 11-6 如图 11-24 所示,拟在山坡上修筑一水平场地。场地标高为 25,场地形状和范围为已知。设填土边坡坡度为 1/1,挖土边坡坡度为 3/2,试决定填土和挖土的范围线以及相邻边坡的交线。

解:因为场地的标高为 25,所以山坡的等高线 25 以北有部分山坡应该挖去,以南则有部分山坡应填起来。场地修好之后,整个场地的标高为 25,所以挖方边坡和填方边坡是从场地周界开始的。场地北面有 3 个挖方边坡,坡度为 3/2;南面有 3 个填方边坡,坡度为 1/1。所有这些边坡与地面的交线,就是挖土和填土的施工范围线。

首先求各边坡的间距,并作出各边坡的整数标高等高线,注上相应的标高。场地东西两侧的边坡都是平面,它们都与标高为 25 的场地边线平行。其次求边坡与地面相同标高等高线的交点,一般都有两个交点。最后将求得的交点按标高的顺序(递增或递减)连接起来。场地南北两侧的边坡,是正圆锥面,等高线分别是两个同心圆。

然后求各边坡与地面的交线和相邻边坡的交线,即求出相同标高的等高线的交点并连线。作图时要注意:相邻边坡的施工范围线的交点应是相邻边坡的一个公共点,应位于相邻边坡的交线上,它们是相邻两个边坡面和地面三个面的交点,参看图中的 a、b、c、d 四点。最后画边坡符号,按规定画在坡顶边界处。

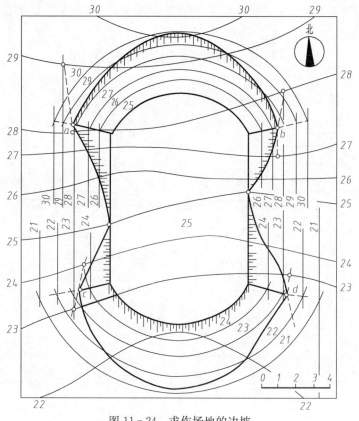

图 11-24 求作场地的边坡

第12章　建筑施工图

房屋是建筑工程的典型代表,以下介绍房屋建筑图的基本知识和建筑施工图的内容及绘图方法。房屋建筑按使用性质的不同,可以分为民用建筑和工业建筑两大类。其中因为具体功能的差异,民用建筑和工业建筑又可分为多种。

建筑施工图主要内容包括建筑总平面图、建筑平面图、建筑立面图、建筑剖面图和建筑详图。本章将简要介绍建筑工程图的图示内容、绘图步骤及识读方法。

12.1　房屋的组成及其作用

各种不同的建筑物,尽管它们的使用要求、空间布局、外形处理、结构形式、构造方法、室内设施、规模大小等方面各有特点,但就一幢房屋而言,它不外乎是由基础、墙(或柱)、楼层、地面、屋顶、楼梯和门窗等部分组成,它们处于房屋的不同部位,发挥着各自的功能作用。

(1)基础位于房屋最下部,承受建筑物的全部荷载并将荷载传给地基。

(2)墙体作为承重构件,它承受由屋顶及各楼层传来的荷载并传给基础;作为围护构件,外墙可以抵御自然界对室内的侵袭,内墙可分隔房间。

(3)楼层和地面可承受家具、设备和人的荷载并传给墙和柱;同时起着水平支撑作用,并且分隔楼层空间。

(4)屋顶位于房屋最上部,既能起到围护作用,防御风寒、雨雪、阳光辐射等,又起承重作用,承受屋顶自重、风雪荷载。

(5)楼梯是房屋的垂直交通设施。

(6)门窗具有内外联系、采光、通风、分隔和围护作用。

除上述主要组成部分外,一般建筑物还有台阶、雨篷、阳台、雨水管以及其他各种构配件和装饰等。此外,依照房屋功能、标准和规模的不同,室内还设有给水排水、采暖通风、电气等多种设施,如冷热水、上下水、暖气、燃气、空调、消防、供电、照明、信号、电信、自动控制等。随着科学技术的发展,建筑设备的内容日益丰富和广泛,越来越成为建筑物不可分割的组成部分,为建筑物的使用者带来更多的方便。

图12-1为某学校实验楼轴测示意图,为显示内部结构对该图作了局部剖切。该楼是由钢筋混凝土构件和承重砖墙组成的砌筑结构(俗称砖混结构)。各部分的功能作用如上所述。

图12-2为装配式钢筋混凝土折线形屋架的单层工业厂房(俗称排架结构)。横向骨架包括屋架、钢筋混凝土柱和柱基础,它承受屋顶、天窗、外墙以及吊车等荷载。纵向连系杆件包括架设在屋架上的大型屋面板(或檩条),柱间连系梁、柱子牛腿上的吊车梁等,它们能保证横向骨架的稳定性,并将作用在山墙上的风力或吊车纵向制动力传给柱子。为了保证厂房的整体性和稳定性,往往还需要设置支撑系统(屋架之间的水平和垂直支撑及柱间支撑等)。

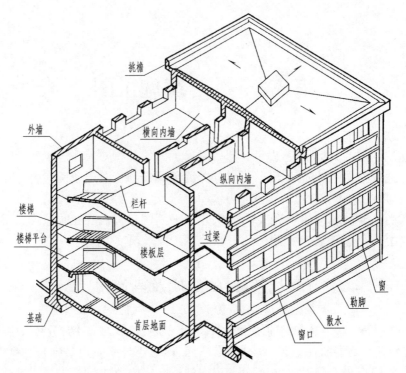

图 12-1　民用房屋的组成

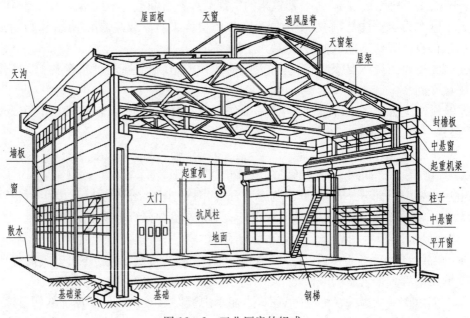

图 12-2　工业厂房的组成

12.2　房屋建筑图的分类及有关规定

房屋建筑图一般分为方案图和施工图两大类。

1. 房屋施工图的分类

建造房屋,需要经历设计与施工两个阶段,设计阶段又分为两步进行:初步设计和施工图设计。

初步设计,目的是做出方案图,表明建筑物在场地中的位置、平面布置、立面处理、结构形式等。初步设计图(方案图)一般包括总平面图、单体建筑平面图、立面图、剖面图,主要技术经济指标和有关说明。有时加绘透视图或真实感较强的效果图,以便方案选择、设计投标和政府审批。

在方案图基础上加深设计深度,用来指导房屋工程施工的图样称为房屋建筑施工图,简称施工图。它是用正投影方法将房屋的内外形状和大小,各部分的结构、构造、装饰等的做法,设备布置和安装等,按照"国标"的规定,详细准确地表示出来。施工图是建造房屋的技术依据,房屋施工图一般包含以下内容:

(1)图样目录及设计总说明。

(2)建筑施工图(简称"建施"),包括建筑总平面图、平面图、立面图、剖面图及构造详图。

(3)建筑结构施工图(简称"结施"),包括基础图、结构布置图和结构构件详图及结构设计说明。

(4)设备施工图(简称"设施"),包括给水排水、采暖通风、电器电信等专业设备的总平面图(外线)、平面图、立面图、系统图和制作安装详图及设备安装说明等。

2. 房屋建筑图的有关规定

建筑施工图要符合正投影原理,以及视图、剖面图和断面图等建筑形体的表达方法。为了做到房屋建筑图样基本统一、清晰简明、保证图面质量、简化制图提高效率,还要符合设计、施工、存档等要求,我国制定了《建筑制图标准》等许多国家标准。这些标准对线型、比例、图例、符号等方面都作了明确的规定。此外,还需要熟悉一些规定的符号和图例,以便绘制和识读建筑工程图。定位轴线编号及标高符号见表 12-1,轴线编号圆圈直径为 8mm(详图中为 10mm)。

(1)线型 在房屋建筑图中,为了表明不同的图样,应采用不同线型和宽度的图线。房屋施工图的图线线型、宽度要按照有关说明选用。绘图时首先根据要绘制图样的复杂程度和规模选定粗实线的宽度 b,则其他线宽就得到确定。b 的确定,建议比例大于等于 1:10 时选用 1.0mm 或 1.4mm,1:20～1:50 时选 0.7mm,1:100 时选 0.5mm,不大于 1:200 时选 0.35mm。

(2)比例 建筑物的体型一般比较大,根据不同情况选用各种适当的比例来绘制。对整幢建筑物或建筑物的局部都要分别缩小绘制,特别细小的细部或线脚用稍大比例,有时甚至要放大画出。

(3)轴线轴号 房屋工程图必须有轴网和轴号,一般采用正交(即纵横方向轴线呈 900 夹角)轴网。建筑施工图的轴线是施工定位、放线的重要依据。凡是承重墙、柱等主要竖向承重构件都应该用轴线来确定其位置。对于非承重墙(隔墙、维护墙)、次要的局部承重构件等,则有的用轴线定位、有的用分轴线定位,也可以不设轴线或分轴线而以其与相近轴线的距离来定位。

定位轴线采用细单点长画线绘制,并且编号。成图中只保留轴网标注。手绘图样的定位轴线在完成作图时需要擦除(或描图时不描),计算机辅助制图时完成作图后要冻结轴线,因为细点画线轴线只是画图过程中定位墙体门窗等用,成图后不再需要保留。

轴线的端部画细实线圆圈,直径为 8mm,详图轴号圆圈可以取 10mm,圆圈内标注轴号。平面图上定位轴线的编号,只标注两侧时宜标注在下方和左侧,复杂图样均需要四面标注。横向编号采用阿拉伯数字从左向右依次编写,竖向编号采用大写拉丁字母,自下而上编写。参见本章第四节建筑平面图和表12-1。

表12-1 定位轴线编号及标高符号(GB 50001—2010)

符　号	说　明	符　号	说　明
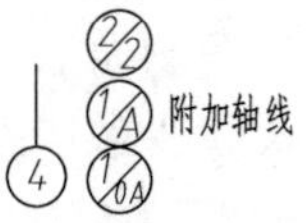 ②② ①/A ④ ①/A ④ ①0A 附加轴线	普通单根轴线轴号符号 在2号轴线之后附加的第2根轴线 在A轴线之后附加的第1根轴线 在A轴线之前附加的第1根轴线	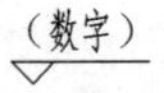 (数字)	楼地面平面图上的标高符号
		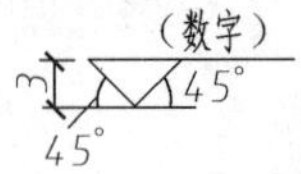 3 (数字) 45° 45°	立面图、剖面图上的标高符号(用于其他处的形状大小与此图示相同)
 ① ③	详图中用于两根轴线	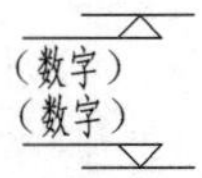 (数字) (数字)	用于左边标注
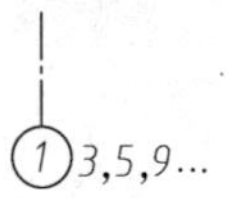 ① 3,5,9…	详图中用于两根以上多轴线	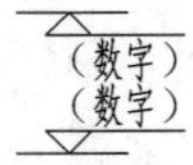 (数字) (数字)	用于右边标注
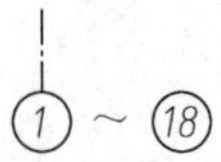 ① ~ ⑱	详图中用于两根以上多根连续轴线	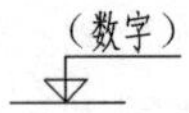 (数字)	用于特殊情况标注
 ○	通用详图的轴线,只画圆圈不注编号	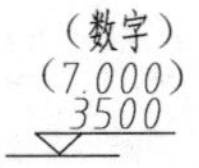 (数字) (7.000) 3500	用于多层标注

当建筑物规模较大(比如由几个部分组合而成)时,定位轴线也可以分区编号,编号的注写形式为"分区号—该区轴线号",如2-D(轴号圆圈内)表示2区D号轴线,A-5(轴号圆圈内)表示A区5号轴线。

在两个轴线之间,需要附加分轴线时,则编号用分数表示,在轴号圆圈内画一通过圆心的45°斜线,斜线右下侧的分母表示前一轴线的编号,斜线左上侧的分子(用阿拉伯数字顺序编写)表示附加轴线的编号。1号轴线或A号轴线之前的附加轴线的分母分别以01或0A表示,如⑩表示1号轴线之前附加的第一根轴线。

大写拉丁字母的I、O、Z三个字母不得用作轴号,以免与数字1、0、2混淆。

(4)尺寸和标高　标高和建筑总平面图的尺寸单位为m(米),其余一律以mm(毫米)为单位,图上的尺寸不需要标注单位。

标高是标注建筑物高度的一种尺寸形式,见表12-1。标高符号的三角形为一等腰直角三角形,接触短横线的角为90°,三角形的高为3mm。同一图样上的标高应尽量对齐画出。总平面图和底层平面图中的室外整平地面标高用符号▼表示,标高数字写在涂黑三角形的右上方,也可以书写在涂黑三角形的右侧或上方。涂黑三角形也是等腰直角三角形,高度为3mm。

标高以m(米)为单位,单体建筑工程的施工图注写到小数点后三位,在总平面图中注写到小数点后两位。单体建筑工程的零点标高注写成±0.000,负数标高数字前必须加注"—",正数标高数字前不加"+",标高数字小于1m时,小数点前必须加0,不可以省略。总平面图中的标高形式与上述相同,仅保留小数点后位数不同。

　　标高有绝对标高和相对标高两种。我国把青岛附近某处黄海平均海平面定为绝对标高的零点,其他各地标高都以此为基准。总平面图上的室外整平地面标高就是绝对标高。建筑施工图上有很多标高,如果都用绝对标高,不但数字繁琐,而且各部分的高差不容易直观看出,很不方便。因此除总平面图外,一般都采用相对标高,把底层室内主要地坪的高度定为相对标高的零点,在总说明中说明相对标高的零点对应绝对标高的具体数字。施工放线时用仪器由附近水准点引测拟建建筑物底层地面标高。

　　(5)字体　图样上的字体,无论汉字、数字或字母均应该按照第1章的规定书写长仿宋字,字号也按规定选用。

　　(6)图例　建筑物和构筑物是按比例缩小绘出的,对于有些建筑细部、构件形状和建筑材料等往往不能如实画出,也不容易用文字加以说明,所以要按规定的图例和代号来表示,这样可以使图样简单明了。建筑工程制图中有各种规定的图例,表12-2是总平面图图例,表12-3是建筑图图例,表12-4是水暖设备图例。

表12-2　总平面图图例(GB/T 50103—2010)(摘录)

图　例	名　　称	图　例	名　　称
	新设计的建筑物 右上角以点数或数字表示层数	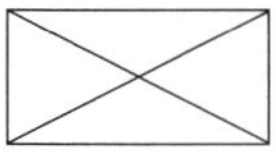	其他材料露天堆场或露天作业场
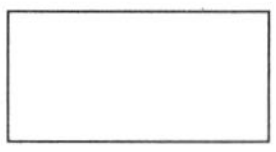	原有的建筑物		露天桥式起重机
	计划扩建的建筑物或预留地(中粗虚线)		室外标高
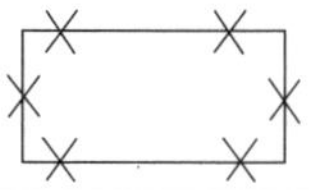	要拆除的建筑物	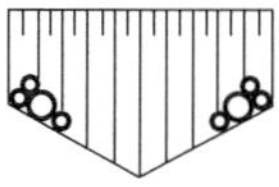	护坡,垂线密的一侧为坡顶

表12-3　建筑图图例(GB 50104—2010)(部分)

图　例	名　　称	图　例	名　　称
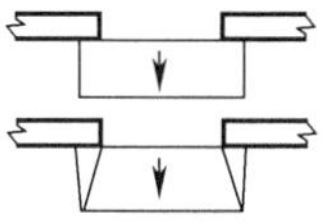	门口坡道	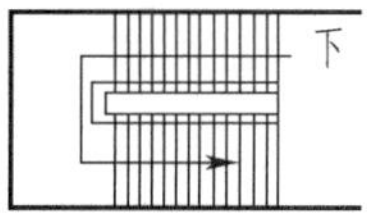	顶层楼梯
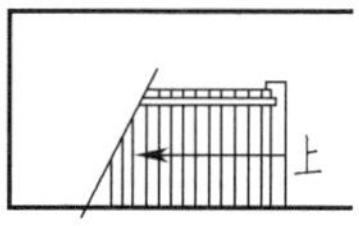	底层楼梯	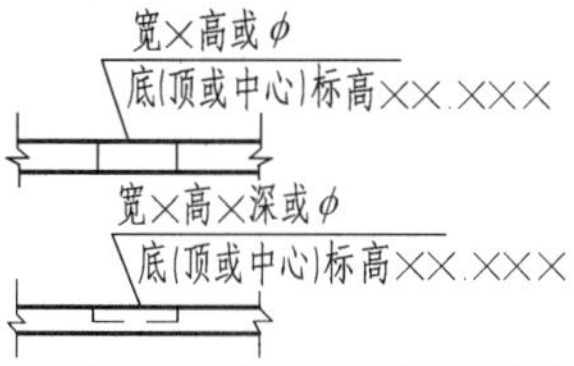 宽×高或φ 底[顶或中心]标高××.××× 宽×高×深或φ 底[顶或中心]标高××.×××	墙上预留洞口 墙上预留槽
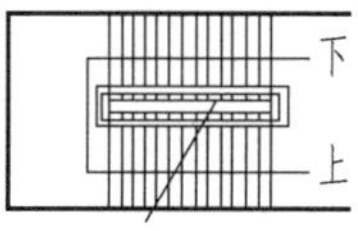	中间层楼梯	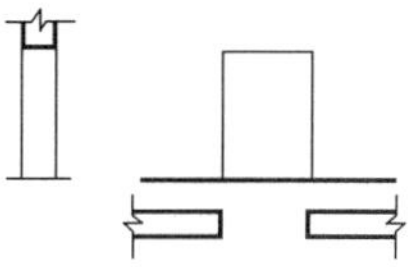	空门洞

图　例	名　称	图　例	名　称
	单扇双面弹簧门		单层外开上悬窗
	单层固定窗		单层外开平开窗

表 12-4　水暖设备图图例(GB 50106—2010)(少部分)

名　称	图　例	名　称	图　例
生活给水管	——J	闸阀	
热水回水管	——RH	室外消火栓	
承插连接		保温管	
法兰连接		止回阀	
淋浴喷头		截止阀	DN<50　DN≥50

(7) 索引符号和详图符号　图样中的某一局部或某一构件和构件之间的连接构造需要另见详图,则应标注索引符号,即在需要另画详图的部位标注索引符号和编号,并在画出的详图上标注详图符号和编号,两者必须相互对应一致,以便看图时查找。索引符号的圆和水平直径均以细实线绘制,圆的直径为 10mm。详图符号的圆圈为直径 14mm 的粗实线圆,见表 12-5。

表 12-5　索引符号及详图符号

名称	符　号	说　明
详图的索引标志	⑤ 详图的编号　详图在本张图样上	细实线单圆圈直径应为 10mm 详图在本张图样上
	⑤ 局部剖面详图的编号　剖面详图在本张图样上	
	5/4 详图的编号　详图所在的图样编号	详图不在本张图样上
	5/4 局部剖面详图的编号　剖面详图所在的图样编号	
	J103 5/4 标准图册编号　标准详图编号　详图所在的图样编号	标准详图

名称	符　　号	说　　明
详图的标志	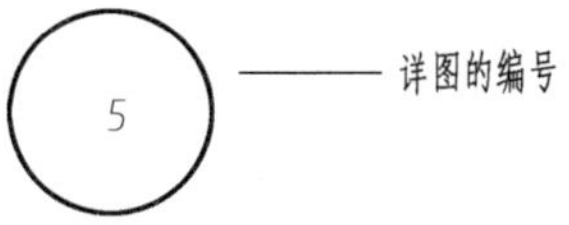 ⑤——— 详图的编号	粗实线单圆圈直径应为14mm 被索引的在本张图样上
	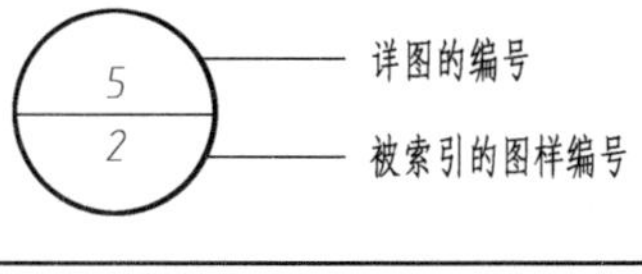 ⑤————— 详图的编号 2————— 被索引的图样编号	被索引的不在本张图样上

（8）指北针和风向频率玫瑰图　在底层平面图上都应画上指北针。指北针细实线圆的直径一般为24mm，指针尾端的宽度，宜为直径的1/8。在建筑总平面图上一般按当地气象资料绘制风向频率玫瑰图，根据当地的风向资料将全年中不同风向的吹风频率用同一比例画在十六方位线上连接而成，图中实线距离中点最远的风向表示吹风频率最高，称为常年主导风向，图中虚线表示当地夏季六、七、八三个月风向频率。《建筑设计资料集》中有全国各主要城市的风玫瑰图。但不是所有城市都有风玫瑰图，如果没有则画指北针即可。

由于本节介绍的图例只是国标规定中的很少一部分，在制图和读图时必定不够用，这就需要查阅相关的标准资料，不得有丝毫的差错。

12.3　设计总说明和建筑总平面图

1. 设计总说明

设计总说明主要对图样上未能详细注写的材料和做法等要求作出具体的文字说明。

设计总说明一般放在首页，首页有时还有图样目录，或者还有总平面图、门窗表，有时是以上两项或三项的组合。小型工程的设计总说明可以把建筑和结构设计说明合并在一起，放在建筑施工图内。复杂或大型工程一般分专业编写设计总说明。

建筑设计总说明的内容一般有：

1）设计依据

（1）设计任务书，主要包括工程名称、建设单位、建设地点、规模（用地面积、建筑面积等）、投资额、建筑性质（用途）、各种用房的技术要求、内外装修要求等。

（2）建设场地的地形、地貌、市政管网参数。

（3）工程地质勘查报告。

（4）工程建设投资立项批件。

（5）国有土地使用证（具体文号及附件）。

（6）城市规划部门对该项工程的批件及文号。

（7）设计依据的规范、标准（详列名称和编号）。

2）工程设计概况

（1）主要建筑技术经济指标，包括占地面积，总建筑面积，层数（地上×层、地下×层）、建筑总高度，建筑密度，建筑容积率。如果是星级宾馆或体育、演出建筑，还需要相应的技术经济指标。

（2）主要使用功能，指主要用房的构成及技术要求。

（3）建筑设计构思。分析场地环境特征包括建筑硬环境和软环境，主次出入口与道路的关系、人车物流线设计、功能分区的原则，平面形式、体型与建筑体量，立面造型、建筑风格、历史文脉的地域特色。采用新材料、新技术情况，环保节水节能方面情况。

（4）建筑防火设计，包括建筑物耐火等级的确定，高层建筑类别的确定，总平面防火设计包括建筑物间距、消防通道，防火分隔和建筑构造，安全疏散设计包括楼梯间、消防电梯的位置形式和数量。

（5）建筑卫生设计，主要包括采光、通风、隔声、防噪声、饮食建筑卫生等。

（6）人防工程设计，主要包括人防等级确定、人防面积确定、平战结合设计、出入口通道设计等。

3）门窗

包括门窗表，组合门窗和非标准窗要有门窗立面图，有的还要有门窗性能（如防火、隔声、抗风压、保温、空气渗透、雨水渗透等技术参数）要求的说明。

4）室内外装修

（1）室内装修，包括地面材质及构造、色彩、分格、施工工艺要求，墙面材质、构造、色彩、质感等工艺说明，吊顶材质、构造、色彩、施工安装工艺说明，可以采用室内装修做法表的形式。

（2）室外装修，对重点部位装修材料材质、施工及安装工艺作出补充说明。规模较小的简单工程可以直接在立面图、剖面图中注明室外装修做法。

5）其他设计说明

（1）±0.000 相当于绝对标高的数值。

（2）施工放样说明。

（3）建筑配件说明，如雨水管、明沟或散水、窗台板、窗帘盒、厕所隔断、楼梯栏杆、油漆等，底层安全防范设施，信报箱的选用说明。

（4）防水、保温、隔热、隔声等建筑技术说明。

6）计算书

（1）总建筑面积。总建筑面积＝地下建筑面积＋底层公共建筑面积＋标准层建筑面积＋顶层的建筑面积＋裙房建筑面积（根据实际情况）。

（2）声学计算，构件隔声计算等。

（3）采暖居住建筑部分的建筑节能计算。

2. 建筑总平面图

1）建筑总平面图的概念

建筑总平面图是在建筑地域上空向地面投射所形成的水平投影图。建筑总平面图表明建筑地域内的自然环境和规划设计状况，表示一项建筑工程的总体布局。它是新建房屋及其配套设施施工定位、土方施工及施工现场布置的依据，也是规划设计水、暖、电等专业工程总平面和绘制管线综合图的依据。建筑总平面图俗称"总平面图"。

2）总平面图的图示内容

（1）图名、图例。

（2）环境状况。建筑地域的地理环境及位置、用地范围、地形、原有建筑物、构筑物、道路、管网、池塘、护坡等。总平面图内容的繁简因工程的规模和性质而异。如在原有建筑群中新建（扩建或改建）房屋，只需要在总平面图上用图例表明新建筑与原有建筑物的位置关系。对于开辟新区的大工程项目,往往占地比较广阔,环境多样,总平面图应画出地形等高线和坐标方格网,其内容涉及众多方面,繁简差异也很大。建筑物室内地面和室外地面的标高都用绝对标高。

(3)布置状态。新建(扩建、改建)区域建筑物、构筑物、道路、广场、绿化区域的总体布置情况及建筑物的层数。标明建筑物的平面组合、外包尺寸(占地面积)和层数。

(4)位置确定。新建工程在建筑地域内的位置。对于小型工程或在已有建筑群中的新建工程,一般是根据地域内和邻近的永久固定设施(建筑物、道路等)为依据,引出其相对位置;对于包括项目繁多、规模较大的大型工程,往往占地广阔,地形复杂,为了确保定位放线的准确,通常采用坐标方格网来确定它们的位置。

常用的坐标有两种形式,即测量坐标网和施工坐标网。一般在建筑地域的测区内选一控制点(它是由工程勘测阶段的测量成果提供的)作为坐标原点。通过坐标原点的南北方向称为纵坐标轴方向,用 X 表示;通过坐标原点的东西方向称为横坐标轴方向,用 Y 表示。并以 100m×100m 或 50m×50m 为一方格,这样就形成了测量坐标网。如果房屋的方向和 X、Y 轴向平行,房屋各角点的坐标值就直接标定出来。如果房屋不是正南北方向,可在 X、Y 坐标网上建立专门的施工坐标网,轴线用 A、B 表示,A 相当于测量坐标网的 X 轴,B 相当于测量坐标网的 Y 轴,施工坐标网的轴线应与主要建筑物的基本轴线相平行。A、B 坐标方格网和 X、Y 坐标方格网之间的夹角关系应标注出来。如果无施工坐标时,应标出主要建筑群的轴线与测量坐标轴线的交角。在总平面图中,坐标网格应用细实线表示,测量坐标网应画成交叉十字线,施工坐标网应画成网格通线,如图 12-3 所示。

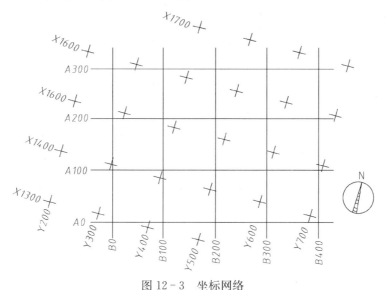

图 12-3　坐标网络

(5)有关尺寸。新建建筑物的大小尺寸、首层(底层)室内地面、室外整平地面和道路的绝对标高,新建建筑物、构筑物、道路、场地(绿地)等的有关距离尺寸。标高和距离都以 m 为单位,并至少取到小数点后两位。

(6)方位。新建建筑物须标注指北针或当地的风玫瑰图来确定建筑物方位朝向。

(7)其他内容。新建建筑物室外的道路、绿化带、围墙等的布置和要求(至于水、暖、电设备的管道设施等另有专业外线总平面图)。

(8)文字说明的内容。有关建设依据和工程情况的说明,包括工程规模、投资、主要技术经济指标、用地范围以及有关环境条件的资料等;建筑物位置确定的有关事项;关于总体标高和水准引测点的说明;补充图例说明,对"国标"未予规定的自用图例,必须在图内全部列出;建筑地域的地点及批准的建筑红线位置。

3)总平面图的绘制

总平面图一般采用较小的比例,如1:500,1:1 000,1:2 000等。首先,根据资料确定定位网格;其次,将新建建筑物的占地平面图形画出,并标注角点坐标数值($X-Y$坐标或$A-B$坐标);然后,将其他内容全部绘制清楚(上述内容)即可。

4)总平面图的识读

(1)了解工程图名。在总平面图中,除了在标题栏内注有工程名称外,各单项工程的名称在图中的平面图例内也都有注明,以便识读。

(2)了解图样比例。总平面图由于表达的范围较大,所以绘制时都采用了较小的比例,如1:500,1:1000.1:2000等。

(3)了解设计说明。总平面图中,除了用图形表达外,还有其他文字说明,应注意阅读。

(4)了解建筑位置。建筑物的位置由与固定设施的相对关系或者坐标方格网决定。

(5)了解朝向及风向。污染较大的项目一般布置在全年主导风向的下风位。房屋垂直于夏季主导风向布置,能取得良好的通风降温效果。

(6)地形与标高。了解建筑地面的形状和室内、室外地面的标高(绝对标高)。

(7)高度与面积。了解建筑物的平面组合情况、外包尺寸(占地面积)和层数。

(8)了解图例。总平面图中常有图例,应注意阅读。

(9)附属设施。了解新建建筑物室外的道路、绿化带、围墙等的布置和要求。

图12-4为某实验楼的总平面图。图中用粗实线画出的图形是新建的实验室的底层平面轮廓,用细实线画出的是原有的建筑物。各个平面图内的小黑点个数表示该房屋的层数。新建的实验室4层,定位是按照实验楼北面与原有教学楼的北墙面一条线对齐,实验室东面距原

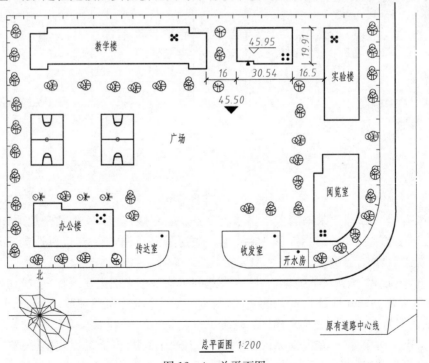

总平面图 1:200

图12-4 总平面图

有实验楼 16.5m，西面与原有教学楼相距 16m，北面有围墙，建筑、道路、硬地、围墙之间为绿化地带。图名右侧注有比例 1∶200（此图制版时比例有改变，已不是 1∶200 了，书中其他图也如此，不符合标注的比例）。

图 12-4 是较小的总平面图，没有坐标网格线。如果是规模较大的工程，通常采用坐标方格网来确定它们的位置。

12.4　建筑平面图

1. 建筑平面图的概念

建筑平面图是指假想对某个建筑物作水平剖切（除屋顶平面图外），所得到的水平全剖视图，习惯上称为平面图。房屋建筑的平面图，水平剖切平面的位置一般选在窗台以上、楼梯休息平台以下范围内。

建筑平面图是表示建筑物平面形状，房间、出入口、楼梯、走廊、阳台及墙（柱）等布置，门窗类型，建筑材料等情况的图样，是施工放线、墙体砌筑、门窗安装、室内装修等项施工的依据。

对于多层建筑物，原则上应画出每一层的平面图。如果一幢房屋的中间层各楼层平面布局相同则可共用一个平面图，图名应为"×～×层平面图"，也可称为"中间层平面图"或"标准层平面图"。因此 3 层及 3 层以上的房屋，至少应有 3 个平面图，即底层平面图、标准（或中间）层平面图、顶层平面图。

对于大部分相同只有局部不同的平面图可以另绘局部平面图。如果顶层的平面布置与标准层平面布置完全相同，而只有顶层楼梯间的布置及画法与标准层不相同时，可以只画出局部的顶层楼梯间平面图。

进出口踏步、花台（花池）、雨水管、明沟散水等一般只在底层平面图上表示（根据实际情况，特殊情况下也有在二层的，比如场地不在一个平面的山区建筑），进出口处的雨篷只在雨篷所在楼层的上一层平面图上表示（一般是在二层平面图上）。

除上述的楼层平面图外，建筑平面图还有屋面（屋顶）平面图和顶棚平面图。屋面平面图是屋顶部分的水平投影；顶棚平面图则是室内天花板构造或图案的表现图。对于顶棚平面图一般使用"镜像"图。

当建筑物左右对称时，也可将不同的两层平面图左、右各画出一半拼在一起，中间以对称符号分界。

2. 建筑平面图的图示内容和要求

（1）空间布局和建筑构件　建筑平面图包含水平剖切平面剖到的以及投射方向可见的房间和建筑构件，如墙体、柱子、楼梯、门窗以及室外设施等内容，建筑物的平面形状、房间的平面布置情况即各房间的分隔和组合，房间名称或者编号（编号代表的房间名称宜在同一图样中注明），民用建筑主要房间净面积，出入口、门厅、走廊、楼梯等的布置和相互关系，定位轴线及索引符号等。厕所和盥洗室的固定设施布置。底层平面图中还应标出剖面图的剖切位置和表达建筑物朝向的指北针。楼梯一般要标注上下楼方向箭头和踏步级数，上下方向箭头的标注要以该层主要楼地面为参照依据，从该层楼地面到高的地方去要标注"上××级"，去低的地方标注"下××级"，踏步级数指从该层到另一个相近楼层的级数，一般不是一个梯段的级数（除了一跑直梯）。底层平面图中应画出水落管。图 12-5 为某实验楼底层平面图实例，二～四层平面图如图 12-6 所示。

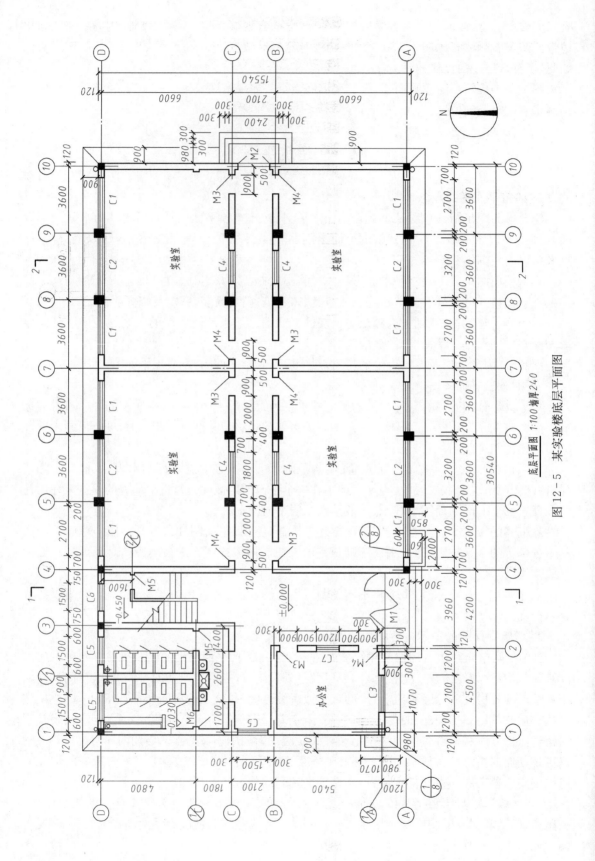

底层平面图 1:100 墙厚240

图 12-5 某实验楼底层平面图

154

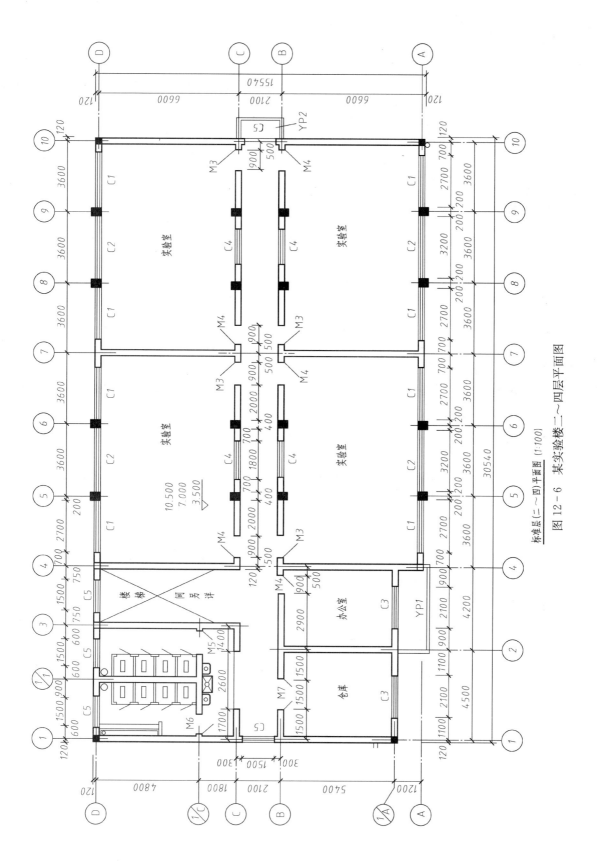

标准层(二~四)平面图(1:100)

图 12－6 某实验楼二～四层平面图

155

（2）尺寸和标高　建筑平面图必须标注足够的尺寸（以 mm 计）和必要的标高（以 m 计）。

三道主要尺寸是：最内侧的第一道尺寸是外墙上门窗洞口的宽度和窗间墙的尺寸（从轴线起注）；中间第二道尺寸是定位轴线的间距（开间和进深）；最外侧的第三道尺寸是房屋两端外墙面之间的总长和总宽。其他需要标注在外墙外侧的细部尺寸在图形轮廓线和第一道尺寸线之间标注。

此外，还要标注某些局部尺寸，比如内外墙厚度、柱子和墙垛的断面尺寸、内墙上门窗洞口尺寸及其定位尺寸、台阶与花台花池尺寸、底层楼梯起步尺寸，以及某些内外装饰的主要尺寸和某些固定设备的定位尺寸等。以上尺寸除装饰构件外均不包括粉刷层厚度。尺寸标注既要明了又要简洁，不应过多标注。

各层楼地面、室外地面、楼梯休息平台、台阶、阳台及坑槽或洞底上表面应注有标高。

平面图要有定位轴网，轴线的绘制、轴号的编号方法按本章第二节要求。

（3）图线　建筑图中的图线应粗细分明。被剖切到的墙、柱断面轮廓线用粗实线（b）画，没有剖切到的可见轮廓线，如窗台、台阶、散水或明沟、梯段、阳台、花台花池等用中粗线（$0.5b$）画，尺寸线、标高符号、定位轴线的圆圈用细实线（$0.25b$）画，轴线用细点画线画。粉刷层在 1：100 的平面图中不必画出，在 1：50 或更大比例的平面图中用细实线画出。底层平面图中表示剖切位置的剖切线用粗实线画。

（4）图例　平面图最常用的比例是 1：100，其次是 1：200 和 1：50，门窗均按规定图例来画。方案图中可以不标注门窗编号，施工图中门窗必须编号或使用代号。门窗的具体形式和尺寸可在相应的立面图、剖面图及门窗图集中查阅。

在平面图中剖到的断面部分应该画出材料图例，但在 1：100、1：200 的小比例平面图中剖到的砖墙一般不画材料图例，而是在透明图纸背面涂红，这样在晒出的蓝图上可以很清楚地识别。在 1：50 的平面图中砖墙也可以背面涂红，但在大于 1：50 的平面图上应该画出材料图例。剖到的钢筋混凝土构件断面一般在小于 1：50 比例时（或断面较窄时）涂黑。

对位于图示投影范围以外而又需要表达的建筑构造和设备，例如高窗、通气孔、沟槽、搁板、吊橱及起重机等不可见部分，按图例用虚线表示。

（5）门窗表　建筑平面图一般应附有门窗表，见表 12-6。表格中填清门窗的编号、名称、尺寸、数量及其所选用的标准图集的编号等内容，同编号的门窗类型相同，构造和尺寸都一样。门窗表的作用是统计门窗的种类和数量，以备订货、加工用。

表 12-6　门窗表

门窗编号	洞口尺寸		数　量			标准图集代号
	宽度/mm	高度/mm	一层	二～四层	合计	
M1	3960	3000	1		1	
M2	1500	3000	1		1	××－××－××
M3	900	2400	5	各4	17	″
M4	900	2400	5	各5	20	″
M5	900	2100	2	各1	5	″
M6	900	2100	1	各1	4	″
M7	1500	2400		各1	3	″
C1	2700	2100	8	各8	32	××－××－××

门窗编号	洞口尺寸		数 量			标准图集代号
	宽度/mm	高度/mm	一层	二～四层	合计	
C2	3200	2100	4	各4	16	〃
C3	2100	2100	1	各2	7	〃
C4	1800	1500	4	各4	16	〃
C5	1500	2100	3	各5	18	〃
C6	1500	900	1		1	〃
C7	1200	1800	1		1	〃

（6）屋面平面图　表明屋顶的平面形状、屋顶水箱（如果有则画）、屋面坡度（有时以高差表示）、排水方向（箭头指向下坡方向）、排水天沟位置及宽度、排水管的布置、挑檐、女儿墙和屋脊线、烟囱、上人孔洞口及其他设施（电梯间、水箱等），详图索引等。由于屋顶平面图比较简单，可以用较小的比例（如1∶200）绘制。图12-7为屋面平面图实例。

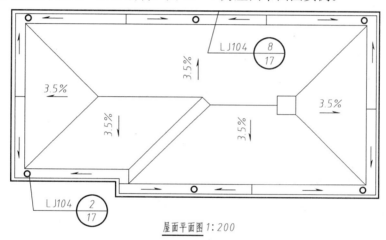

屋面平面图 1∶200

图 12-7　屋面平面图

（7）局部平面图　某些布置内容较多的局部在较小的平面图中表达不够清楚时，可用大一些的比例绘制局部平面图。

3. 建筑平面图的详细内容

（1）层次、图名、比例。

（2）纵横定位轴线及其编号。

（3）房间的组合和分隔，墙柱断面形状、尺寸。

（4）门窗布置及型号、编号代号。

（5）楼梯梯级的形式，梯段走向和级数。

（6）建筑构配件：台阶、花台花池、雨篷、阳台、散水明沟及各种装饰构件等的位置、形状和尺寸，厕所、盥洗室、厨房等房间固定设施的布置。

（7）必要的尺寸、标高及某些坡度和下坡方向的标注。

（8）底层平面图中标注剖面图的剖切位置、剖视方向及其编号，指北针。

（9）屋顶平面图应表示出屋顶形状、排水方向与坡度（或排水高差）、挑檐女儿墙、上人孔、排水天沟或檐沟、水落管等屋面其他构配件和某些轴线等。

157

(10) 详图索引符号。

(11) 房间名称(可编写代号)、净面积。

(12) 某些技术经济指标和简短的文字说明。

4. 建筑平面图的绘制步骤

绘制建筑平面图所采用的线型、比例、图例符号等都应该符合"国标"的有关规定。

绘制建筑平面图的一般步骤如下：

(1) 绘制平面图上的纵、横定位轴线，它是建筑施工时定位放线的控制线，也是绘图时确定图形位置的基准线。然后，在轴线两边画出墙和柱的断面轮廓线，如图12-8所示。

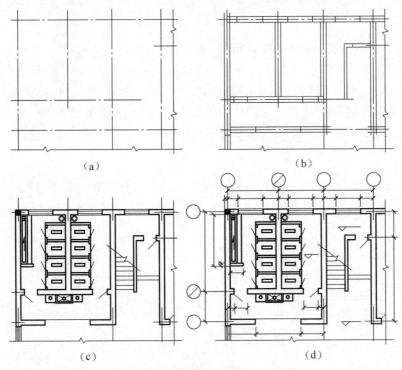

图12-8 建筑平面图的绘制步骤
(a)第一步；(b)第二步；(c)第三步；(d)第四步。

(2) 在内、外墙上定出门窗位置，画出台阶、散水、花池等设施及其他细部构造。

(3) 画出详图索引符号及剖切符号、指北针、轴线圈、尺寸线、图名线等。

(4) 填写标注内容。

(5) 检查校对，加粗加深图线或描图。

建筑平面图的绘制扼要步骤如图12-8所示。某实验室的楼层平面图实例如图12-6所示。

5. 建筑平面图的阅读

建筑平面图阅读步骤如下：

(1) 阅读图名 了解工程项目以及图样名称。

(2) 看指北针 寻找主要出入口的朝向。

(3) 分析布局 由底层到顶层依次分析平面图形状及布局情况。

(4) 分析定位轴线及其尺寸 开间尺寸、进深尺寸、走廊宽度、墙厚尺寸、门窗尺寸、房间面积、室外地坪和楼地面标高等。

（5）阅读局部平面图　查阅有关符号、查阅索引的详图或标准图集，了解其详细构造和做法。

（6）阅读屋顶平面图　分析屋面（包括屋檐）构造和做法及排水情况。

12.5　建筑立面图

1. 建筑立面图的概念

建筑立面图简称立面图，是建筑立面的正投影图，用来展示建筑物的立面外形，并表明外墙面装饰要求等内容的图样。立面图通常根据建筑物的朝向命名，如南立面图、东立面图等。也可用建筑物两端定位轴线编号命名，如"①—⑩轴立面图""⑩—①轴立面图"，还可将建筑物主要出入口的一面（一般反映了建筑物外貌主要特征）作为正面，于是就有"正立面图""背立面图""左立面图""右立面图"等。当房屋平面形状比较复杂时，还需加画其他方向或其他部位（如内天井）的立面图。

对于圆形建筑物，可分段展开绘制；对形状不规则的建筑物可按不同方向分别绘制立面图；此外，也可将与基本投影面不平行的立面旋转至平行位置，再按直接投影法绘制，这种立面图，在图名后注写"展开"二字。

2. 建筑立面图的图示内容

（1）建筑物的外轮廓线。

（2）建筑构件配件，如外墙、梁、柱、挑檐、阳台、门窗等。

（3）建筑外表面造型和花饰及颜色等。

（4）尺寸标注，立面图上主要标注标高，必要时也可标注高度方向和水平方向的尺寸。

图 12-9 为实验楼的正立面图。立面图上的高度尺寸主要用标高的形式来标注。应标注出室内外地面、门窗洞口的上下口、女儿墙压顶面（如为挑檐则注挑檐顶面）、屋顶水箱顶面、进出口台阶顶面以及雨篷和阳台底面等的标高。图内的标高应尽量上下对齐标注。

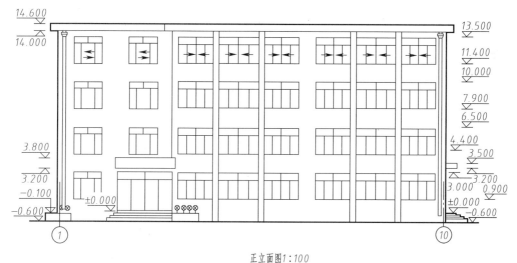

正立面图 1:100

图 12-9　正立面图

159

标注标高时,除门窗洞口不包括粉刷层外,要注意有建筑标高和结构标高之分。建筑标高是指包括粉刷层在内的装修完成后的构件上顶面的高度,如楼地面标高、女儿墙顶面、阳台栏杆顶面的标高。结构标高是指不包括粉刷层的构件下底面高度(以便于支模板或安装预制构件),如雨篷底面和梁底的标高。

立面图中有时还需要标注一些没有另画详图的局部尺寸。

凡需要绘制或索引图集详图的部位,均应画上详图索引符号。

立面面层装饰做法一般可在立面图上注写文字来说明。

3. 建筑立面图的绘制步骤

(1) 画出图形两端的轴线和轮廓线。

(2) 画门窗洞口,由门窗洞口标高,定出窗洞上、下口线条的位置,量出门窗洞口宽度并画线;以上两步如图 12-10(a)所示。

(3) 画出几个门窗分格线,如图 12-10(b)所示。

(4) 画雨篷、雨水管、台阶、花坛等细部构造。

(5) 画图名线、引出线、标高符号、尺寸线、图例等;图 12-9 上的窗是推拉窗,左右箭头表示推拉方向。门的铰链一般安装在靠墙一侧,立面图上的门(窗)开启方向线画细实线时表示向外开,细虚线表示向内开。细实线和细虚线都有时表示是双层门窗,分别内开和外开。但因为平面图中的门均有开启方式,所以在立面图上可以不标注门的开启方向。

(6) 填写标注(含装饰内容),写图名、比例,如图 12-10(c)所示。

(7) 检查,加深图线,完成全部内容,如图 12-9 所示。注意:立面图的最外一条轮廓线应为粗实线(b),而其余可见轮廓线为中粗实线($0.5b$)和细实线($0.25b$),地面线为加粗线($1.4b$)。

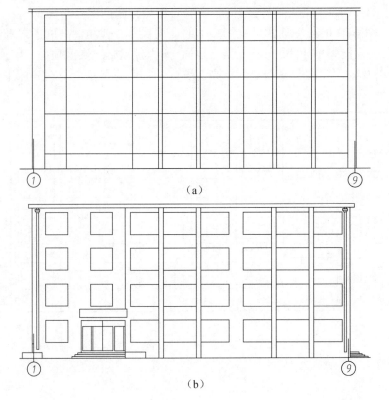

(a)

(b)

160

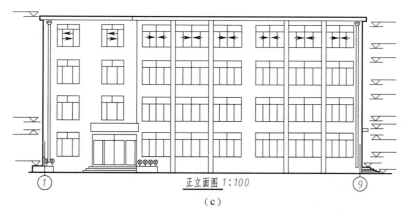

图 12-10　绘制建筑立面图的简要步骤

(a)第一步;(b)第二步;(c)第三步。

立面图与剖面图左右相邻时,应该使其地平线在一条直线上。

在绘制构配件和外墙装饰线条时,应考虑立面的清晰美观和绘图简便,允许适当地简化;对于相同类型的门窗,各画出一个代表性的带有框扇分格线的完整图形,其余的均可以简略表示;对相同的阳台、屋檐、窗口、墙面装饰图案等可有代表性地画出一个完整的图形,其余的只画出轮廓线;对于比较简单的对称建筑物,立面图可绘制一半,在对称轴线处需要标出对称符号。一般将正立面和背立面各画一半,在对称轴线处标出对称符号。

如图 12-9 所示为实验楼的正立面图实例,墙面装饰要求在施工说明中注写,此处略。

4. 立面图的阅读

阅读立面图应该按照先整体、后细部的规律进行:

(1)看图名、比例,明确投射方向。

(2)看立面图两端的定位轴线及其编号。

(3)分析图形外轮廓线和屋顶外形,明确立面造型。

(4)对照平面图,分析外墙面上门窗位置、种类、形式和数量(查对门窗表)。

(5)分析细部构造,如台阶、阳台、雨篷、雨水管雨水斗的位置、形状、材料和做法等。

(6)标高及局部尺寸。

(7)阅读文字说明、符号、各种装饰线条以及索引的详图或标准图集。

12.6　建筑剖面图

1. 建筑剖面图的概念

假想用平行于建筑物外立面的平面在铅垂方向上剖切建筑物所得的全剖视图称为剖面图。它是表示建筑物的建筑构造和空间布置的工程图样,与平面图、立面图相配套。图 12-11 为实验楼的 1—1 剖面图,剖切符号见图 12-5。

建筑剖面图是表示建筑物内部铅垂方向的高度、分层、竖向空间利用以及简要的结构形式和构造方式的图样,如屋顶形式、屋面坡度、檐口形式、楼板布置、楼梯形式及其简要的结构构造等。

剖面图的剖切位置,应选择在内部结构和构造比较复杂或有代表性的部位,剖面图的数量以建筑物的复杂程度和实际情况来确定。图 12-11 的剖切位置就是通过主要出入口(大门)、

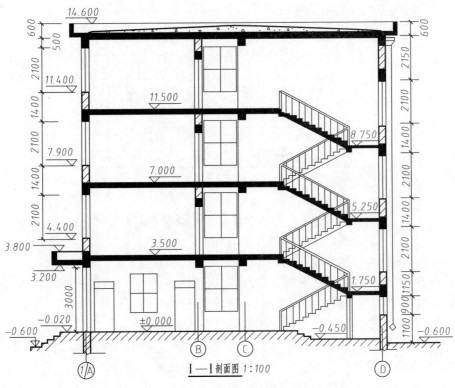

图 12-11 建筑剖面图

门厅和楼梯部分,这是建筑内部结构和构造比较复杂及变化较多的部位。一般剖切位置都应该通过门窗洞口,以表示门窗洞口的高度和在铅垂方向的位置和构造。如果采用一个剖切面剖切的全剖面图不能满足要求而又没有必要多绘制一个剖面图时,可以采用两个平行剖切平面剖切(转折剖切)的方式绘制剖面图。

2. 建筑剖面图的图示内容

建筑剖面图应画出建筑物被剖切后的全部断面实形及投影方向可见的建筑构造和构配件的投影。其中包括:

(1)建筑物内部的分层情况、各建筑部位的高度、房间进深(或开间)、走廊的宽度(或长度)、楼梯的分段和分级等。

(2)主要承重构件如各层地面、楼面、屋面的梁、板位置以及与墙体的相互关系。

(3)室外地坪、楼地面、楼梯休息平台、阳台、台阶等处的(完成面)标高和高度尺寸以及檐口、门、窗的(毛面)标高和高度尺寸;某些梁底和雨篷板底的标高。

外墙的竖向尺寸一般标注三道尺寸。第一道尺寸为门、窗洞及洞间墙的高度尺寸,楼面以上和以下部分分别标注。第二道尺寸为层高尺寸,即底层地面至二层楼面、二层楼面至三层楼面等,顶层楼面至檐口处屋面顶面,还要注出室内外地面高差尺寸和檐口处屋面至女儿墙压顶顶面或挑檐顶面的尺寸。第三道尺寸是室外地面以上房屋的总高度,即室外地面至女儿墙或挑檐顶面(粉刷完成面)的高度尺寸。此外,还需要标注某些局部尺寸,如内墙上的门、窗洞高度,窗台高度,以及一些不另画详图的如栏杆扶手的高度、屋檐和雨篷的挑出尺寸及剖面图两侧轴线间的距离尺寸等。

剖面图上的标高,也有建筑标高与结构标高之分,即当标注上顶面标高时应标注到粉刷完成后的顶面,如楼地面标高,而标注构件的底面标高时应标注到不包括粉刷层的结构底面,如各种梁和板的底面标高。但门窗洞口的上顶面和下底面均应标注到不含粉刷层的结构面。

(4) 墙、柱的定位轴线及详图索引符号等有关标注。

(5) 其他建筑部位的构造和工程做法等。

注意被剖切到的断面上要按照"国标"规定绘制材料图例。除了构造非常简单和有地下室的建筑物之外,一般不画地面以下部分,而只在室内外地面以下的基础墙上画折断线。基础部分由结构施工图中的基础图来表示。

在1:100的剖面图中,室内外地面的层次和做法由剖面节点详图或施工说明来表达,一般选用标准图集或通用图,在剖面图中只用一条加粗线(1.4b)表示室内外地面线。

3. 建筑剖面图的绘制步骤

(1) 画楼地面线、屋面线、内外墙(或仅两侧外墙)轴线以及墙身轮廓线,如图12-12(a)所示。

(2) 画出楼面及休息平台的厚度线,在1:100的剖面图中只画两条粗实线表示楼板结构面和面层的总厚度,板底的粉刷层厚度一般不表示。剖到的墙体用两条粗实线表示,也不包括粉刷层厚度。室内外地平线用加粗线(1.4b),画出楼梯梯段、踏步以及扶手栏杆,并在内外墙体上画出门窗洞口位置,如图12-12(b)所示。除画出剖切到的梁板、雨篷、阳台、孔洞、屋顶水箱、明沟散水等的位置、形状、图例外,还应画出未剖切的可见部分,如墙面及其凹凸轮廓、梁柱、阳台、雨篷、门窗、可见的楼梯梯段和扶手、女儿墙压顶、可见的内外墙轮廓线、可见的踢脚和勒脚,用中粗实线(0.5b);门窗扇及其分格线、水斗和雨水管、外墙分格线(包括引条线等)画细实线(0.25b),尺寸线尺寸界线和标高符号都用细实线。

(3) 画出材料图例以及门窗图例等。剖面图中砖墙和混凝土等材料图例画法与平面图相同。

(4) 标注尺寸、标高,如图12-12(c)所示。剖面图应标注剖到部位的尺寸和标高。

(5) 标注详图索引符号、图名、比例、画图名线。

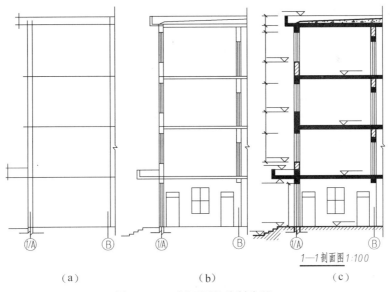

图 12-12 剖面图的绘制步骤
(a)第一步;(b)第二步;(c)第三步。

163

对于不同比例的剖面图的绘制要求不同,其抹灰层、楼地面、材料图例的省略画法应符合"国标"中的有关规定:

(1)比例>1:50的平面图、剖面图,应画出抹灰层与楼地面的面层线,并画出材料图例。

(2)比例=1:50的平面图、剖面图,应画出楼地面的面层线,抹灰层是否画出应根据需要而定。

(3)比例<1:50的平面图、剖面图,可以不画材料图例,但要画出楼地面的面层线。

(4)比例为1:100～1:200的平面图、剖面图,可简化材料图例,砖墙可涂红、钢筋混凝土涂黑,但需画出楼地面的面层线。

(5)比例小于1:200的平面图、剖面图,可不画材料图例,剖面图的楼地面的面层线可根据需要而定。

当剖面图与立面图以同一比例画在同一图纸上时,相邻的立面图或剖面图绘制在同一水平线上,图内的相互有关的尺寸及标高,标注在同一竖直线上。

图12-5中标有2-2剖切符号,读者可分析其内容自行练习绘制2-2剖面图。

4. 建筑剖面图的阅读步骤

(1)阅读图名、比例以及轴线编号,并与底层平面图上的剖切标记相对照,以明确剖切位置和投射方向。

(2)分析建筑物的内部空间布局与构造,了解建筑物从地面到屋顶各部位的构造形式,以及墙体、柱、梁、板之间的相互关系,查明建筑材料以及工程做法。

(3)阅读剖面图上的标注和尺寸。图12-11的1-1剖面图,其剖切位置需见图12-5底层平面图(位于轴线③和④轴线之间)。1-1剖面图剖到了门厅、楼梯、各楼层、地面和屋面,从剖面图可以看出该实验楼为砖和钢筋混凝土的混合结构,各部分的尺寸及标高也一目了然。

12.7　建　筑　详　图

1. 详图概念

将平面图、立面图、剖面图表达得不够清楚的建筑细部(如某些建筑构配件门、窗、楼梯、阳台、各种装饰等)和某些建筑剖面节点(如檐口、窗台、明沟或散水、楼地面层和屋顶层等)用较大的比例进行详尽绘制(包括式样、层次、做法、尺寸和用料等)的图样称为建筑详图。建筑详图通常有墙身剖面节点详图、建筑构配件详图、房间详图、门窗详图和楼梯详图等。套用标准图或通用详图的建筑构配件和剖面节点,只需注明所套用图集的名称(图集编号)和页次及详图编号,可以不再另画详图。

图样中的某一局部或构件,如需另见详图,应以索引符号索引;详图的下方应标注详图符号和编号,有时还需要用文字注写详图名称。索引符号和详图符号的画法、要求见表12-5。建筑平、立、剖面图中标注的索引符号与详图的编号要相互对应以便正确读图。

2. 平面详图(局部平面图)

平面图中若有某局部表达得不够清楚而需要更详细的表达时,就要用到平面详图。平面详图就是用大比例绘制的局部平面图。有时详图中还可再次索引详图,甚至多次嵌套索引。例如,如图12-13所示的卫生间局部平面图中有3处索引符号,表明详细情况需要查询标准图集LJ111,需要查询的详图分别在第5页、第21页、第66页。

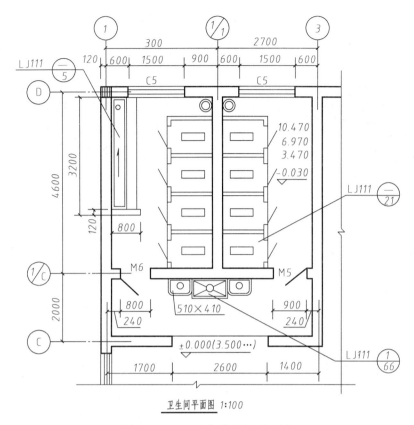

图 12-13　卫生间的局部平面图

3. 墙身剖面详图

墙身剖面详图一般是由墙身各主要建筑部位等剖面节点详图组成。详图中应显示屋顶和挑檐、楼地面、门窗过梁和窗台以及散水等构造、尺寸、用料及其与墙身其他构件的连接。各标准层楼面的构造相同时图中只需画出一个楼板节点详图。用不带括号的数字表示二层楼面节点详图的标高,用括号内的数字表示其他标准层的楼板节点的标高,如图 12-14 所示。

图 12-14 为外墙的剖面详图(施工图不需绘制右边的轴测图,本图为了便于理解加绘了轴测图)。各标准层楼面的构造相同,图中只画出了一个楼板节点详图。在标注楼板节点的标高时,不带括号的数字表示二层楼面节点详图的标高,用括号内的数字表示其他标准层的楼板节点的标高。

(1)详图 1 是檐口剖面节点详图,表示了挑檐处的排水构造。该部位由屋面板、挑檐(兼做天沟板和窗过梁)组成。屋面板水平铺设,利用保温层找坡,坡度是 3.5%,挑檐同时做天沟板,天沟板内也有一定的坡度以便排水到雨水口,通过雨水斗、雨水管将雨水排泄到散水或明沟。详图中注明了屋面的详细分层做法(见图 12-14)。挑檐外侧底部有滴水斜口(有时做滴水槽),挑檐顶部也有类似构造(本详图中没有表示出来),挑檐顶部抹灰时做成外高内低,以便雨水向内排,不至于污染挑檐外侧。详图中雨水口的做法另索引了详图。

(2)详图 2 是窗台剖面节点详图。窗台内侧使用了花岗石窗台板,宽度为 300mm,厚度为 40mm,窗台外侧抹灰时做出一定坡度,外低内高,以利于排水。如果窗台外挑则在窗台底面要做滴水槽口或滴水斜口。详图 2 注明了内外墙面详细做法。

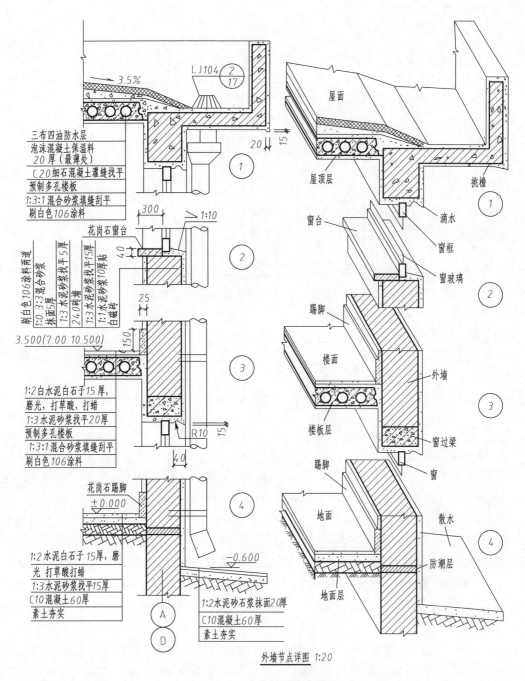

图 12-14 墙身剖面节点详图

（3）详图 3 是窗顶剖面节点详图。过梁的外侧底部有半径为 10mm 的滴水槽。图中注明了楼面分层做法。室内踢脚的高度是 150mm，厚度是 25mm。楼面标高 3.500mm 是二层室内楼面的相对标高，括号内的 7.000 和 10.500 分别是三层、四层的楼面标高。

（4）详图 4 是窗、墙根处剖面节点详图。由于实验楼的外墙贴瓷砖，所以没有做勒脚。室内地面以下 30mm～50mm 处有防潮层，其作用是隔离土壤中水分和潮气，防止水分和潮气从基础墙向上渗透侵蚀上部墙身。防潮层可以是钢筋混凝土或油毛毡。图中有地面做法、散水做法,踢脚的材料是花岗石,标注了室内外标高和轴线编号。还示意了水落管下部管口的形状和大致高度。

墙身剖面节点详图通常用 1:10、1:20 或 1:50 的比例,所以在详图上应画出建筑材料的图例符号,如砖墙、钢筋混凝土板、挑梁、过梁、多孔蛭石混凝土屋面等,并在墙身、楼地面和顶棚等处画出抹灰线,表示粉刷层的厚度。对于屋面和楼地面的多层建筑做法一般用文字加以说明。凡是引用标准图的部位,都以索引符号注明标准图集的图集名称、编号及详图图号,其构造及尺寸无需详细画出。例如,图中的雨水口采用了标准图集 LJ104 的 17 页第二图的做法,详图中不必重复。

4. 楼梯详图

楼梯是二层以上建筑物的垂直交通设施,其构造与尺寸应满足人流通行和物品搬运的要求。楼梯的建筑形式主要有两跑楼梯、三跑楼梯、螺旋楼梯等,结构形式有板式楼梯和梁式楼梯、悬挑楼梯、悬挂楼梯等,按材料分楼梯主要使用的是钢筋混凝土。两跑的钢筋混凝土板式楼梯最常用,本章实验楼采用的就是这种楼梯。以下所述均以此种楼梯为例。

楼梯主要由楼梯板(梯段板)、休息平台和扶手栏杆(或栏板)及楼梯梁等组成。楼梯的构造比较复杂,除了在剖面图中需要表达外,一般还需要另画详图。楼梯详图一般由楼梯平面图(或局部平面图)、剖面图(或局部剖面图)和节点详图组成。楼梯详图主要表明楼梯类型、结构形式、梯段、栏杆(栏板)扶手、防滑条等各部位的详细构造方式、尺寸及装修做法。一般楼梯的建筑详图和结构详图分别绘制,但简单楼梯也可将建筑详图和结构详图合并,列入建筑施工图或结构施工图内。

楼梯平面图是各层楼梯的水平剖面图,其剖切位置在本层向上的第一梯段内,即休息平台以下,窗台以上的范围,如图 12-15 所示。它表明梯段的水平长度和宽度、平台的宽度和栏杆扶手的位置以及其他一些应表达的内容。梯段被剖切处的剖切交线画法按照"国标"规定以倾斜的折断线表示,如图 12-15 所示。多层房屋至少应有"底层"、"中间层"和"顶层"3 个楼梯平面图。

楼梯平面图应标注楼梯间的轴线编号、轴线之间距离(即开间、进深尺寸)、梯段水平长度尺寸(通常以踏面数和踏面宽度乘积的形式表示)和宽度尺寸、标高(楼地面、平台、楼梯梁底等)、上下行指示箭头、两层之间的踏步级数等。

底层平面图上应标有楼梯剖面图的剖切位置。应标注一层到二层的踏级数,向下 3 步表示从一层地面到楼梯平台下的小房间有三步台阶。

标准(中间)层平面图表示中间楼层(本例中就是二、三层)的楼梯平面图,二、三层楼梯假想水平剖切后,不但可以看到本层上行梯段的部分踏步,还可以看到下一层的部分梯段。"上 22 级"和"下 22 级"是指从二层到三层(三层到四层)是 22 级,从二层到一层(三层到二层)也是 22 级。特别应该注意,当一层楼梯采用不等跑梯段而其他楼层采用等跑梯段时,包含二层的标准层应该在标注踏级数时加以区分,不要标错。

顶(四)层平面图,只有下行梯段,可以看到两个下行梯段的全部梯级及顶层楼面上的栏杆(栏板)、扶手等,所以只画下行箭头方向。注意要把栏杆(栏板)画完整。

画各层楼梯平面图可以采用画等距平行格线的方法,所画的每一分格表示梯级的一级踏面。由于梯段上端一个踏面与平台或楼面重合,所以楼梯平面图中每一个梯段画出的踏面格数比该梯段的级数少一个,即梯段长度=每一级踏面宽×(梯段级数-1)。

楼梯平面图的主要作图步骤:第一步,根据平台宽度(平台宽度不得小于梯段净宽,平台适

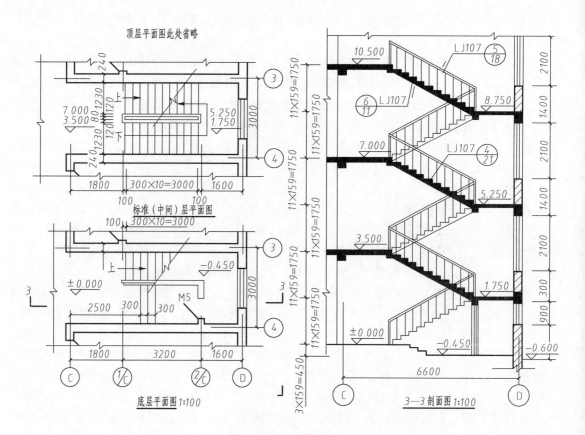

图 12-15 楼梯详图

当宽一点有利于搬运家具或物品)定出平台线,再以上述梯段长度计算公式算出的长度确定梯段另一端的梯级起步线;第二步,用等分两条已知平行线的方法来分格;第三步,画栏杆扶手,画方向箭头标注踏级数。

楼梯剖面图是以铅垂剖切平面通过各层楼梯的一个梯段和门窗洞口剖切,并且向未剖切的梯段方向作投影。楼梯剖面图表示各梯段的踏级数、踏级的宽度和高度、楼梯的构造、各层平台与楼面的高度及其相互关系、楼梯梁的位置、断面形状等。如中间各层楼梯的构造相同,剖面图可以只画出底层、中间层和顶层三段剖面图,其他部分可以断开不画;通常不画基础;屋面也可不画。

图 12-15 中的 3-3 剖面图中,每层上行的第二个梯段被剖切,而第一个梯段是可见梯段。

楼梯剖面图中应标注每层楼地面、平台面的标高及梯段、栏杆(栏板)的高度尺寸。

梯段的高度尺寸可用踏级数和踏级高度的乘积形式来标注。

楼梯剖面图的作图步骤:第一步,画出各层楼面(地面)和平台及楼板的断面;第二步,分格,竖向分格的数量与梯段踏步级数相同。

楼梯栏杆的埋设和扶手及踏步等细部构造,由索引符号可知另有详图表示。其详图分别在地方标准图集 LJ107 中的第 11 页、第 18 页、第 21 页中的 6 号、5 号、4 号详图,此处略。

楼梯平面图和剖面图一般采用 1:50 的比例绘制,节点详图一般采用 1:10 或更大的比例绘制。

通常将底层、中间层和顶层平面图画在同一张图纸上,既可以省略重复标注,又便于阅读,

168

如图 10-15 所示。为了压缩篇幅图 10-15 中略去了顶层平面图和 6、5、4 三个节点详图。

5. 门窗详图

采用标准门窗时不必绘制门窗详图,但必须在门窗表内注明所选用的标准图集代号及门窗图号(见表 12-5)。特殊情况下新设计的门窗必须画门窗详图。

门窗详图的绘制要求。门窗立面图表示门窗的外形(外立面图)、开启方式、主要尺寸和节点索引标志,门窗详图包括门窗立面图及节点详图,通常采用 1:10、1:20 或 1:50 的比例绘制。绘制立面图的线型,外轮廓线采用粗线,其他都用细线,如图 12-16 所示铝合金大门的详图实例。

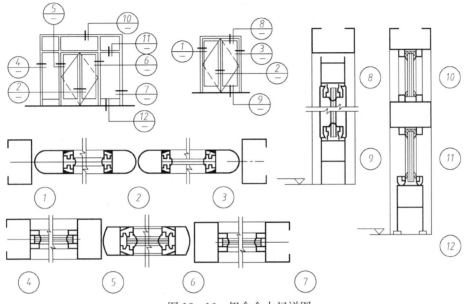

图 12-16　铝合金大门详图

图中铝合金大门的外围尺寸要比门洞小一些,一般每个边小 10mm,以便于施工安装。门的上部是固定的,仅采光用,两侧也各有一个固定玻璃用于采光,中间是可以开启的双扇弹簧门(自由门)。详图索引符号⊖的粗实线表示剖面节点详图剖切位置,细引出线表示剖视方向,引出线在粗实线下方表示向下看。

6. 建筑详图的主要内容

(1)详图名称、比例。

(2)详图符号及其编号,以及再另画详图时的索引符号。

(3)建筑构配件的形状及与其他构配件连接的详细构造、层次,详细尺寸和材料图例。

(4)详细注明各部位和层次的用料、做法、颜色以及施工要求。

(5)某些定位轴线及轴线编号。

(6)需要标注的标高。

12.8　工业厂房简介

工业厂房的图示原理和方法与民用房屋施工图一样,只是由于使用要求不同,在施工图上所反映的某些内容、图例及符号也有所不同。

1. 平面图

如图 12-17 所示,从标题栏可知,这是某通用机械厂的机修车间。车间的平面图为一矩

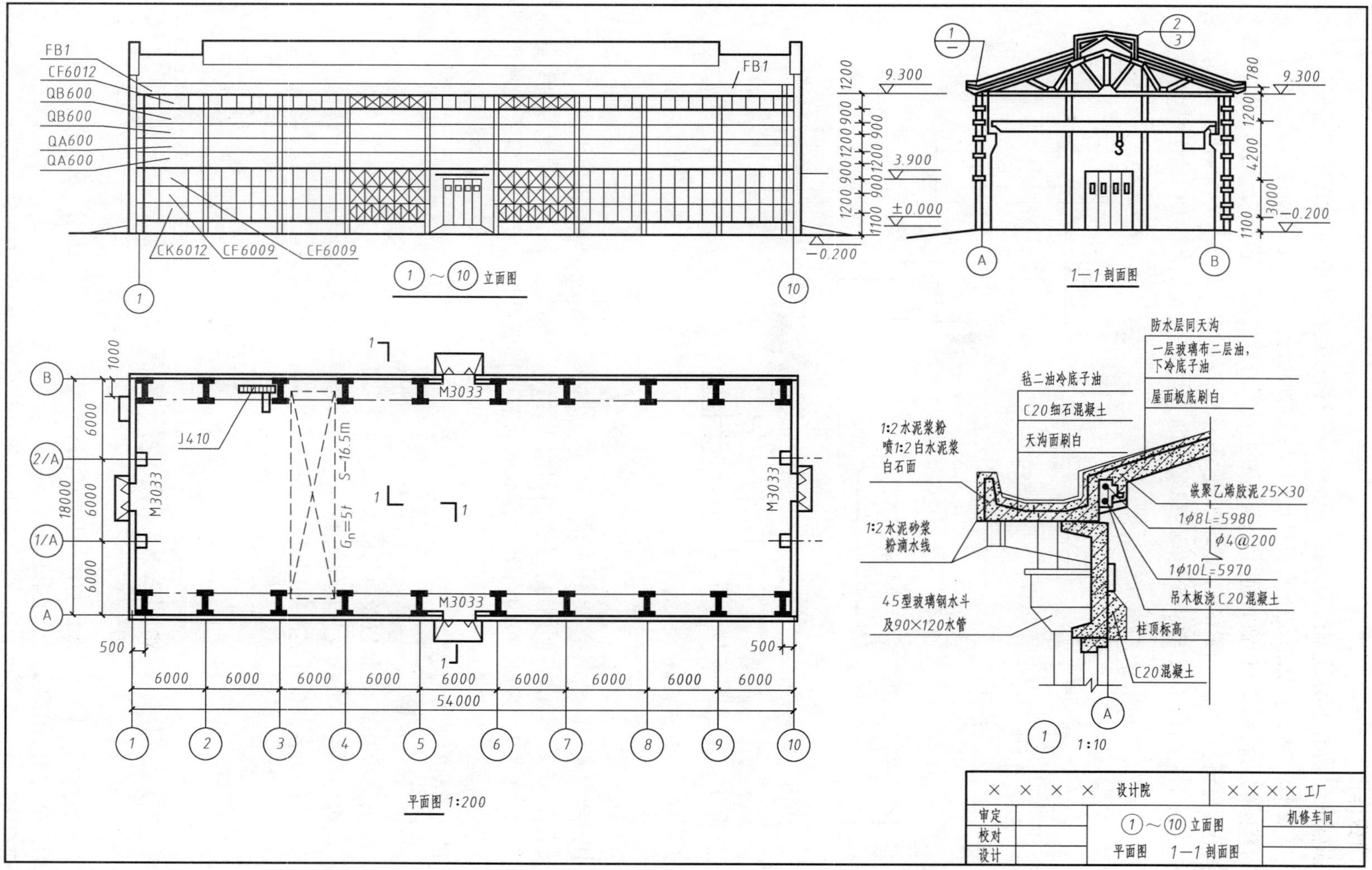
FB1
CF6012
QB600
QB600
QA600
QA600
CK6012
CF6009
CF6009
9.300
3.900
±0.000
−0.200
1~10 立面图
1—1 剖面图
平面图 1:200
M3033
J410
G_n=5t
S−16.5m
18000
54000
防水层同天沟
一层玻璃布二层油，下冷底子油
屋面板底刷白
毡二油冷底子油
C20细石混凝土
天沟面刷白
1:2水泥浆粉
喷1:2白水泥浆
白石面
1:2水泥砂浆
粉滴水线
45型玻璃钢水斗
及90×120水管
嵌聚乙烯胶泥25×30
1φ8L=5980
φ4@200
1φ10L=5970
吊木板浇C20混凝土
柱顶标高
C20混凝土
1:10
× × × × 设计院
× × × × 工厂
审定
校对
设计
1~10 立面图
平面图 1—1 剖面图
机修车间

图 12-17 机修车间

形,其横向轴线①～⑩,共有 9 个开间,轴线之间的距离为 6000mm,两端角柱与轴线有 500mm 的距离。纵向轴线Ⓐ、Ⓑ通过柱子外侧表面与墙内侧表面的结合面。柱子是工字形断面的钢筋混凝土柱。车间内有一台桥式起重机,用图例 表示,起重量为 50kN,跨度为 16.5m。室内两侧的粗点画线表示起重机的轨道位置;上下起重机用的梯子,在②～③轴间的 Ⓑ轴内侧,其构造详图选标准图集 J410。为了运输方便,出入口处设坡道,4 个大门的编号都是 M3033(M 表示门代号,30 表示门宽为 3000mm,33 表示门高为 3300mm)。室外四周设散水。在山墙上距Ⓑ轴线 1000mm 处设有消防梯。

2. 立面图

从图 12-17 中可以看到厂房立面上窗、墙板的位置及其编号,共有三种条形窗;屋面设有通风天窗;厂房墙面是由条板装配而成,图中注出了条板和条窗的高度尺寸。条板、条窗、压条和大门的规格和数量列表说明(此处略)。

3. 剖面图

从平面图中的剖切位置线可知,1—1 剖面图为阶梯剖面图。从图中可以看到牛腿柱的侧面,T 形起重机梁搁置在柱子的牛腿上,桥式起重机架在起重机梁的轨道上(起重机是用立面图例表示的)。从图中还可以看到屋架的形式、屋面板的布置、天窗的形式、檐口和天沟等情况。剖面图中主要尺寸应完整,如柱顶、轨顶、室内外地面标高、墙板、门窗各部位的高度尺寸等。

4. 详图

一般包括檐口屋面节点、墙柱节点等详图。通过这些图样表达其位置及构造的详细情况,如图 12-11 所示的檐口天沟节点详图①。

12.9 地下建筑工程图简介

1. 地下建筑的分类

若按地下建筑的使用性质与功能可分为军用、民用、公用、工业、交通、储仓等,如图 12-18 所示。按建造形式可分为"单建式"(专用建设)和"附建式"(地上建筑的附带部分)两大类。民用地下建筑主要是附建式地下室。

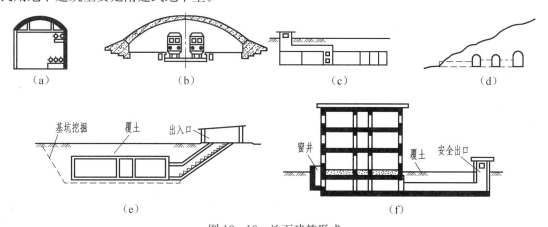

图 12-18 地下建筑形式

(a)地下油库;(b)地下铁道;(c)地下室;(d)地下人工洞;(e)单建式;(f)附建式。

2. 地下建筑工程图必须表达的内容

由于地下建筑的类型和用途的不同,建筑内容和要求都有较大差异,所以不同的建筑,其图示内容的繁简差别也较大。一般情况,不可缺少的内容应有出入口、通风口、照明电器和防护设施等。此外,还有与地上建筑相同的内容,如房间大小和布置情况、门窗分布及尺寸、空间高度及标高、墙壁厚度及定位轴线等内容。

3. 地下建筑工程图的图示特点和方法

所有的地下建筑都有一个共性图示特点,即不需要绘制建筑物的外形(立面)视图,全部内容都依靠剖面图来表达,包括水平剖切和垂直剖切。水平剖切仍然是每层取一个剖切位置并向水平面投射。竖向则采用多个铅垂剖切平面来表达其内部空间组合及它们的相互关系。局部详图表达方法与地上建筑相同。

平面图主要表明地下建筑的平面形状、大小尺寸、内部布局和相互关系。剖面图是表达地下室内部垂直方向的空间组合建筑结构形式、构造、高度及地下室与上部建筑的关系,其剖切位置应选在建筑内部结构和构造较复杂或有变化的部位。剖面图的个数应视地下建筑的复杂程度和实际需要而定。有特殊要求时需加文字说明。

第13章 结构施工图

房屋中起承重和支撑作用的构件,按一定的构造和连接方式组成的房屋结构体系,称为房屋结构。房屋结构要有足够的坚固性和耐久性,以保证房屋在各种荷载作用下的安全使用,这些构件都需要通过受力计算,并将结果绘成图样,用以指导施工,这种图样称为结构施工图,简称"结构图"或"结施图"或"结施"。结构图是制作和安装构件、编制施工计划和预(决)算的重要依据。本章将重点讨论房屋结构施工图的绘制方法和要求及读图方法。

13.1 概 述

1. 房屋结构的组成和分类

房屋的结构一般由板、梁、柱、墙、基础组成,如图13-1所示。

房屋结构的分类有多种方法:

(1) 按材料分 按构件使用的材料不同,可分为钢筋混凝土结构、钢结构、木结构、砖石结构及组合结构等等。

(2) 按结构形式分 可分为砌体结构、排架结构、网架结构、框架结构、剪力墙结构、框架剪力墙结构等。

(3) 按部位分 按表达部位的不同,可分为基础结构和上部结构。

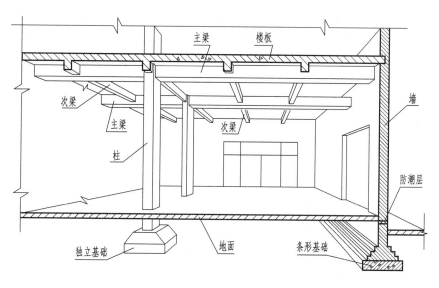

图13-1 砖混结构示意图

2. 房屋结构图的内容及种类

房屋建筑图表达了房屋的外部造型、内部布局、建筑构造和内外装修等建筑设计的内容。

而房屋结构图是表示房屋结构的整体布置和各承重构件及支撑或连系构件的形状、大小、材料、构造的结构设计的内容，它是房屋施工的技术依据。结构设计图一般要求应有以下内容：

（1）结构设计说明　说明所采用结构材料的类型、规格、强度等级、地基情况、所选用标准图集以及施工注意事项等等。

（2）结构布置图　结构布置图是表示房屋结构中各种承重构件包括支撑和连系构件整体布置的图样，如基础平面图、楼层结构平面图、连系梁立面布置图、楼梯结构布置图等。

（3）构件详图　构件详图是表达各个承重构件及其支撑或连系构件的形状、大小、材料及各构件之间连接节点的构造详图，如基础、柱、梁、板、屋架、支撑及两构件连接处的节点详图等。

3. 房屋结构图的图示特点

尽管各种房屋结构图的表达内容和要求有所不同，然而它们具有共同的特点，并且是互相密切配合的。

（1）图示方法　不管是哪种结构图，都是应用正投影多面视图和剖面图及断面图等基本图示形式来表达。并且在比例较小的结构布置图中，构件的外形或材料图例都允许用简化画法或规定图例来表示。

（2）表达方式　由于房屋结构的形体庞大，形状和构造又较复杂，因而采用由整体到局部，逐步详细的表达方式。例如先由较小比例的结构布置来表示房屋结构中各构件的布置和定位，再由较大比例的构件详图来表明各构件的形状、大小、材料和构造，最后用更大比例的节点详图来表达构件的细部和连接构造。当结构构件的纵横向断面尺寸相差悬殊时，在同一图中纵向和横向可用不同的比例，使得图面更清晰，便于读图。

（3）尺寸标注　房屋结构图中的尺寸标注要求，与表达内容的深度要求有关。例如在结构布置图中主要标注各构件的定位尺寸；而在构件详图中则要求必须详细地标注构件的定形尺寸和细部构造尺寸。高度尺寸（标高）以米（m）为单位，注到小数点后第 3 位；其余尺寸均以毫米（mm）为单位，注写时不带单位。

结构布置图与构件详图中的有关尺寸必须统一，并与建筑施工图的有关尺寸一一吻合。如定位轴线编号及其之间的尺寸必须对应无误。

（4）联系配合　房屋结构图的各个图样之间是相互联系和密切配合的，各种构件的代号是统一的。例如结构布置图上有某构件代号，而构件详图中才有该构件的具体形状、大小和构造，而且代号相同，必要时可用索引符号或标注图集代号予以联系。正确的绘图和读图方法都是先建筑后结构，先整体后局部。

13.2　结构布置图

1. 结构布置图的基本要求

（1）比例选用　为了表明各个构件在房屋结构中的位置和相互关系，必须画出结构的完整视图，因而只能用较小的比例。常用比例有 1∶200、1∶100、1∶50 等。

（2）视图选择　一般的房屋结构是由竖向的墙或柱和水平的板、梁和屋架等构件组成的空间结构体系。为表明这些承重构件的布置，通常采用结构平面布置图，必要时加上结构立面布置图或结构剖面布置图。结构平面布置图也称为"结构平面图"。

不同高度的结构平面图，既能表示出结构竖向构件的水平断面形状和位置，又能表示出水平构件的平面布置情况。例如楼层结构平面图既表示楼面的板、梁的布置,又反映出楼面下面的柱、墙的位置和断面情况,如图 13-2 所示。

在结构平面图中只能表示出各种构件的平面布置,而水平构件的高度位置要靠标注它们的底面或顶面的结构标高来确定。

当在同一平面位置的不同高度上有几种水平构件时,为了更清楚地表示这些构件的位置和高度方向的布置情况,可以画出结构立面布置图予以表达,如图 13-3 所示。楼梯结构比较复杂,通常是采用结构剖面图来表达。

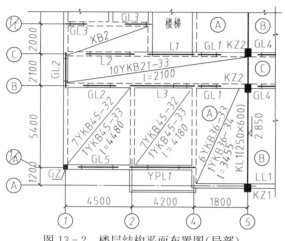

图 13-2 楼层结构平面布置图(局部)

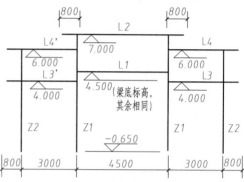

图 13-3 琉璃瓦檐大门结构立面布置图

（3）构件代号 为了使结构布置图简明清晰,在结构布置图上必须注明各种构件的代号,如图 13-2 中的 L2、YPL1、GL1、XB1、YKB45－33 等。

构件代号由主代号和副代号组成。主代号由汉语拼音字母表示构件的名称;副代号采用阿拉伯数字表示构件的型号或规格。除全国通用的统一代号以外,有的省市自治区还有某些地方性代号。全国通用常用构件的主代号如表 13-1 所列。

（4）规定图例 由于结构布置图采用较小的比例,除了墙体按实际形状绘制以外,其他构件均可简化为图例形式表示其位置。例如梁和屋架一般应用粗点划线或粗实线或粗双点划线表示,请注意各图中的具体说明。

（5）尺寸标注 结构布置图主要表示各种构件的布置情况,因此必须明确各种构件的定位尺寸和构件底面或顶面的结构标高等。对于不再另绘详图的构件,还应注明其定形尺寸。

表 13-1 常用构件的主代号

名称	代号	名称	代号	名称	代号	名称	代号
板	B	天沟板	TGB	梁垫	LD	屋面梁	WL
槽形板	CB	屋面板	WB	天窗端壁	TD	楼梯梁	TL
吊车安全起道板	DB	檐口板或挡雨板	YB	梁	L	基础	J
盖板	GB			吊车梁	DL	天窗架	CJ
空心板	KB	折板	ZB	过梁	GL	刚架	GJ
密肋板	MB	垂直支撑	CC	基础梁	JL	框架	KJ
墙板	QB	水平支撑	SC	连系连	LL	网架	KWJ
楼梯板	TB	柱间支撑	ZC	圈梁	QL	设备基础	SJ

名称	代号	名称	代号	名称	代号	名称	代号
托架	TJ	梯	T	钢筋骨架	G	预埋件	M
屋架	WJ	檩条	LT	桩	ZH	雨蓬	YP
柱基础或支架	ZJ	阳台	YT	门框	MK	钢筋网	W
						柱	Z

2. 基础平面图

房屋的基础形式取决于上部结构的形式。最常见的形式有墙下条形基础和柱下独立基础。此外还有片筏基础、箱型基础、桩基础等。

无论哪种形式的基础，其结构布置都是采用室内地坪以下的水平剖面图来表示，习惯上称之为"基础平面图"，例如图 13-4 为某实验楼的基础平面图。此房屋为砖和钢筋混凝土组合结构，俗称"砖混结构"。

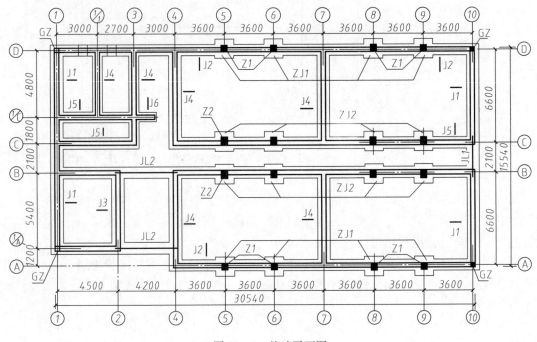

图 13-4　基础平面图

图 13-4 中用粗实线表示墙的轮廓和柱子断面（涂黑），在墙两侧放宽的细实线表示基础底面的轮廓线（在 1：100 的图样中被剖切部分的材料图例可以简化，砖墙可省略 45°斜线；被剖切的钢筋混凝土板、梁、柱均可涂黑）。

基础平面图主要表示基础的平面布置情况。因此，只须画出基础墙、柱的断面和基础底面的轮廓线以及基础梁的中心线位置即可，至于条形基础和基础梁的具体形状、材料和构造，将另画详图表明（参见图 13-21 和 13-22）。

在基础平面图中应注明基础的平面定位尺寸和主要定形尺寸，其中各轴线之间的尺寸应与建筑图（图 13-4）中的定位轴线之间的尺寸一一对应。若有某些尺寸或要求各处都完全一样，可以省略不注，而用文字统一说明，如墙厚、基底标高、基础垫层及某些同类构件的材料要求等。

图 13-4 中注有构件代号 J1 至 J6,这是条形基础有 6 个不同的断面;ZJ1、ZJ2 表示有两种柱下基础;GZ 为墙角构造柱;还有 Z1、Z2(柱子)和 JL1、JL2(基础梁)等,这些构件都将另画构件详图(例如图 13-21)。

从图 11-2 可知单层厂房是由钢筋混凝土的柱、独立基础、屋架、吊车梁等主要承重构件组成的排架结构房屋。单层厂房的柱下设独立的杯形基础,柱子插入杯形基础的杯口内。吊车梁搁置在柱子的挑出部分(俗称牛腿)上。柱子顶上安放折线形屋架。两榀屋架之间铺放大型屋面板。厂房端部的墙身称为山墙,在山墙内侧设有抗风柱。由于厂房的墙身高度较大,因此在纵墙和山墙上均设有几道连系梁。纵墙和山墙下都不设条形基础,而是把墙体直接砌筑在基础梁上,基础梁搁置在独立基础的杯口上,如图 13-5 所示。

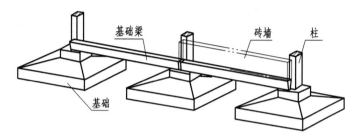

图 13-5　基础梁的使用示意图

图 13-6 是表达该单层厂房的基础梁和独立基础的布置情况的基础平面图。

由于该厂房的布置是对称的,故只画出基础平面图的一半,此时必须在对称中心线两端画上对称符号"="。

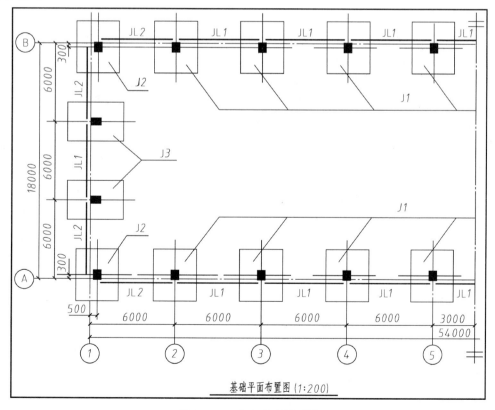

图 13-6　独立基础平面图

177

图中独立基础(J1、J2、J3)的底面形状为可见轮廓线,用中粗线(或细实线)表示,基础梁(JL1、JL2)用粗实线在基础梁中心线处表示。图中注出了柱和独立基础与房屋定位轴线(A—B、1—10)间的定位尺寸(18000、6000 等)。由于基础梁紧贴在柱的外侧面,故不必标注其定位尺寸。基础梁和独立基础的具体形状、材料和构造将另有详图来表明,例如图13-22所示。

基础底面的标高可用文字说明,也可在独立基础和条形基础的详图中直接标注,如图13-21和图13-22所示。

基础平面图的绘制方法与步骤:

(1) 选图幅、定比例,(常用比例1∶100);

(2) 画定位轴线(用细点画线);

(3) 画墙、柱轮廓线(用细线轻画底稿);

(4) 作标注、写说明;

(5) 检查并加深图线(要求粗细分明清晰)。

3. 房屋结构平面图

(1) 内容　房屋上部的结构布置一般是采用分层的结构平面图来表示,例如各层的楼层结构平面图和屋顶结构平面图等,统称为结构平面图。结构平面图必须标明如图内容:

① 定位轴线网及墙、柱、梁的编号和定位尺寸;

② 预制板的代号、型号、数量等;

③ 现浇板的起止位置和钢筋配置及预留孔洞的大小和位置;

④ 圈梁、过梁的位置和编号;

⑤ 楼面及各种梁的底面(或顶面)的结构标高;

⑥ 详图索引符号及其有关剖切符号;

⑦ 预制构件的标准图集编号、材料要求等。

(2) 砖混结构楼层结构平面图　现以某实验楼为例作具体说明,如图13-7所示。

二层结构平面图,从图中可见,该楼四角设有构造柱(GZ);在 A 轴线和 D 轴线上各有 4个柱(KZ1);在⑤、⑥、⑧、⑨轴线上各有一架框架梁(KL1),其断面形状为"花篮梁",梁宽250mm梁高600mm,梁底面标高为2.850m;A轴线和 D 轴线上还各有两个连续梁(LL1);在 B 轴线上有一简支梁(L3),C轴线上有两简支梁(L1、L2);在两个出入口处(门上),设有雨篷梁(YPL1 和 YPL2,雨篷与梁浇为一体);其他有门窗的洞口处均设有过梁(如 GL1、GL2、GL3、GL4);③轴线与④轴线之间用交叉细线表示的位置是楼梯;在 C 轴到 E 轴和①轴到③轴之间是现浇楼板(XB1 和 XB2);其他各房间均为预制多孔楼板,共有 8 种规格,另外,图的左下角还有关于板缝要求、标高等的文字说明。

预制多孔楼板一般采用地方标准图集,各省市自治区的标准可能不完全一样,其表示代号也可能不一致,使用时应先阅读其编号说明。图13-7中使用的是山东省通用标准图集(L91G401),其中的代号意义如图13-8(a)所示;

广东地区的表示方法如图13-8(b)所示;

上海地区的表示方法如图13-8(c)所示;

北京地区的表示方法如图13-8(d)所示。

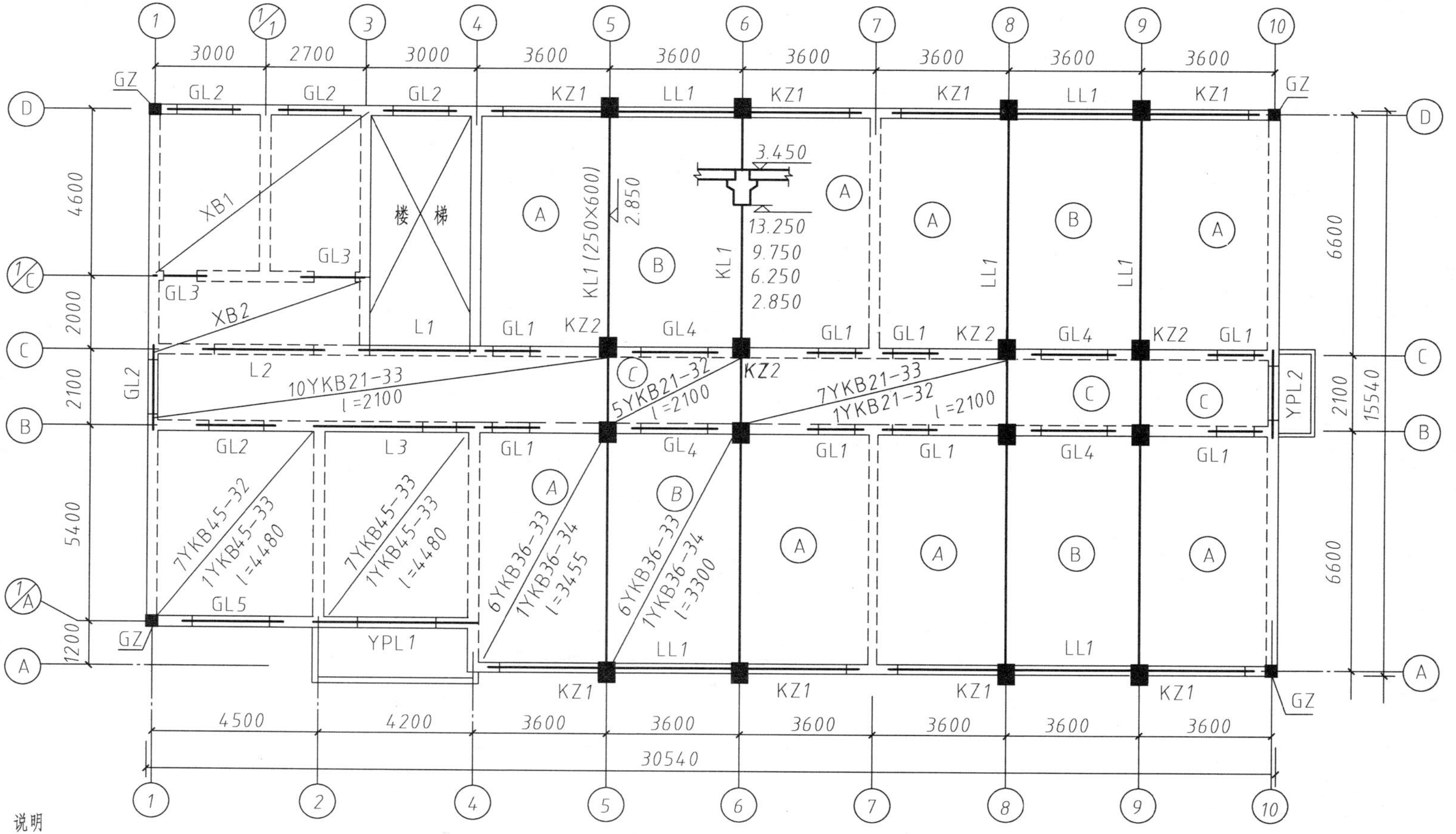

二~四层结构平面图(1:100)

图 13-7 楼层结构平面图

说明
1. 板面标高3.450;
2. 板缝宽40左右,缝中加1Φ6钢筋,C25细石混凝土灌缝。

179

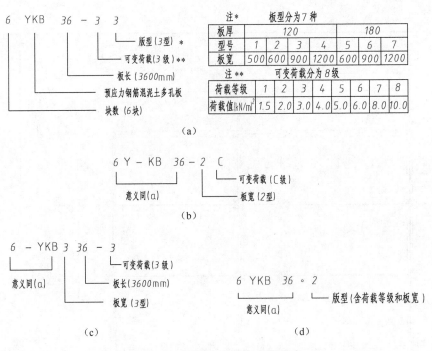

图 13-8　预制多孔楼板代号意义

从以上可见,各地区的地方标准有相似之处但又不完全一样,所以,在使用时一定要注意各代号的具体含义,以免出错。

在结构平面图中,预制板的铺放一般不必按实际分画出来,而是画一条对角线(细线)来表示预制板的布置范围,并且沿着对角线方向注写出有关预制板的块数、代号、规格(或型号)等标志。为了铺放顺利,特使板长比跨度短 20mm。楼面的结构标高可以直接标注,也可以用文字统一说明。

当房屋的结构布置图比较复杂,采用了结构平面和结构立面图以后,还有某些内部结构没有表达清楚时,可再用竖向的结构剖面图来进行补充。楼梯间就常常采用结构剖面图来表达,一般需要用较大比例单独画出楼梯结构布置图和结构详图,故在楼层结构平面图中可以不表示,或加注"楼梯"字样。

(3)排架结构的柱网布置和屋顶结构布置图。现以图 11-2 所示的某单层厂房排架结构为例说明其图示内容及特点,为了表明该单层厂房的结构布置,可以用一个水平面在吊车梁的上方剖切柱网布置和一个向下看的屋顶结构平面布置图来表示,这两个视图都属于结构平面图,如图 13-9 所示。

由于该厂房属于左右对称,故柱网布置图和屋顶结构布置图各画一半,以对称中心线为界合并在一张图中。

在柱网布置图中,钢筋混凝土柱(Z)是被剖的断面图(涂黑),吊车梁(DL)用粗实线表示,外墙连续梁也用粗实线表示。在靠近①轴线的吊车梁上设有车挡(CD),可以阻挡吊车前进。在⑤轴～⑥轴的柱间设有上、下两层柱间支撑(ZC),用两条虚线表示。在屋顶结构平面布置图中,预制屋架(YWJ)用粗点划线表示(天窗架 CJ 与屋架重影),屋架垂直支撑(WCC)和屋架水平支撑(WSC)用粗点划线表示,预制的大型屋面板(YDB)和天沟板(YTG)分块画出了它们的布置情况。柱网和屋顶结构布置图一般只需标注房屋的定位轴

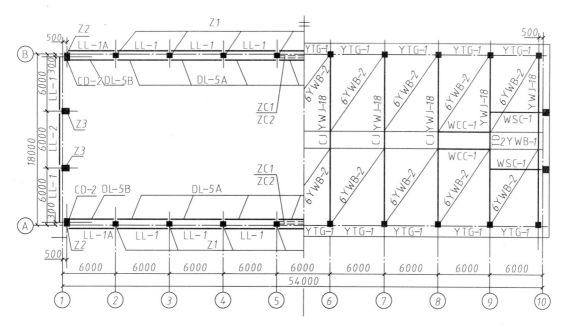

图 13-9　排架结构布置平面图

线尺寸和柱的定位尺寸,因为其他构件(如吊车梁、屋架、支撑、天窗架、屋面板、天沟板等)的位置是随着柱子的位置确定而确定的,不必标注尺寸。

（4）绘图步骤　结构平面图的绘制方法与步骤如下:

① 选图幅、定比例(常用比例 1:100);

② 画定位轴线和构件位置(细线轻画);

③ 作标注、写说明;

④ 检查并更正;

⑤ 加深图线(要求粗细分明清晰)。

13.3　钢筋混凝土构件图

13.3.1　钢筋混凝土构件基本知识

混凝土是由水泥、砂、石子和水按一定比例拌和而成,把它灌入定形的模具内,经振捣密实和养护后硬化的构件。混凝土构件的抗压强度较高,但抗拉强度较低。钢筋具有很高的抗拉强度,且与混凝土具有良好的粘结力,其线膨胀系数与混凝土相近($F_H=1.3\times10^{-5}/℃$,$F_G=1.2\times10^{-5}/℃$),他们是一对好搭档。因此,两者结合组成钢筋混凝土构件,既抗拉又抗压。由钢筋混凝土构件组成的结构称为钢筋混凝土结构,它是工业与民用建筑中应用最广泛的一种承重结构。钢筋混凝土简支梁受力示意图如图 13-10 所示,在荷载作用下产生弯曲变形。如果没有钢筋,下部将产生断裂破坏,如图 13-10(a)所示。配置钢筋后,上部为受压区,由混凝土承受压力,下部为受拉区,由梁内的钢筋承受拉力,从而保证安全使用,组合后在荷载作用下的状态如图 13-10(b)所示。

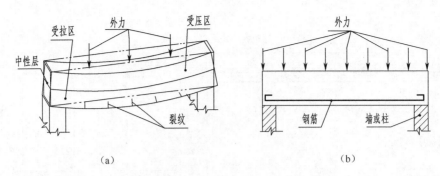

（a）　　　　　　　　　　　　　　　　（b）

图 13-10　钢筋混凝土梁受力示意图

1. 钢筋混凝土结构和构件的种类

钢筋混凝土结构按不同的施工方法，可分为现浇整体式、预制装配式、部分装配加部分现浇的装配整体式三类。

组成钢筋混凝土结构的构件分为现浇构件和预制构件两种；又可分为定型构件和非定型构件。定形构件都是通用性较强的构件，它们已被编入标准图集（例如多孔楼板），只须在结构布置图中注明构件的型号及图集的名称和代号即可。非定型构件是自行设计的现浇构件或预制构件，必须绘制它们的结构详图。

有的预制构件在制作时通过张拉钢筋对混凝土预加一定的压力，以提高构件的抗裂性能，这种构件称为预应力钢筋混凝土构件。

2. 构件中钢筋的名称和作用

图 13-11 为构件中的钢筋配置构造示意图。按钢筋在构件中所起的不同作用，可分为：

（1）受力筋　在构件中主要承受拉力偶尔受压力的钢筋。

（2）箍筋（钢箍）　用来固定受力钢筋位置，并能承受剪力和扭力或斜拉力的钢筋。

（3）构造筋　因为构件的构造要求或施工要求而配置的钢筋，例如梁上部的架立筋、板内的分布筋、搬运时需要的吊环等。

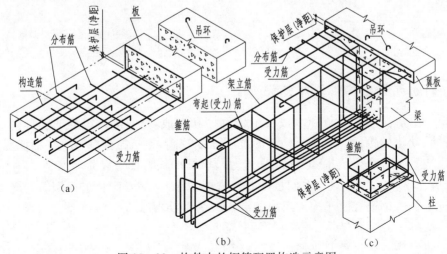

（a）　　　　　　　　　（b）　　　　　　　　　（c）

图 13-11　构件中的钢筋配置构造示意图
（a）板内的钢筋；（b）梁内的钢筋；（c）柱内的钢筋。

受力钢筋和箍筋都需经力学计算来确定其级别和直径,尤其受力筋须十分仔细。

3. 钢筋级别和符号

钢筋按其强度和品种分成不同的等级,并用不同的直径符号来表示,见表 13 - 2。

表 13 - 2　钢筋的级别和符号

级别	旧级别	钢牌号	代号	表面状态
HPB235	Ⅰ	Q235(3 号钢)	Φ	光圆
HRB335	Ⅱ	20 锰硅、16 硅钛	Φ	人字纹
HRB400	Ⅲ	25 锰硅、25 硅钛、20 硅钒	Φ	人字纹
RRB400	Ⅳ	45 硅 2 锰钛、40 硅 2 锰钒	Φ	光圆或螺纹

4. 钢筋的弯钩和保护层

为了加强钢筋与混凝土的粘结力,表面光圆的钢筋两端都须做成弯钩,弯钩的形式有半圆弯钩、直角钩、斜弯钩等,如图 13 - 12 所示。

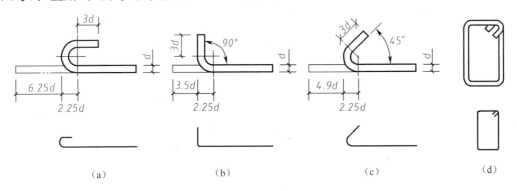

图 13 - 12　钢筋的弯钩形式
(a)半圆弯钩;(b)直角弯钩;(c)斜弯钩;(d)箍筋弯钩。

根据需要,钢筋的实际长度都要比端点长出一些($6.25d$、$3.5d$、$4.9d$),计算钢筋长度时应加计其弯钩的增长数值;表面有凸凹纹的钢筋,一般可不做弯钩;有些构件中,根据受力情况,还将受力钢筋做成弯起式,如图 13 - 13 所示,这时弯起处的弧长比两切线之和短一些,计算钢筋长度时应减去折减数值。为了方便计算,常用钢筋弯钩的增长和折减数值制成表 13 - 3 所示,可以直接查阅使用。

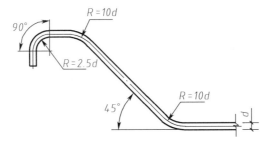

图 13 - 13　钢筋的弯起式弯钩

表 13-3 常用光圆钢筋弯钩增长和弯起折减数值

钢筋直径	弯钩增长/mm			弯起折减/mm	
	半圆形弯钩（180°）	斜弯钩（135°）	直弯钩（90°）	90°弯起	45°弯起
6	38	29	21	6	3
8	50	39	28	9	3
10	63	49	35	11	4
12	75	59	42	13	5
14	88	68	49	15	6
16	100	78	56	17	7
18	113	88	63	19	8
20	125	98	70	21	9
22	138	107	77	24	9
25	156	122	88	27	10
28	175	134	98	30	12

为了防止钢筋受到空气、水、土质影响而生锈腐蚀同时保证钢筋与混凝土的粘结力，钢筋必须全部包裹在混凝土内，并保证钢筋的外边缘与混凝土表面留有一定的厚度，此厚度通常称为保护层。保护层的厚度在结构图中不必标注，但在施工时必须按"规范"执行，"施工规范"规定的保护层厚度见表 13-4。

表 13-4 钢筋保护层施工规范　　　　　　　　　　　　　（mm）

钢筋名称	构件名称及使用环境		保护层厚度
受力筋	墙；板；环形构件	截面厚度≤100	10
		截面厚度>100	15
	梁 和 柱		25
	基础	有垫层	35
		无垫层	70
箍筋	梁和柱		15
分布筋	板和墙		10

13.3.2 钢筋混凝土构件的图示方法及其标注

1. 图示特点

为了清楚地表示构件中的钢筋配置情况，假想混凝土是透明体，用细实线画出构件的外轮廓，用粗单线表示钢筋（用黑圆点表示钢筋的横断面，重叠时用圆圈）。一般不需要三视图，只须画出构件的立面图、断面图、配筋图（也称钢筋结构图）或列出配筋表即可，钢筋一律用简化图例表示，详见表 13-5～表 13-7。

表 13-5 一般钢筋的表示图例

名　　称	图　例	说　明
钢筋横断面	●	
无弯钩的钢筋	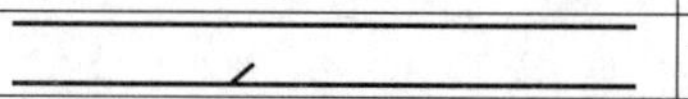	下图表示长短钢筋投影重叠，45°斜线表示短钢筋端部
端部带半圆弯钩的钢筋	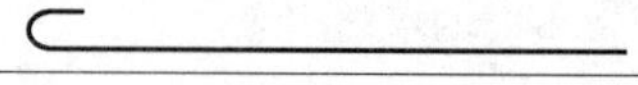	
端部带直角钩的钢筋		

名　称	图　例	说　明
端部带丝扣的钢筋		
无弯钩的钢筋搭接		
带半圆弯钩的钢筋搭接		
带直角钩的钢筋搭接		
钢筋套管接头（花篮螺丝）	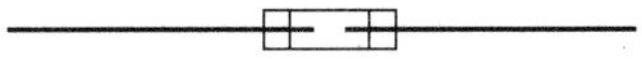	
预应力钢筋		

表 13－6　钢筋画法

名　称	图　例	说　明
平面图中的双层钢筋	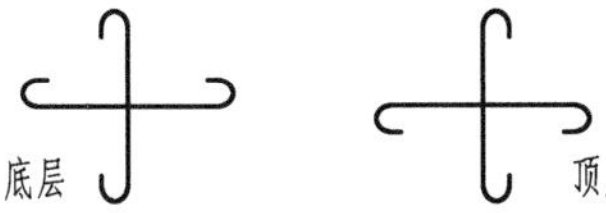 底层　　顶层	底层钢筋弯钩向上或向左顶层钢筋弯钩向下或向右
墙体中的钢筋立面图	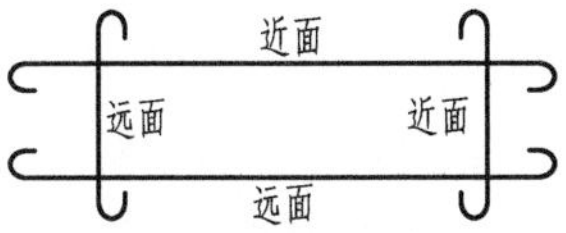 近面　远面　近面　远面	远面钢筋弯钩向上或向左近面钢筋弯钩向下或向右
一般钢筋大样图	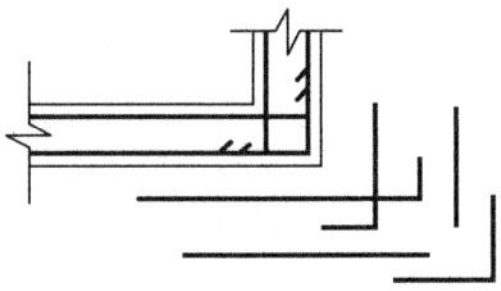	断面图中钢筋重影时在断面图外面增加大样图
箍筋大样图	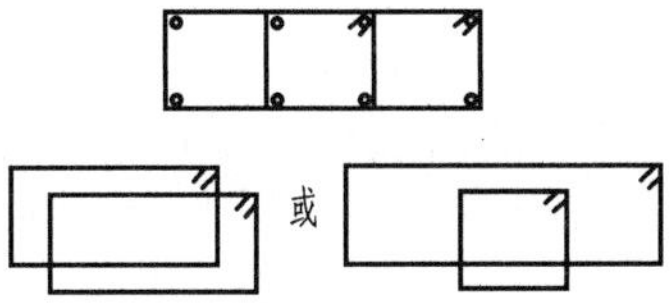 或	箍筋或环筋复杂时须画其大样图
平面图或立面图中布置相同钢筋的起止范围	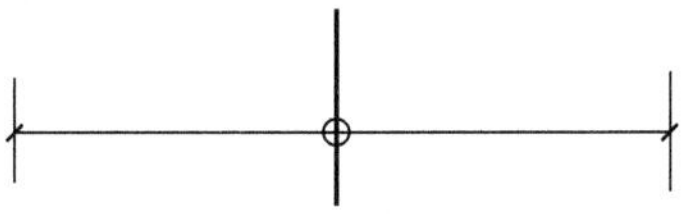	

表 13－7　钢筋焊接的接头图例（GB/T 50105—2010）

名　称	接头形式	标注方法
接触对焊的钢筋接头		
坡口平焊的钢筋接头	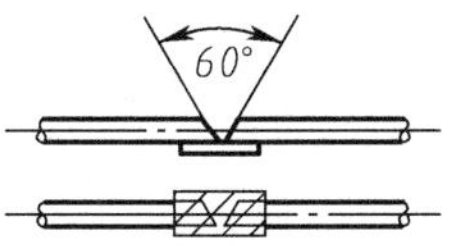 60°	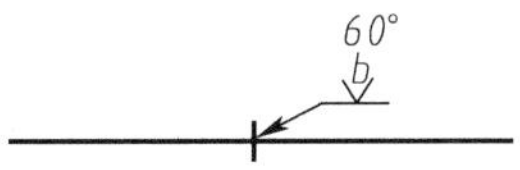 60°
单面焊接的钢筋接头	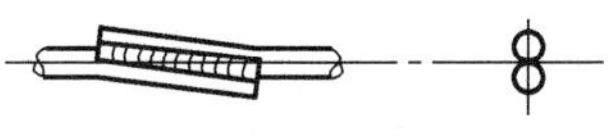	

名称	接头形式	标注方法
双面焊接的钢筋接头		
用帮条单面焊接的钢筋接头		
用帮条双面焊接的钢筋接头		
坡口立焊的钢筋接头		
用角钢或扁钢做连接板焊接的钢筋接头		

（1）立面图和断面图　在立面图和断面图中，用细实线画出构件的外形轮廓，无论哪种钢筋或直径多大，均用单粗线画钢筋（箍筋也可用中粗线），用符号和数字标注各种钢筋的编号、根数、直径（含钢的种类）及布置间距等参数；钢筋横断面用实圆点（直径1mm）表示；立面图与断面图的比例可以相同，也可以不同；有时也允许采用适当夸大画法，适当地掌握好"表达清晰"是绘图的准则。

（2）配筋图（也称钢筋详图）　在配筋图中，用单粗实线画钢筋的简化形状，并注明其符号、直径、根数及各段长度尺寸，以便下料和施工；有时可把钢筋图画成示意简图并排成配筋表附于图中。

对于外形复杂和设有埋件（因为与其他构件连接或安装需要的预埋钢板或螺栓等）的构件，还要画出表示构件外形和预埋件位置的图样，称为模板图（见图12-19(a)）。

（3）钢筋接头的图例　钢筋的接头有多种不同的接法，在图中常用简化标注方法来表达，钢筋焊接的接头图例见表13-7。

2. 钢筋编号和尺寸标注形式

用于不同情况下的标注形式有下列三种：

（1）标注钢筋的根数和直径，如梁、柱内的受力筋和梁内的架立筋，如图13-14(a)所示。

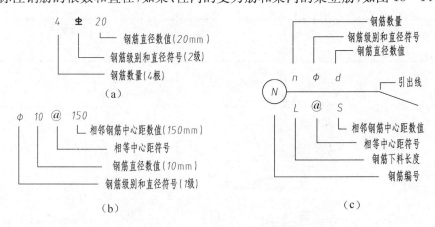

图 13-14　钢筋的标注形式

(2) 标注钢筋的直径和间距,例如梁、柱内的箍筋和板内的各种钢筋,如图 13-14(b) 所示。

(3) 标注钢筋的编号、根数、符号、直径、间距、长度,如图 13-14(c)所示。

其中 N 为编号,圆圈直径为 $6mm$,n 为根数,Φ 为钢筋直径符号,d 为钢筋直径数值,L 为钢筋下料长度,@为相同间距符号,S 为中心距尺寸。n、Φ、d、L、@s 中有时可以缺项。

13.3.3 钢筋混凝土构件详图

1. 钢筋混凝土板结构详图

钢筋混凝土板的结构详图一般采用剖面图表示,如图 13-15(a)、(b)所示;也可采用平面图来表示,如图 13-15(c)、(d)所示。板的配筋形式有分离式和弯起式两种。板内的上部钢筋和下部钢筋是分别单独配置的,称为分离式,如图 13-15(a)、(c)所示;若板内支座附近的上部钢筋是由下部的受力钢筋直接弯起的,则称为弯起式,如图 13-15(b)、(d)所示。

板的配筋图中应当注明钢筋配置情况、板长、板厚和板面结构标高等尺寸。简单的现浇钢筋混凝土板,也可以把受力筋直接画在结构平面图中,板内的分布筋可以不画,而用文字说明。

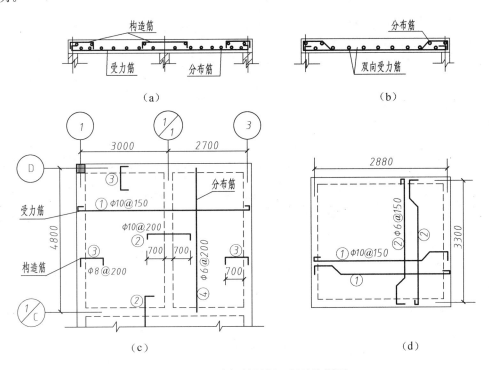

图 13-15 现浇钢筋混凝土板结构详图

2. 钢筋混凝土梁结构详图

图 13-16 是某实验楼中楼面梁(KL1 局部)的构造示意图。该梁两端支在柱子上,且中间还有两个柱子支撑该梁。为了提高室内梁下净空高度和搁置预制楼板需要,把梁的横截面做成花篮梁。从示意图中可以看到梁内的配筋情况,下面为受力钢筋(5ϕ20),中间两根在支座附近按 45°方向弯起,上面的 2ϕ12 为架立筋,两侧面外挑部分也有架立筋(4ϕ8),外挑部分有受力钢筋 ϕ8@200 和均匀布置的箍筋 ϕ8@200 等。

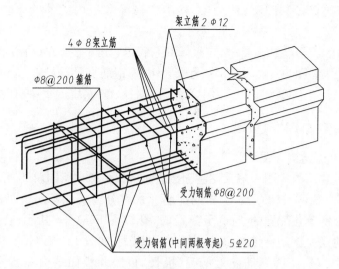

图 13-16 花篮梁的构造示意图

钢筋混凝土梁的结构详图一般用立面图和断面图来表示。如图 13-17 所示,由于该梁左右对称,在梁的立面图的对称中心线上画上对称符号,立面图的一半表示梁的外形,另一半表示梁的配筋。梁的立面图中的箍筋允许只画出一部分。梁截面形状、大小以及不同截面位置的配筋,则用断面图来表示。1—1 为跨中断面图,2—2 为支座断面图。除了详细标注出梁的定形尺寸和钢筋配置以外,还应当标注梁底面或顶面的结构标高。图 13-17 中有四个标高,表示二至四层均有该梁。

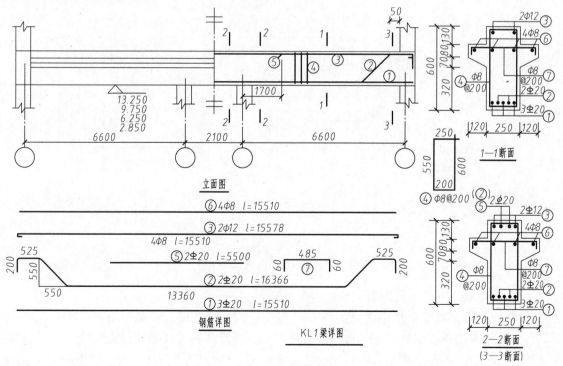

图 13-17 钢筋混凝土梁结构详图

188

3. 钢筋混凝土柱结构详图

（1）简单柱 断面形状为矩形或圆形等截面柱称为简单柱。矩形柱如图 13-18(a)，圆柱如图 13-18(b)所示，简单柱可以不画立面图和模板图，只画断面图即可。

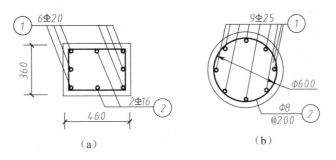

（a）　　　　　　　　　　　（b）

图 13-18　简单柱的表达

（2）复杂柱 复杂柱一般要用模板图、立面图和断面图来表示。如图 13-19 所示，它是某单层厂房中的预制钢筋混凝土柱。该柱分上层柱和下层柱两部分。上层柱顶支承屋架；上、下柱中间凸出部分叫做牛腿，用来支承吊车梁；柱的下端插入杯形基础。为了固定屋架、吊车梁和外墙连续梁等预制构件，在钢筋混凝土柱表面设有预埋件，以便与这些构件焊接。图 13-19画出了该柱的模板图和配筋图。模板图表明了柱的外形、大小以及预埋件的位置和代号等，作为制作和安装埋设预埋件及模板的依据。配筋图主要表示钢筋的配置情况，由立面图和断面图组成，其图示方法与梁基本相同。牛腿部分配件比较复杂，它有两种弯筋⑨和⑩，且

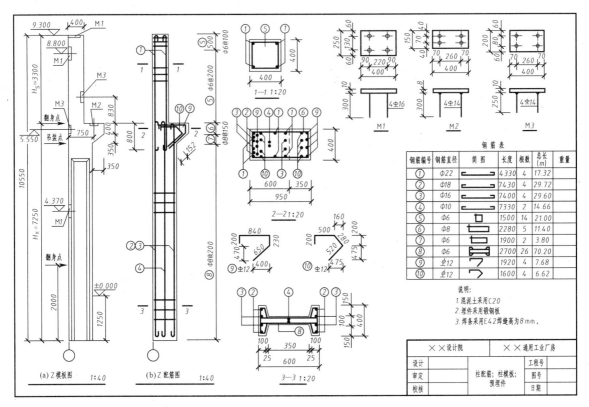

图 13-19　预制钢筋混凝土柱

189

弯曲形状和各段长度如图中所示。牛腿变截面部分的箍筋尺寸要随着截面变化逐个计算。牛腿处还有上、下柱受力钢筋的搭接部分，因而2—2断面图的配筋就比较复杂，钢筋表列出了柱中所用全部钢筋种类及数量。

4. 钢筋混凝土基础详图

基础平面图仅表明了基础的平面布置，但基础各部分的形状、大小、材料、构造以及其埋置深度，在结构布置图中都不清楚，这就需要另外画出基础结构详图。如图 13-20(a)是某实验楼的墙下条形基础，图 13-20(b)为某单层厂房的柱下独立基础的示意图。这两种形式和构造的钢筋混凝土基础，是房屋工程中应用最多的基础形式。条形基础的结构详图通常采用垂直断面图表示。如图 13-21 所示的基础是某实验楼的钢筋基底下面铺设 70 厚的混凝土垫层；条形基础的高度由 250 向两端减低到 150；带半圆形弯钩的横向钢筋(φ10@200)是基础的受力筋，有垫层时基础受力筋保护层为 35(不设垫层时保护层为 70)；受力筋上面均匀分布的黑圆点是纵向分布筋(φ6@250)。基础墙底部两边各放出四分之一砖长，二皮砖厚(包括灰缝厚度)，用以增大承压面积。在室内地坪以下的基础墙中，设有 60 厚防水混凝土防潮层，内配纵向钢筋(3φ8)和横向分布钢筋(φ4@300)，以防止地下水渗入下部墙体。图中标注出基础各部分的详细尺寸及室内地面和垫层底面的标高。

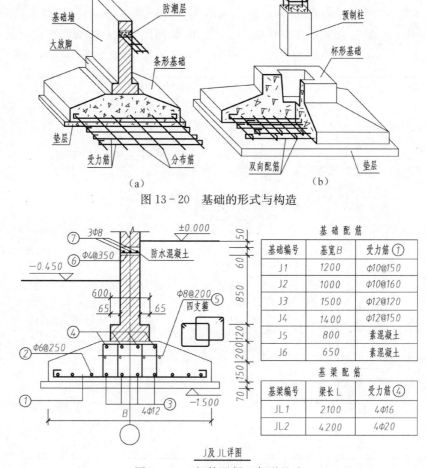

图 13-20　基础的形式与构造

图 13-21　钢筋混凝土条形基础

独立基础的结构详图可由垂直剖面图和平面图来表达,如图13-22所示。剖面图表示了杯形基础和杯口的形状及基础板内的配筋($\phi12@150$ 和 $\phi10@200$),下面铺设 100mm 厚的混凝土垫层。平面图主要表示基础的平面形状,为了更明显地表示基础板内双向网状配筋情况,在平面图中的一角处用局部剖面图来表示。图中标注基础各部分的详细尺寸和基础中心线与定位轴线之间的尺寸以及基础垫层底面的标高。

当独立基础底板的边长大于或等于 3m 时,为了节省钢筋,允许把钢筋长度按 0.9 倍边长进行交叉排列,如图13-22所示。

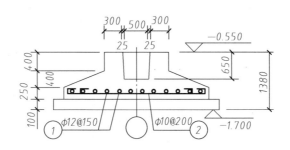

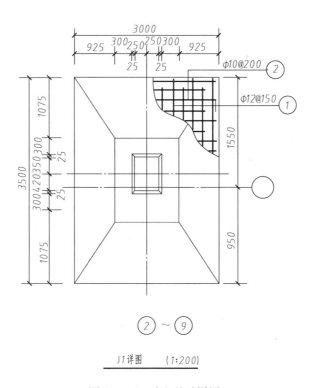

J1详图   (1:200)

图 13-22　独立基础详图

除了钢筋混凝土板、梁、柱、基础以外,楼梯也常采用钢筋混凝土结构。楼梯一般由楼梯梁、楼梯板和楼梯平台组成,其图示方法和要求分别与梁和板相同。图13-23是实验楼的楼梯结构详图(只画出了局部)。

上述诸图只是典型的结构图示例,一座房屋的全部结构图样及有关资料远远多于以上例子,请读者在掌握本章典型例子的基础上,再阅读全套工程图样,以提高绘图和读图能力。

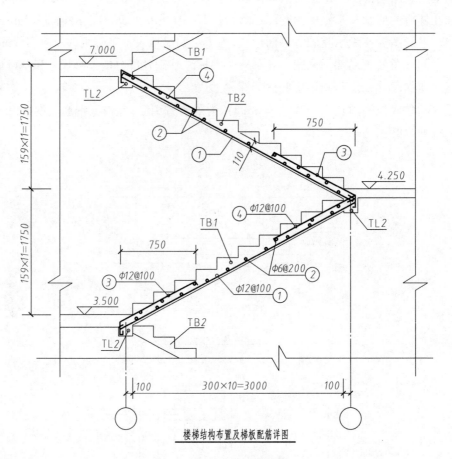

楼梯结构布置及梯板配筋详图

图 13-23 楼梯结构详图

13.4 钢结构图

13.4.1 钢结构的基本知识

钢结构是由各种型钢和钢板连接而成的承重构件。钢结构的应用越来越广泛。常见的钢结构构件有屋架、檩条、支撑、梁、柱以及正在迅速推广应用的薄板屋面和组合墙体等。除此以外，塔架、网架、悬索、桥梁以及高耸的塔桅等大型结构也都优先选用钢结构。

13.4.2 型钢及其连接

钢结构的钢材是由轧钢厂按"国标"规定轧制成各种规格的定型钢材,通常称为型钢。几种常用型钢的类别及其标注方法见表 13-8。

钢结构的构件连接通常采用焊接和螺栓连接;其次是铆接,铆接在桥梁建设工程中用得很多,但是在房屋建筑中用得很少。

表 13-8 常用型钢及其标注

名　称	立体示意图	截面代号	标注方法	示　例
等边角钢	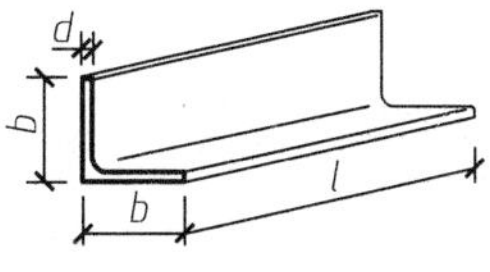	∟	∟ $\dfrac{Lb×d}{l}$	$\dfrac{L50×5}{2000}$
不等边角钢	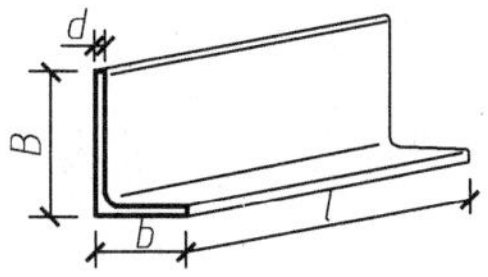	∟	∟ $\dfrac{LB×b×d}{l}$	$\dfrac{L90×56×6}{2000}$
槽钢	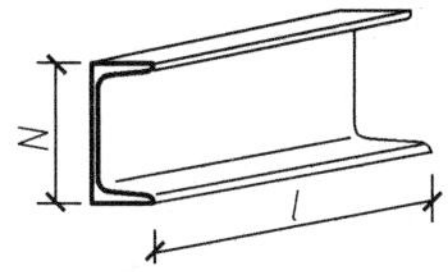	匚	匚 $\dfrac{[N}{l}$　轻型时加"Q"	$\dfrac{[100}{2000}$
工了钢	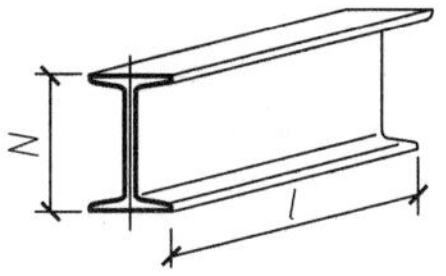	I	I $\dfrac{I N}{l}$　轻型时加"Q"	$\dfrac{I100}{2000}$
扁钢	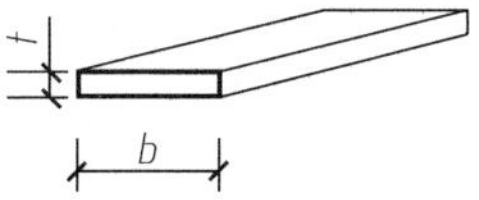	—	$\dfrac{-b×f}{l}$	$\dfrac{-50×6}{2000}$
钢板	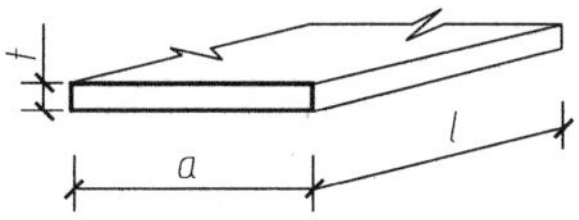	—	$\dfrac{-f(或-f×a×l)}{l}$	$\dfrac{-8}{或}$ $-8×580×960$
钢管	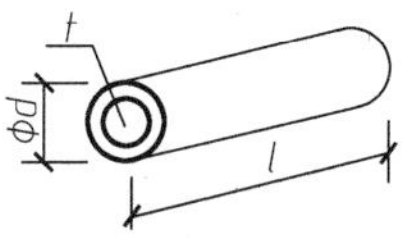	◎	◎ $\dfrac{\phi d×t}{l}$	$\dfrac{\phi60×5}{2000}$

1. 焊接及焊缝代号

焊接是目前钢结构中最主要的连接方法。由于设计时对焊接有不同的要求,于是产生了不同的焊缝形式。在焊接的钢结构图中必须把焊缝的位置、形式、尺寸等标注清楚;而且必须按"国标"规定用"焊缝代号"进行标注。焊缝代号主要由图形符号、补充符号和引出线等部分组成,如图 13-24 所示。图形符号表示焊缝断面的基本形式,补充符号表示焊缝某些特征的辅助要求。标注符号的引出线由基准线和箭头线组成,基准线一般画为水平,箭头指向焊缝处,箭头画在基准线的左端或右端,可向上指引也可向下指引,必要时允许箭头线转折一次。

建筑工程中常用焊缝的几种图形符号及其补充符号见表 13-9。

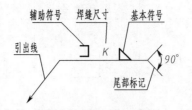

图 13-24 焊缝代号

当焊缝分布不规则时,标注焊缝代号的同时,还可在焊缝处加粗线表示可见焊缝,如图 13-25(a)所示;加细栅线表示不可见焊缝,如图 13-25(b)所示。

表 13-9 常用焊缝形符(部分)

基 本 符 号			辅 助 符 号			
焊缝名称	焊缝形式	符号	名称	形式	符号	说明
Ⅰ型焊缝		‖	平面符号		—	要求焊缝表面平齐
V型焊缝		V	三边焊符号		⊏	要求三边焊,符号的开口方向与焊缝实际方向基本一致
角焊缝		△	周围焊符号		○	焊缝首尾相连
单喇叭焊缝		⌐	带垫板焊符号		▭	在焊缝背面加垫板并焊为一体
双喇叭焊缝		⌣	现场焊符号		⚑	在现场或工地上进行焊接

194

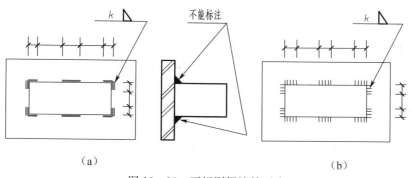

图 13-25 不规则焊缝的画法

2. 螺栓连接及其图例

螺栓连接主要用于钢结构的安装和拼接部位的连接以及为了可拆装的结构中,它的优点是拆卸和安装操作简便。螺栓连接件是由螺栓、螺母和垫圈组成。由于钢结构图的比例较小,故可用简化的图例来表示它们,例如表 13-10 所示。

表 13-10　螺栓、螺孔及电焊铆钉图例(GB/T 50105—2010)

名　称	图　例		名　称	图　例	
永久螺栓			圆形螺栓孔		
高强螺栓			长圆形螺栓孔		
安装螺栓			电焊铆钉		
注:细"+"线表示定位线,螺栓、螺孔及电焊铆钉必须标注直经					

13.4.3　尺寸标注

钢结构的杆件加工和安装连接要求都比较高,标注尺寸时应做到准确、完整、清晰、合理。标注实例见图 13-26(梭形屋架)和图 13-27(平板网架)。

13.4.4　轻型钢结构图实例

建造较大跨度的房屋时,其屋盖结构通常采用钢结构。最常用的钢屋盖有三角形屋架、梯形屋架、梭形屋架、平板网架、异形网架、门形刚架及其配用的檩条、支撑等。

1. 钢屋架图

钢屋架图的主要内容包括屋架简图、屋架立面图、节点详图、杆件详图、连接板详图、预埋件详图以及材料表等。现以图13-26所示的梭形钢屋架说明如下：

（1）屋架简图　屋架简图又名屋架示意图，用单线绘制，图中必须注明屋架跨度和高度。简图中的各线表示屋架各杆件的轴线位置及其计算长度，同时它也表达了屋架的结构形式。在屋架简图的左半部，沿着杆件方向直接注出杆件轴线的几何尺寸；在右半部标注各杆间的内力数据，单位为kN，前面加"－"号者表示受压力，加"＋"号者表示受拉力，"＋"可以省略。

（2）屋架详图　钢屋架详图以立面图为主，围绕立面图分别画出端部局部视图、各连接板、垫板、肋板及节点详图等。由于杆件断面尺寸较小，为表达清晰，通常采用两种不同的比例，即沿各杆件轴线方向用较小的比例（如1：25），杆件横断方向及节点则采用较大比例（如1：10）。钢屋架的各个零件（杆件）应按一定顺序编号，各零件的定位和定形尺寸也必须标注完整清晰，还应注明连接焊缝代号和螺孔等必要参数。材料表按零件序号编制，各零件的规格尺寸、长度、数量、重量等都必须注明，它是制作钢屋架时备料的依据。

由于图13-26所示钢屋架完全对称，所以只须画出一半，它的上弦为 $100 \times 100 \times 8$ 的等边角钢，下弦杆为 $\phi25$ 的圆钢，腹杆均为 $\phi22$ 的圆钢，其次还用到 $\phi6$ 圆钢和10mm厚的钢板。该屋架有4类节点，均须画出节点详图，本图中有多种焊缝，除图中标注者外，其余的在文字说明中一并注明。本图的材料表略。

2. 平板网架

网架适应用于大跨度公共建筑（大会堂、体育馆、展览厅等）的屋盖结构。它是由许多杆件按照一定规律组成的空间网状结构。网架结构的各杆件之间互相支撑，它的整体性强、稳定性好、空间刚度大，自重轻，用钢量省，是一种良好的抗震结构，尤其是对于大跨度建筑具有显著的优越性。

网架结构按外形可分为平板型网架和曲面型网壳，有单层的和双层的。平板型网架都是双层的，曲面网壳有单层、双层、单曲、双曲等各种形状。

近年来我国平板形网架发展很快，应用越来越广泛。图13-27是平板网架的一种常用结构形式，称为斜放四角锥网架。这种网架的上弦平面为斜放的方形网格，下弦平面图为正放的方形网格，用倾斜的腹杆连接上、下弦网格的交点，形成一个个斜放的倒四棱锥体，如图13-27中网架空间示意图所示。

网架结构图一般由网架结构的平面布置图、剖面图和节点详图来表示。为使结构布置图和结构剖面图简单明了，可以采用规定图例及编号来分别表示上弦杆、下弦杆、腹杆和上弦节点、下弦节点。由于该网架结构具有对称性，故在结构布置图中以对称轴线为界分别表示网架平面图（左上）、上弦杆（右上）、下弦杆（右下）和腹杆（左下）的平面布置图，并注明杆件代号。杆件都采用圆管，在杆件材料表中填注各杆件的截面尺寸。在网架平面图中上弦节点处用数字表示上弦球节点上焊接钢管支托的高度尺寸。由于支托高度的变化形成屋面排水坡度。图中画出了三类节点的详图。节点采用空心球焊接，在焊接球的焊缝处内侧焊4mm厚的加劲环，用来增强球体的刚度。杆件圆管与空心球外表面用周围焊缝焊接。支座节点底板上焊有竖向钢管，并设有4块加劲板，用来支撑支座节点荷载。

196

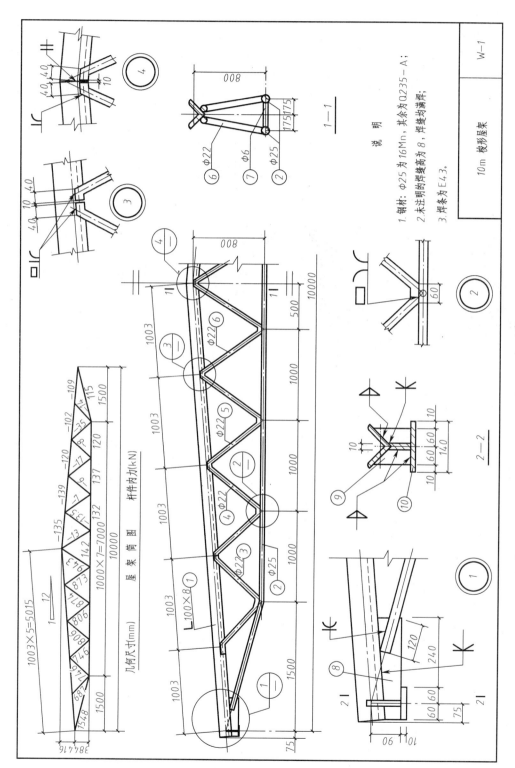

图 13-26 钢结构图之一：轻型钢屋架

197

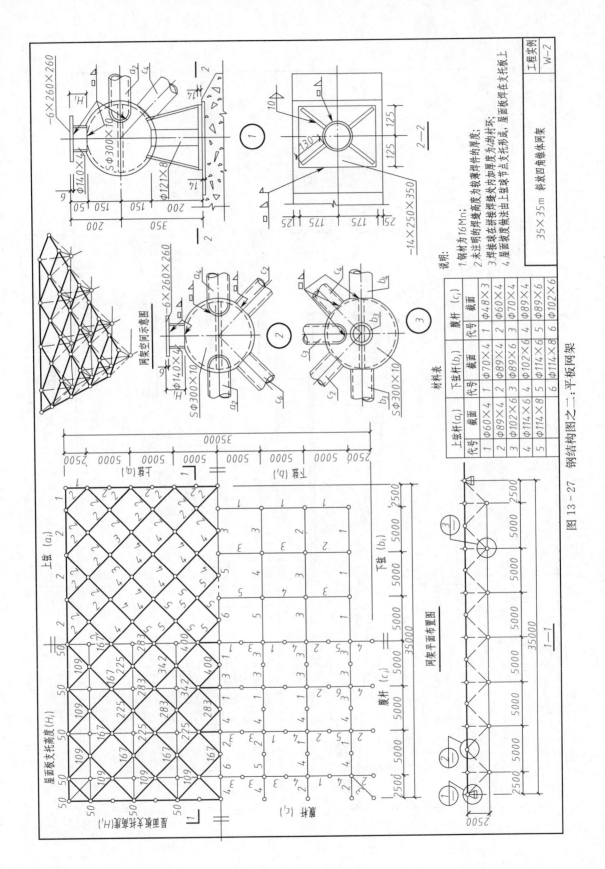

图 13-27　钢结构图图之二：平板网架

13.5 钢筋混凝土结构施工图平面整体表示方法

13.5.1 钢筋混凝土结构施工图平面整体表示法的有关知识

结构布置图主要表示结构构件的位置、数量、型号及相互关系,而对于每一种结构构件的形状、尺寸、配筋等是通过结构详图来描述的。传统的表达方法是将构件从结构平面布置图中索引出来,再逐个绘制配筋详图。这种把平面布置图与配筋图分开的做法,不仅绘图繁琐工作量大,而且对照读图时比较困难,不便于设计和施工。

钢筋混凝土结构施工图平面整体表示方法是把结构构件的尺寸和配筋等,按照相应制图规则,整体直接表达在各类构件的结构平面布置图上,再与标准构造详图相配合,即构成一套新型完整的结构设计图。

钢筋混凝土结构施工图平面整体表示方法简称平法。

2003 年建设部批准了由中国建筑设计研究院编制的《混凝土结构施工图平面整体表示方法制图规则和构造详图》为国家建筑标准设计图集,并开始在全国范围内推行建筑结构施工图平面整体设计方法。下面根据标准图集 03 G101 仅对柱和梁的平法施工图的制图规则作简要介绍,其他构件的平法制图规则请参阅相应的标准图集。

13.5.2 柱平法施工图制图规则

1. 柱平法施工图的表示方法

柱平法施工图是在平面布置图上采用列表注写方式或截面注写方式表达。绘制柱平面布置图,可采用适当比例单独绘制,也可与剪力墙平面布置图合并绘制。

2. 列表注写方式

列表注写方式,是在柱平面布置图上,分别在同一编号的柱中选择一个(有时需要选择几个)截面标注几何参数代号;在柱表中注写柱号、柱段起止标高、几何尺寸(包括柱截面对轴线的编心情况)与配筋的具体数值,并配以各种柱截面形状及其箍筋类型图的方式,来表达柱平法施工图,图 13-28 为柱平法施工图列表注写方式示例。

柱表中注写的内容如下:

(1)注写柱编号,柱编号由类型代号和序号组成,例如 KZ1 表示为第 1 号框架柱,LZ3 为第 3 号梁上柱。

(2)注写各段柱的起止标高。

(3)对于矩形柱,注写柱截面尺寸 $b \times H$ 及与轴线关系的几何参数代号 b_1、b_2 和 H_1、H_2。的具体数值,须对应于各段柱分别注写。其中 $b = b_1 + b_2$,$H = H_1 + H_2$。当截面的某一边收缩变化至与轴线重合或偏到轴线的另一侧时,b_1、b_2 和 H_1、H_2 中的某项为零或为负值;对于圆柱,表中 $b \times H$ 一栏改用在圆柱直径数字前加 d 表示。

为表达简单,圆柱截面与轴线的关系也用 b_1、b_2 和 H_1、H_2 表示,并使 $d = b_1 + b_2 = H_1 + H_2$。

(4)注写柱纵筋,当柱纵筋直径相同,各边根数也相同时,将纵筋注写在"全部纵筋"一栏中;除此之外柱纵筋分角筋、截面 b 边中部筋和 H 边中部筋三项分别注写(对于采用对称配筋的矩形截面柱,可仅注写一侧中部筋,对称边省略不注)。

(5)注写箍筋类型号及箍筋肢数。各种箍筋类型图以及箍筋复合的具体方式须画在表的

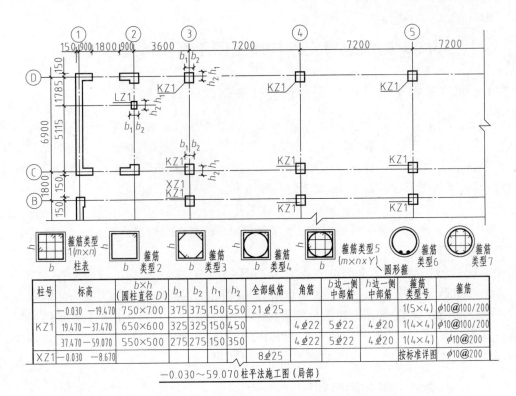

图 13-28　柱平法施工图列表注写方式示例

柱号	标高	$b \times h$（圆柱直径 D）	b_1	b_2	h_1	h_2	全部纵筋	角筋	b边一侧中部筋	h边一侧中部筋	箍筋类型号	箍筋
KZ1	−0.030 −19.470	750×700	375	375	150	550	21ϕ25				1(5×4)	ϕ10@100/200
	19.470−37.470	650×600	325	325	150	450		4ϕ22	5ϕ22	4ϕ20	1(4×4)	ϕ10@100/200
	37.470−59.070	550×500	275	275	150	350		4ϕ22	5ϕ22	4ϕ20	1(4×4)	ϕ10@200
XZ1	−0.030 −8.670						8ϕ25				按标准详图	ϕ10@200

−0.030~59.070柱平法施工图（局部）

上部或图中的适当位置,并在其上标注与表中相对应的 b、H 和类型号。

（6）注写柱箍筋,包括钢筋级别、直径与间距。当为抗震设计时,用斜线"/"区分柱端箍筋加密区与柱身非加密区长度范围内箍筋的不同间距;当箍筋沿柱全高为一种间距时,则不使用"/"线;当圆柱采用螺旋箍筋时,在箍筋前加"L"。

当为非抗震设计时,在柱纵筋搭接长度范围内的箍筋加密,应由设计者另行加以注明。

3. 截面注写方式

截面注写方式是在柱平面布置图上,每一种编号的柱选择一个截面位置,在原位放大绘制该柱截面配筋图。在各截面图上必须注写相应的柱编号、截面尺寸 $b \times H$、角筋或全部纵筋、箍筋的具体数值,以及柱截面与轴线关系 b_1、b_2、H_1、H_2 的具体尺寸。当纵筋采用两种直径时,须再注写截面各边中部筋的具体数值。图 13-29 为柱平法施工图截面注写方式示例。

13.5.3　梁平法施工图制图规则

1. 梁平法施工图的表示方法

梁平法施工图是在梁平面布置图上采用平面注写方式或截面注写方式表达。梁平面布置图应分别按梁的不同结构层将全部梁和与其相关联的柱、板一起按适当比例进行绘制。

绘制梁平面布置图除了需表达图形外,还应注明各结构层的顶面标高及相应的结构层号。

2. 平面注写方式

平面注写方式是在梁平面布置图上,每一种梁都应注写梁编号,并且每种梁各选一根,详细注写截面尺寸和配筋数值。

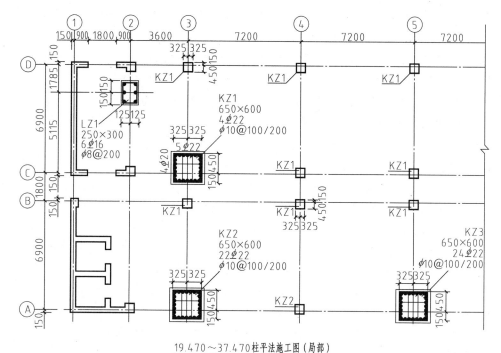

19.470～37.470柱平法施工图（局部）

图 13-29　柱平法施工图截面注写方式示例

平面注写包括集中标注与原位标注，集中标注表达梁的通用数值，原位标注表达梁的特殊数值。当集中标注中的某项数值不适用于梁的某部位时，则将该项数值原位标注，施工时，原位标注取值优先。图上集中标注可以从梁的任意一跨引出注写，原位标注则应在梁的相应位置注写。图 13-30 为梁平法施工图平面注写方式示例。

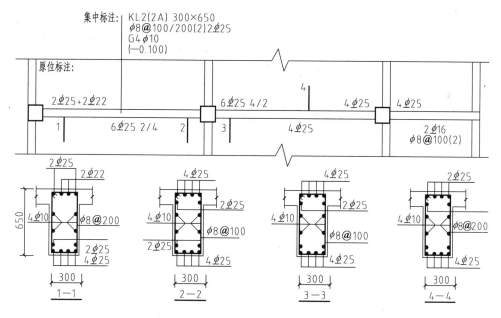

图 13-30　梁平法施工图平面注写方式示例

注:本图四个梁截面系采用传统表示方法绘制,用于对比按平面注写方式表达的同样内容。

实际采用平面注写方式表达时,不需绘制梁截面配筋图和图中相应的截面符号。

(1) 梁集中标注的规定(包括五项必注值及一项选注值):

① 梁编号为必注值,梁编号由梁类型代号、序号、跨数及有无悬挑代号几项组成。例如:KL7(5A)表示第 7 号框架梁,5 跨,一端有悬挑;L3(4B)表示第 3 号非框架梁,4 跨,两端有悬挑。A 表示一端有悬挑,B 表示两端有悬挑。

② 梁截面尺寸为必注值,当为等截面梁时,用 $b \times H$ 表示。

③ 梁箍筋为必注值,包括钢筋级别、直径、加密区与非加密区间距及肢数。加密区与非加密区的不同间距用斜线"/"分隔,肢数写在括号内。例如:$\phi 10 - 100/200(4)$,表示箍筋为 I 级钢筋,钢筋 $\phi 10$,加密区间距为 100,非加密区间距为 200,均为四肢箍。

④ 梁上部通长筋或架立筋根数,该项为必注值。所注根数应根据结构受力要求及箍筋肢数等构造要求而定。当同排纵筋中既有通长筋又有架立筋时,应用加号"+"将通长筋和架立筋相联。注写时须将角部纵筋写在加号的前面,架立筋写在加号后面的括号内,以示不同直径及与通长筋的区别。

当全部采用架立筋时,则将其写入括号内。例如 $2\phi22$ 用于双肢箍;$2\Phi22 + (4\phi12)$ 用于六肢箍,其中 $2\Phi22$ 为通长筋,$4\Phi12$ 为架立筋。

当梁的上部纵筋和下部纵筋均为通长筋,且多数跨配筋相同时,此项可加注下部纵筋的配筋值,用分号";"将上部与下部纵筋的配筋值分隔开来。例如 $3\Phi22$;$3\Phi20$ 表示梁的上部配置 $3\Phi22$ 的通长筋,梁的下部配置 $3\Phi20$ 的通长筋。

⑤ 梁侧面纵向构造钢筋或受扭钢筋配置为必注值。纵向构造钢筋前加注字母"G",受扭钢筋前加注字母"N",然后注写设置在梁两个侧面的总配筋值,且对称配置。例如 $G4\phi12$,表示梁的两侧面共配置 $4\phi12$ 的纵向构造钢筋,每侧面各 $2\phi12$。

⑥ 梁顶面标高高差为选注值。梁顶面标高高差,是指相对于结构层楼面标高的高差值。有高差时将其写入括号内,无高差时不注。当某梁的顶面高于所在结构层的楼面标高时,其标高高差为正值,反之为负值。

(2) 梁原位标注的内容规定如下:

① 梁支座上部纵筋,该部位含通长筋在内的所有纵筋。

当上部纵筋多于一排时,用斜线"/"将各排纵筋自上而下分开。例如梁支座上部纵筋注写为 $6\Phi25$ 4/2,则表示上一排纵筋为 $4\Phi25$,下一排纵筋为 $2\Phi25$。

当同排纵筋有两种直径时,用加号"+"将两种直径的纵筋相联,注写时将角部纵筋写在前面。例如:梁支座上部有四根纵筋,$2\Phi25$ 放在角部,$2\Phi22$ 放在中部,在梁支座上部应注写为 $2\Phi25 + 2\Phi22$。

当梁中间支座两边的上部纵筋不同时,须在支座两边分别标注,当梁中间支座两边的上部纵筋相同时,可仅在支座的一边标注配筋值,另一边省去不注。

② 梁下部纵筋。当下部纵筋多于一排时,用斜线"/"将各排纵筋自上而下分开。例如梁下部纵筋注写为 $6\Phi25$ 2/4,则表示上一排纵筋为 $2\Phi25$,下一排纵筋为 $4\Phi25$,全部伸入支座。

当同排纵筋有两种直径时,用加号"+"将两种直径的纵筋相联,注写时角筋写在前面。当梁下部纵筋不全部伸入支座时,将梁支座下部纵筋减少的数量写在括号内。例如梁下部纵筋注写为 $6\Phi25$ 2(-2)/4,则表示上排纵筋为 $2\Phi25$,且不伸入支座,下一排纵筋为 $4\Phi25$,全部伸入支座。梁下部纵筋注写为 2Φ25＋3Φ22(－3)/5Φ25，则表示上排纵筋为 2Φ25 和 3Φ22,其中 3Φ22 不伸入支座,下一排纵筋为 5Φ25,全部伸入支座。

③ 侧面纵向构造钢筋或侧面抗扭纵筋。例如在梁某跨下部注写有 N6Φ18 时,则表示该跨梁两侧各有 3Φ18 的抗扭纵筋。

④ 附加箍筋或吊筋,将其直接画在平面图中的主梁上,用线引注总配筋值(附加箍筋的肢数注写在括号内),当多数附加箍筋或吊筋相同时,可在梁平法施工图上统一注明,少数与统一注明值不同时,再原位引注。

附加箍筋或吊筋的几何尺寸应按照标准构造详图,结合其所在位置的主梁和次梁的截面尺寸而定。

⑤ 当在梁上集中标注的内容不适用于某跨或某悬挑部分时,则将其不同数值原位标注在该跨或该悬挑部分。

3. 截面注写方式

截面注写方式是在梁平面布置图上对所有梁按规定进行编号,从每种编号的梁中各选一根,先将"单边剖面符号"画在该梁上,再引出绘制相应的截面配筋图,并在其上注出截面尺寸和配筋具体数值。截面注写方式既可以单独使用,也可与平面注写方式结合起来使用。在截面配筋详图上注写截面尺寸 $b \times H$、上部筋、下部筋、侧面筋和箍筋的具体数值时,其表达形式与平面注写方式相同。图 13－31 为梁平法施工图截面注写方式示例。

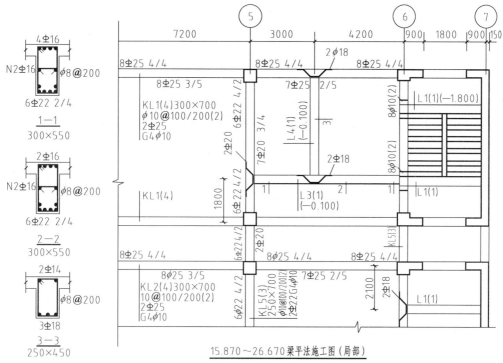

图 13－31　梁平法施工图截面注写方式示例

从上面制图规则和举例可以看出,平法实际上是在传统图示方法的基础上进行的一种简化标注形式,设计人员必须按照特定的制图规则绘图和标注,施工人员也必须按照相应的制图规则阅读。由于减掉了一些图样,对于设计者而言可以减少绘图工作量,而对于看图者来说也就要有更高的要求,一方面要熟悉平法这套简化规则,另一方面还要与相应的标准详图对照阅读,才能够真正理解清楚。

第14章　水暖设备施工图

水是人类社会生活和生产必不可少重要资源,而给水排水工程是城市建设的重要基础设施之一。通过这些设施向水源取水经自来水厂将水净化处理,再由管道和输配水系统将净水送达用水地点。经生活和生产使用后形成污水或废水,由排泄工具通入室外污水井,再由污水管道系统流向污水处理厂,经处理后返回至各种水体中去,因此,给水排水工程是水资源的社会循环系统工程。采暖是寒冷地区人们生活的需要。本章主要介绍给水排水工程图,其次介绍室内采暖工程图。

14.1　概　述

14.1.1　给水排水工程图的内容

给水排水工程通常包括给水工程和排水工程两个方面。

给水排水工程的设计图样,按其工程内容的性质可分为下列三类图样。

1. 室内给水排水工程图

室内给水排水工程图,是表达一幢建筑物内需要用水的房间(厨房、厕所、浴室、实验室、锅炉房等)管道布置情况及卫生设备的安装情况。此类设计图样一般画有管道平面布置图、管路系统轴测图、卫生设备或用水设备等安装详图。

2. 室外管道及附属设备图

主要表示敷设在室外地下的各种管道的平面及高程布置。此类设计图样一般包括室外管网平面布置图、小区(或城市)管网平面布置图、管道纵剖面图,此外尚有管道上附属设备如泵站、消火栓、闸门井、排放口等设计图样。

3. 净水构筑物工艺图

主要指自来水厂和污水处理厂的设计图样。例如给水厂、污水处理厂的各种水处理设备及构筑物,如沉淀池、过滤池、消化池等全套图样。

14.1.2　给水排水工程图的图示特点

1. 大量采用图例

在整个给水排水工艺流程中,除了净水构筑物的结构由土建人员来设计和施工外,其他的供水、排水的器具、仪表、管道、阀门、水泵等绝大部分都是工业部门的定型系列产品,一般均有标准规格,极少需要设计施工人员自己加工制造,一般只须按需要情况选用相应的规格产品即可。给水排水工程图常采用1∶50或1∶100的比例,而常用卫生设备的形体又不很大,故无需详尽表达他们的形体,只需在满足设计者的布置和施工人员的阅读要求下达到图面清晰,仅按器具的外形尺寸,画出其象形轮廓的示意性图例即可。

除了第10章里介绍的常用图例之外,本章再从制图标准中选择一部分最常用的图例列于表14-1中,供绘制水暖工程图时使用。工程设计中不够用时则须查有关标准或规范。特殊情况下,标准中没有合适的图例时,则可自行拟设图例。由于自拟图例符号不会完全统一,因此无论是否完全采用标准图例,仍须在图样中附上图例,以免看图时引起误解。

表14-1 水暖工程图常用图例(小部分)(GB/T 50106—2010)

名　称	图　例	名　称	图　例
循环给水管	 —— XJ ——	放水龙头	 平面　系统
热媒回水管	 —— RMH ——	浮球阀	 平面　系统
多孔管		压力表	
波纹管	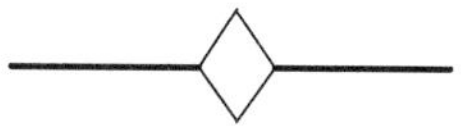	开水器	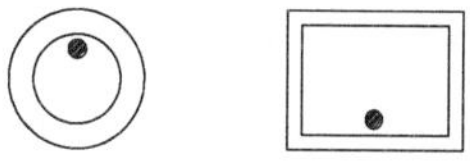
活接头		台式洗面盆	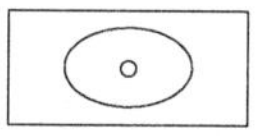
套管伸缩器	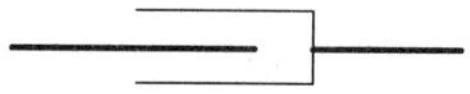	水泵	 平面　系统
异径管	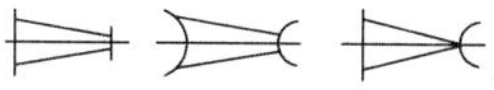	管道固定支架	
偏心异径管	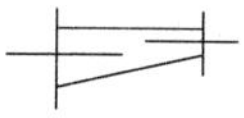	小便槽	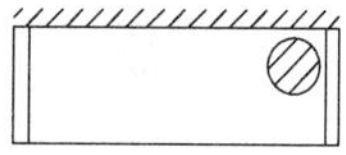
弯头		蹲式大便器	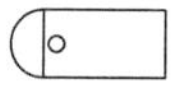
正三通	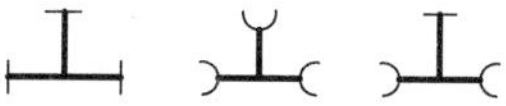	浴盆	
正四通		立管检查口	
存水弯		通气帽	 成品　铅丝球

2. 管道图的画法

由于管道的横断面尺寸比其长度尺寸小得多,所以在小比例的图样中,常采用单线画法和双线画法两种特殊画法,如图14-1所示。

(1)单线管道图　各种室内外管道尺寸都是细而长的,且在空间的转折和分叉也较多,因

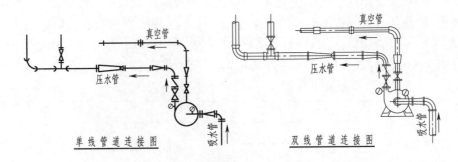

图 14-1 管道连接画法

此当采用较小的比例画图时,无法按比例画出管道直径的粗细,而只能画出其延伸长度,由于管道形体简单,所以除了管道的长度按比例画图外,管径不论大小都可以在管道的轴线位置,以单粗实线来表示管道的布置和走向,且在管道旁再标注公称管径(DN×××),这样既可满足施工要求,又可使图样更为简单明了和清晰适用。当在同一图样中,画有各种不同性质和系统的管道时,为区别和不致混淆,可在管道中间注上相应代号或用不同的线型来表示各种系统的管道,详见表 14-1。

(2)双线管道图   在给水排水工程工艺设计图中,如各种泵站、快滤池中的管廊,曝气池中的压缩空气管及其他各种水处理构筑物等均具有较多的大型管道,这些管道的管径一般较大,整个管道系统的形体较大和构造复杂,并占有较大的空间,显然用单线管道图是不能表达清楚的,为了充分显示管道系统的设计和布置,必须对其形体画出其正投影视图,管道图一般用双线绘制。

14.2   室内给水排水工程图

室内给水排水工程图是指居住房屋内部的厨房和盥洗室等卫生设备图样,以及工矿企业车间内生产用水装置的工程设计图,它主要显示了这些用水器具的安装位置及其管道布置情况,一般由平面布置图、管系轴测图、安装详图、户外管道总平面图等配套组成。

14.2.1   室内给水工程图

1. 平面布置图

在房屋内部凡需要用水的房间均需要配置卫生设备和给水器具。平面布置图主要表明用水设备的类型、位置,给水各干管、支管、立管、横管的平面位置,各管道配件的平面布置等。平面布置图的内容如下:

(1)底层平面图   为充分显示房屋建筑与室内给水排水设备间的布置和关系,又由于室内管道与户外管道相连,所以底层卫生设备平面布置图视具体情况和要求而定,最好单独画出一个整幢房屋的完整平面图,但在本书中限于教材篇幅,在图中仅画出了厕所及盥洗室范围内的平面图,只画出与其相连的一小部分,并画折断线将其余各房间予以断开,如图 14-2 左图所示。

(2)楼层平面图   其余各个楼层只需画出与用水设备和管道布置有关的房屋平面图即可,不必将整个楼层全部画出。若楼层的盥洗用房和卫生设备及管道布置完全相同时,只需画出一个相同楼层的平面布置图,但在图中必须注明各楼层的层次和标高,如图 14-2 右图所示。

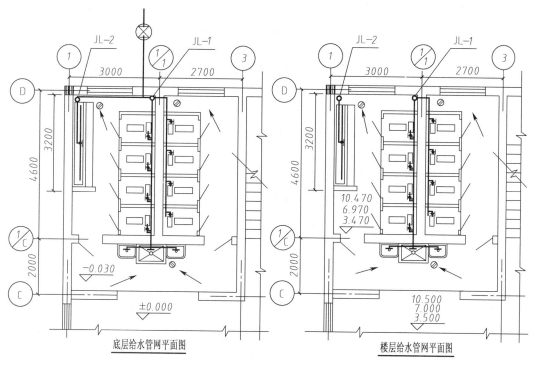

图 14-2　室内给水管网平面图

（3）屋顶平面图　当屋顶设有水箱及管道布置时,可单独画局部屋顶平面图来表达。但如管道布置不太复杂,顶层平面布置图中又有空余图面,与其他设施及管道又不致混淆时,则可在最高楼层的平面布置图中,用双点划线画出水箱的位置;当屋顶无用水设备时则不必画屋顶平面图。

（4）尺寸标注　为使土建施工与管道设备的安装能互为核实,在各层的平面布置图上,均需标明墙、柱的定位轴线,并在轴线间标注间距尺寸。

2. 平面布置图的画法

（1）画出用水房间的平面图,一般采用 1∶50 或 1∶25 局部放大,墙身和门窗等构造,一律画成宽度为 0.35b 的细实线（b 为粗实线宽度）。

（2）画出卫生设备的平面布置图,各种卫生器具和配水设备,均可用宽度为 0.5b 的图线,按比例画出其平面图形的轮廓,不必画其详细形体。各种标准的卫生器具也不必标注其外形尺寸,如有施工和安装上的需要,可标注出其定位尺寸。

（3）画出管道的平面布置图,管道是室内管网平面布置图的主要内容,通常用单粗实线表示。底层平面布置图应画出引入管、下行上给式的水平干管、立管、支管和配水龙头,每层卫生设备平面布置图中的管路,是以连接该层卫生设备的管路为准,而不是以楼地面作为分界线,因此凡是连接某楼层卫生设备的管路,虽然有的安装在楼板上面或者下面,但都属于该楼层的管道,所以都要画在该楼层的平面布置图中,且不论管道投影的可见性如何,都按该管道系统的线型绘制,且管道线仅表示其安装位置,并不表示其具体平面位置尺寸（如与墙面的距离等）。

3. 管道系统轴测图

为了清楚地表示给水排水管的空间布置情况,室内给水排水工程图中,除平面布置图外还应配画立体图,通常画成正面斜等测系统轴测图,简称管系轴测图。如图 14-3 所示。

（1）轴向选择　通常把房屋的高度方向作为 OZ 轴，OX 和 OY 轴的选择则以能使图上管道简单明了、避免管道过多交错为原则。由于室内卫生设备多以房屋横向布置，所以应以横向作为 OX 轴，纵向作为 OY 轴。管路在空间长、宽、高 3 个方向延伸在管系轴测图中分别与相应的轴测轴 X、Y、Z 轴平行，且由于 3 个轴测轴的轴向变形系数均为 1，当平面图与轴测图具有相同的比例时，OX，OY 方向可直接从平面图上量取，OZ 方向尺寸根据房屋的层高和配水龙头的习惯安装高度尺寸决定。凡不平行于轴测轴 X,Y,Z 三个方向的管路，可用坐标定位法将处于空间任意位置的直线管段，量其起迄两个端点的空间坐标位置，在管系轴测图中的相应坐标上定位，然后连其两个端点即成。

（2）图示方法　管系轴测图的图示方法如下：

① 管系轴测图一般采用与房屋的卫生器具平面布置图或生产车间的配水设备平面布置图相同的比例，即常用 1：50 或 1：100，且各个管系轴测图的布图方向应与平面布置图的方向一致，以使两种图样对照联系，以免阅图时引起错误。

② 管系轴测图中的管路也都用单线表示，其图例及线型、图线宽度等均与平面布置图相同。

③ 当管道穿越地坪、楼面、屋顶及墙体时，可示意性的以细线画成水平线，下面加剖面斜线表示地坪。两竖线中加斜线表示墙体。

④ 当空间呈交叉的管路，而在管道系统轴测图中两根管道又相交时，在相交处可将前面或上面的管道画成连续的，而将后面或下面的管道画成断开的，以区别可见与否。

⑤ 为使轴测图表达清晰，当各层管网布置相同时，轴测图上的中间层的管路可以省略不画，在折断的支管处注上"同×层"即可（"×层"应是已表达清楚的某层）。

4. 尺寸标注

（1）管径　无论给水管或排水管均须在轴测图上标注"公称管径"，在管径数字前应加注代号"DN"，如"DN25"表示公称管径为 25mm（内孔直径），管径一般可标注在管段旁边，如管旁无地位时则可用引出线指引标注。

（2）坡度　因给水系统的管路是压力流体，水平管道一般不需敷设坡度，不必注坡度。

（3）标高　给水管系应注所有水平管中心线的标高，此外还应标注阀门及水表、卫生器具的放水龙头及各层楼面的标高等。

5. 轴测图的画图顺序

（1）建立坐标系 $OXYZ$；从引入管开始（设引入管的标高为 −1.00m），画出靠近引入管的立管 JL−1（平行于 OZ 轴）。

（2）根据水平干管的标高（−0.40m），画出平行于 OX 轴和 OY 轴的水平干管。

（3）画出其他各立管（例如 JL−2）。

（4）在各立管上定出楼地面的标高和各支管的高度。

（5）根据各支管的轴向，画出与各立管（如 JL−1、JL−2）相连接处的支管。

（6）画上水表、水龙头、大便器水箱及其他用水设备的图例符号。

（7）标注各管道的直径和标高。

14.2.2　室内排水工程图

室内排水工程图主要用于表示用水器具的安装位置及排水管道的布置情况。

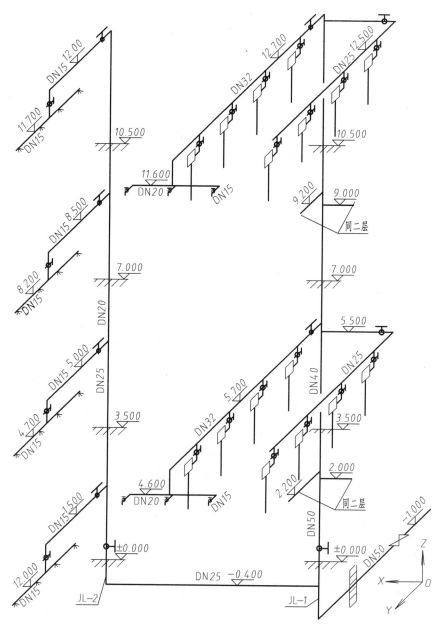

图 14-3 室内给水系统轴测图

1. 室内排水管网平面布置图

室内排水管网平面布置图的图示内容及画法与给水管网平面布置图的相关内容基本一致。但两者有一重要区别是给水管路用粗实线表示而排水平面布置图中排水管路用粗虚线表示。

某实验室的排水管网平面布置图如图 14-4 所示,将污水排放管布置在靠近室外排污管道处并与其连接,同时为了便于粪便的处理,将粪便排出管与盥洗室废水排放管分开,把废水排出管布置在房屋的侧墙面,直接排到室外排水管道(也可先排到室外雨水沟,再由雨水沟排入室外排水管道)。

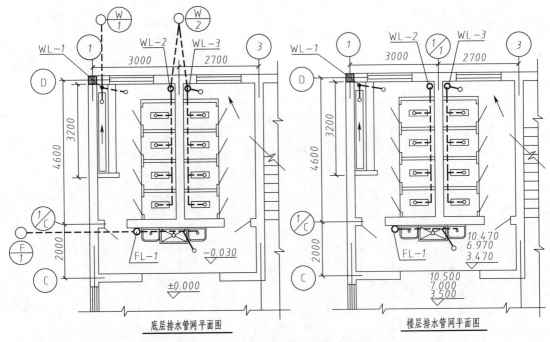

图 14-4 室内排水管网平面布置图

2. 室内排水管系轴测图

排水管道也需要用轴测图以表示其空间连接或布置情况。排水管系轴测图仍选用正面斜等轴测图,其相应轴向选择及管系轴测图的图示方法与室内给水管系轴测图基本相同,此处不再赘述,如图 14-5 所示。对于室内排水管系轴测图尺寸标注,应注意下列各点:

(1) 管径 必须标注"公称管径",标注方法同给水管系轴测图一样。

(2) 坡度 由于排水系统一般都是靠重力流动外排,所以排水横管都应标注坡度,并用箭头表示坡向(指向下游)。

(3) 标高 排水管系应标注的标高为各层楼、地面、及屋面、立管上的通气帽口、检查口、主要横管和排出管的起点等处。且应注意给水横管上标注管内中心线标高,而排水横管上标注的是管内底部标高。

图 14-5 中,由于粪便污水与盥洗污水分两路排出室外,所以它们的轴测图也应分别画出。在支管上与卫生器具或大便器相连接处,应画上存水弯(水封)。水封的作用是使 U 管内保持一定高度的水层,以隔断下水道中产生的臭气,防止有害气体污染室内空气,影响卫生。

14.2.3 读图

(1) 进出流向 给水排水管道系统图的图例和线条都较多,读图时,要先找到进水源,然后根据干管、支管、及用水设备、排水口、污水流向、排污设施等的顺序进行查找。一般情况下给水排水管道系统的流向图如下:

① 室内给水系统:进户管→水表井(或阀门井)→干管→立管→支管→用水设备。

② 室内排水系统:用水设备→排水口→存水弯(或支管)→干管→立管→总管→室外下水井。

210

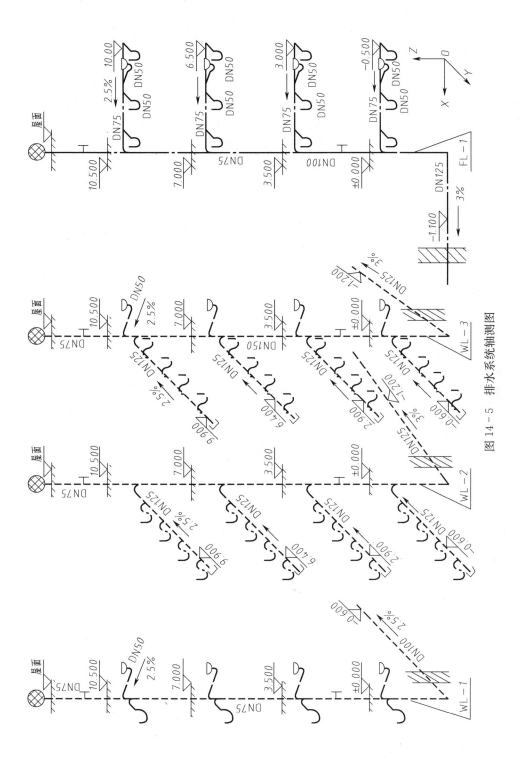

图 14 - 5 排水系统轴测图

211

（2）注意事项　给水排水施工图与土建施工有密切的关系,对土建施工的要求要在图中有明确的表示和说明,如留洞、打孔,预埋管钩、管夹等,以便配合结构施工,读图时应留意。

14.3　室外给水排水工程图

室外给水排水施工图主要是表明房屋室外给排水管道、工程设施及区域性的给排水管网、设施的连接和构造情况。室外给排水施工图一般包括室外给排水平面图、高程图、纵断面图及图例。对于规模不大的一般工程,则只需平面图即可表达清楚。

1. 室外给水排水平面图的内容

室外给排水平面图是以建筑总平面图的主要内容为基础,表明建筑小区或某幢建筑物室外给排水管道布置情况,一般包括以下内容:

（1）主要内容　总平面图表明地形及建筑物、道路、绿化等平面布置及标高状况。

（2）布置情况　该区域内新建和原有给水排水管道及设施的平面布置、规格、数量、标高、坡度、流向等。

（3）分部表达　当给水和排水管道种类繁多地形复杂时,给水排水管道可分系统绘制或增加局部放大图、纵断面图,使其内容表达细致清晰。

2. 室外管网平面布置图

为了说明新建房屋室内给水排水与室外管网的连接情况,通常还要用小比例(1:500或1:1000)画出室外管网的平面布置图。在此图中只画局部室外管网的干管,以能说明与给水引入管和排水引出管的连接情况即可。图14-6左上图是室外给水管网平面布置图,图14-6右图是室外排水管网平面布置图。

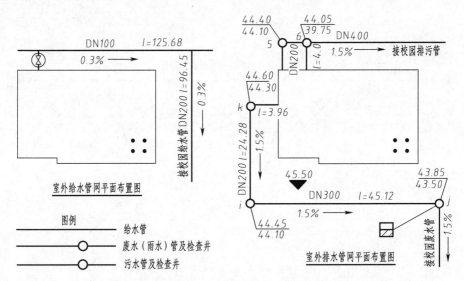

图14-6　室外给水排水管网平面布置图

建筑物外墙轮廓线应用中实线表示,用粗实线表示给水管道,用粗虚线表示污水排放管道,粗点划线表示废水及雨水排放管道。检查井用直径2mm～3mm的小圆表示。

如图14-7所示的某校区管网总平面布置图,其将给水和排水系统平面布置图画在同一张图纸上(也可分别画出)。

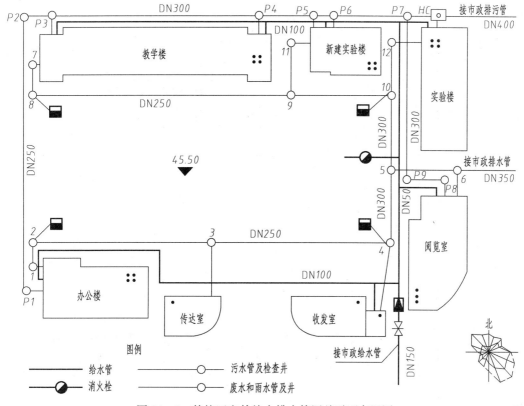

图 14-7　某校区室外给水排水管网总平面布置图

3. 小区(或城市)管网总平面布置图

为了说明一个小区(或城市)给水排水管网的布置情况,通常需画出该区的给水排水管网总平面布置图。

建筑总平面图是小区管网总平面布置图的设计依据。但由于作用不同,建筑总平面图的重点在于表示建筑群的总体布置、道路交通、环境绿化,所以用粗实线画出建筑物的轮廓。而管网总平面布置图则应以管网布置为重点,所以应用粗线画出管道,而用中实线画出房屋外轮廓,用细实线画出其余地物、地貌、道路,绿化可略去不画。图 14-8(a)是某小区的给水排水管网总平面布置图(局部),图中有给水管、排水管、雨水管三种管道。画图时注意:

(1) 给水管道用粗实线表示,房屋引入管处均应画出阀门井。一个居住区应有消火栓和水表井,如属城市管网布置图,还应画上水厂、抽水机站和水塔等的位置。

(2) 由于排水管道经常要疏通,所以在排水管的起端、两管相交点和转折点均要设置检查井,在图上用直径 2mm～3mm 的小圆圈表示。两检查井之间的管道应是直线,不能做成折线或曲线。排水管是重力自流管,因此在小区内只能汇集于一点而向排水干管排出,并应从上流开始,按主次把检查井按顺序编号,在图上用箭头表示流水方向。图中排水干管和雨水管、粪便污水管等一般用粗虚线表示,也可自定义,但必须画出图例。

(3) 为满足施工需要,每条管道的设计计算资料必须完整正确。图 14-8(a)的设计计算资料见图 14-8(b)所示。

(4) 对较简单的管网布置可直接在布置图中标注管径、坡度、流向、检查井的埋设深度及每一管段检查井处的各向管子的管底标高。室外管道宜标注绝对标高。给水管道一般只需标

213

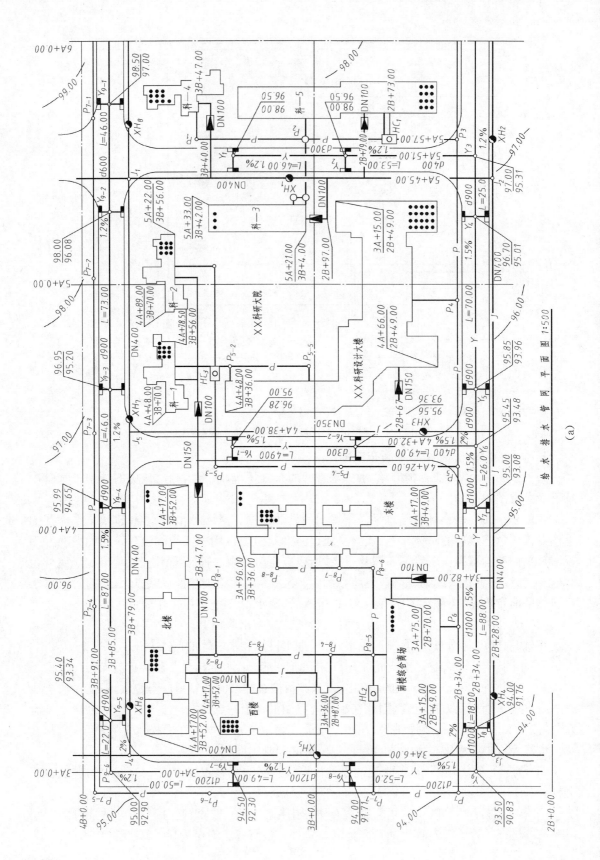

给水排水管网平面图 1:500

(a)

214

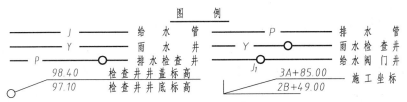

图　例

J ——— 给　水　管	P ——— 排　水　管
Y ——— 雨　水　井	Y —○— 雨水检查井
P —○— 排水检查井	J_1 —○— 给水阀门井

98.40　检查井井盖标高
97.10　检查井井底标高

$3A+85.00$ 施工坐标
$2B+49.00$

排 水 管 设 计 计 算 表

管段编号	起	P_{7-1}	P_{7-2}	P_{7-3}	P_{7-4}	P_{7-5}	P_{7-6}	P_{7-7}	P_1	P_2	HC_1	P_3	P_4	P_5
	末	P_{7-2}	P_{7-3}	P_{7-4}	P_{7-5}	P_{7-6}	P_{7-7}	P_7	P_2	HC_1	P_3	P_4	P_5	P_6
管　径/mm		1200	1200	1200	1200	1400	1400	1400	300	300	400	1200	1200	1200
管　长/m		65.0	65.00	70.0	76.0	48.0	68.0	35.0	42.0	28.0	27.0	65.0	66.0	63.0
坡　度/%		0.70	0.70	1.40	1.40	1.40	1.7	2.0	1.00	1.00	1.30	1.50	1.50	2.00
井顶标高/m		98.69	98.03	96.97	95.88	98.09	94.80	94.40	98.30	97.80	97.31	97.01	96.41	95.61
地面标高/m	起端	98.66	98.00	96.94	95.85	95.06	94.77	94.43	98.30	97.80	97.56	97.00	96.40	95.60
	末端	98.00	96.94	95.85	95.06	94.77	94.43	94.00	97.80	97.60	97.00	96.40	95.60	94.65
管内底标高/m	起端	96.24	95.78	95.32	94.34	92.28	91.61	90.55	96.70	96.28	95.95	94.70	93.72	92.73
	末端	95.78	95.32	94.34	92.28	91.61	90.55	89.80	96.28	96.00	95.60	93.72	92.73	91.47
管底埋深/m	起端	2.52	2.32	1.72	1.61	2.88	2.90	3.13	1.60	1.52	1.61	2.30	2.68	2.87
	末端	2.32	1.72	1.61	2.88	2.90	3.13	3.54	1.52	1.60	1.40	2.68	3.07	3.08

（b）

图 14-8　某小区（局部）给水排水管网总平面布置图

注直径和长度，如图 14-6 所示。

4. 管道纵剖面图

由于整个市区管道种类繁多，布置复杂，因此，应按管道种类分别绘出每一条街道的沟、管总平面布置图和管道纵剖面图，以显示路面起伏、管道敷设的坡度、埋深和沟管交接情况等。某校园排水干管（图 14-7 的 $P2\sim P7$）纵剖面图如图 14-9 所示。

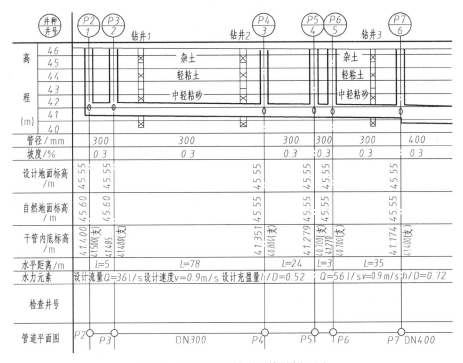

图 14-9　某校园排水干管纵剖面图

纵剖面图的内容、读法和画法如下：

（1）内容 管道纵剖面图的内容有管道、检查井、地层的纵剖面图和该干管的各项设计数据。前者用剖面图表示，后者则在管道剖面图下方的表格中分项列出。项目名称有干管的直径、坡度、埋置深度、设计地面标高、自然地面标高、干管内底标高、设计流量 Q（单位时间内通过的水量，以 L/s）、流速 v（单位时间内水流通过的长度，以 m/s 计）、充盈度（表示水在管道内所充满的程度，以 H/D 表示，H 指水在管道截面内占有高度，D 为管道的直径）。此外，在最下方还应画出管道平面示意图，以便与剖面图对应。

（2）比例 由于管道的长度方向（图中的横向）比其直径方向（图中的竖向）大得多，为了说明地面的起伏情况，通常在纵剖面图中采用横竖两种不同的比例，一般竖向的比例为横向比例的 10 倍。

（3）画图 管道纵剖面图是主要内容，它是沿着干管轴线铅垂剖开的。步骤如下：

① 在高程栏中根据竖向比例（1 格代表 1m）绘出水平分格线；根据横向比例和两检查井之间的水平距离绘出垂直分格线。然后根据干管的管径、管底标高、坡度、地面标高，在分格线内按上述比例画出干管、检查井的剖面图。管道和检查井在剖面图中都用双线表示。

② 该干管的设计项目名称，列表绘于剖面图的下方。应注意不同的管段之间设计数据的变化。管道平面示意图只画出该干管、检查井和交叉管道的位置，以便与剖面图对应，并把同一直径的设计管段都画成直线。此外，因竖横比例不同，还应将另一方向并与该干管相交或交叉的管道截面画成椭圆形。

③ 为了显示土层的构造情况，在纵剖面图上还应绘出有代表性的钻井位置和土层的构造剖面。

④ 在管道纵剖面图中，通常将管道剖面画成粗实线，检查井、地面和钻井剖面画成中实线，其他分格线则采用细实线。

14.4 给水排水工程详图

在以上所介绍的室内和室外给水排水施工图中，平面布置图和系统轴测图都只表示了管道的连接情况、走向和配件的位置，这些图样比例较小（1∶100，1∶1000，1∶1500 等），配件的构造和安装情况均需用图例表示。因此，为便于施工，对于卫生器具、设备的安装，管道的连接、敷设，需绘制能供具体施工的安装详图。

详图要求详尽、具体、明确，视图完整，尺寸齐全，材料规格注写清楚，并附以必要说明。详图采用比例较大，可按前述规定选用。

给水排水工程的配件及构筑物种类繁多，现只将其中与房屋建筑有关的配件详图的画法，举例简介如下。

1. 检查井详图

图 14-10 是室外管路检查井详图。

2. 管道穿墙防漏套管安装详图

当各种管道穿越基础、地下室、楼地面、屋面、梁和墙等建筑构件时，其所需预留孔洞和预埋件的位置及尺寸，均应在建筑结构施工图中明确表示，而管道穿越构件的具体做法需以安装详图表示。图 14-11 是给水管道穿墙防漏套管安装详图，其中图（a）是水平管穿墙安装详图，由于管道都是回转体，可采用一个剖面图表示；图（b）是弯管穿墙安装详图，剖切位置通过进水管轴线。

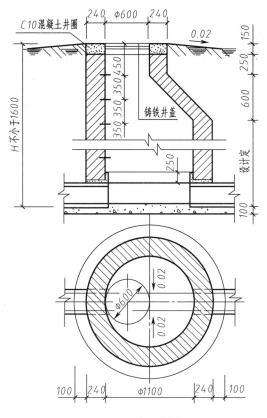

图 14-10 检查井详图

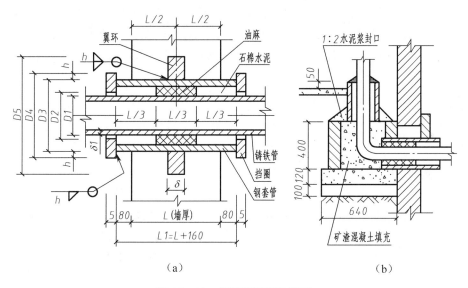

（a） （b）

图 14-11 管道穿墙安装详图

3. 卫生器具安装详图

　　常用的卫生器具及设备安装详图,可直接套用给水排水国家标准图集或省、市、自治区内通用标准图集,而无需自行绘制。选用标准图时须在图例或说明中注明所采用图集和图号,对于不能套用标准图集的部分则需自行绘制详图。图 14-12 是洗脸盆安装详图。

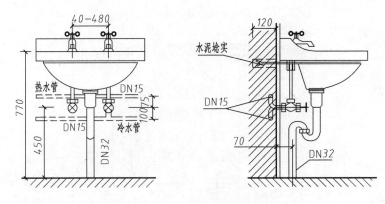

图 14-12　洗脸盆安装详图

14.5　净水构筑物工艺图

　　城镇净水工程主要是解决水质问题。地面水的常规净化工艺流程中,主要的净水构筑物,最常用的有沉淀池或澄清池、各种快速过滤池、清洗池等。含蓄工程的基本任务是收集各种废水、污水。输送到污水处理厂,经过净化处理达到无害标准以后,再排放入各种天然水体中去。排水系统有排水管网和污水处理设备。在城市污水处理的典型流程中有:一级处理(物理处理),设有沉沙池及初沉池;二级处理(生物处理),设有曝气池及二次沉淀池;污泥处理采用厌氧生物处理,设有污泥浓缩池及消化池等。

　　以上这些净化水质的处理构筑物,其工艺性质和构造虽然不尽相同,但是它们大多数是钢筋混凝土的盛水池,内部构造则为工艺设备和管道组成。这些净水构筑物也是一种水工结构,与房屋土建构筑全然不同,必须按照给水排水工程的工艺特点和专业要求,选用适当的视图、剖面和断面来表达其各个组成部分,以符合本专业要求的图示方法,进行工程设计的绘图和读图。

14.5.1　工艺构造和视图选择

14.5.1.1　快滤池的工艺构造和流程

1. 工艺构造

　　过滤池为自来水厂中的主要处理构筑物,可以进一步除去沉淀或澄清处理后水中的剩余杂质。以石英砂等粒状过滤物料层,能够截流水中的悬浮和细微颗粒,从而达到生活饮用水的净度要求,这是净水工艺中不可缺少的重要设备。过滤池有多种型式,以石英砂为滤料的普通快滤池使用最普遍。过滤池一般都是以组排列成单行或双行,而管廊则设置在池组的旁边或两组的中间。

　　图 14-13 为标准设计的一组普通快滤池工艺设计图,它的工艺构造组成见平面图,两格滤池为一组,排成单行,滤池前面旁侧为各种进、出水管的管廊,滤池的池身为方形的钢筋混凝土的水池。从 1-1 剖面图中可见,从池底起中间附设大直径的配水干管 18,主干管道两旁连接小直径的配水支管,在配水管上面为砾石层 34 及砂层 33,再上面为排水槽 29。滤池壁与砂层接触处,抹面拉毛成锯齿状,以免过滤时原水"短路"影响水质。在配水干管终端处,接有一

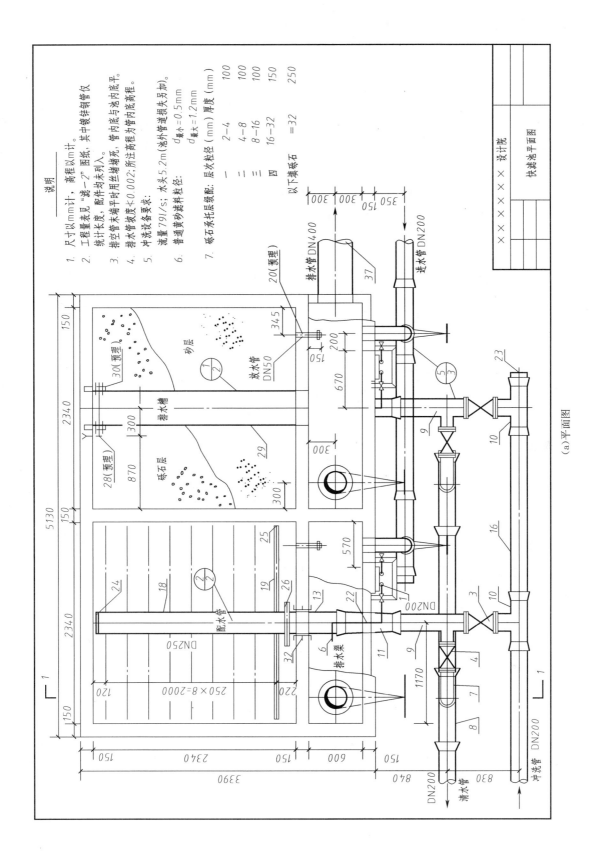

说明

1. 尺寸以mm计，高程以m计。
2. 工程量表见"滤—2"图纸，其中镀锌钢管仪统计长度，配件均未列入。
3. 排空管末端平时用丝堵堵死，管内底与池内底高程平。
4. 放空管坡度<0.002；所注高程为管内底高程。
5. 冲洗设备要求：
   流量79l/s；水头5.2m (池外管道损失另加)。
6. 普通黄砂滤料粒径：
   $d_{最小}=0.5mm$
   $d_{最大}=1.2mm$
7. 砾石承托层级配：

层次	粒径（mm）	厚度（mm）
一	2—4	100
二	4—8	100
三	8—16	100
四	16—32	150
	≥32	250

以下卵砾石

（a）平面图

××××	设计院
×××	快滤池平面图

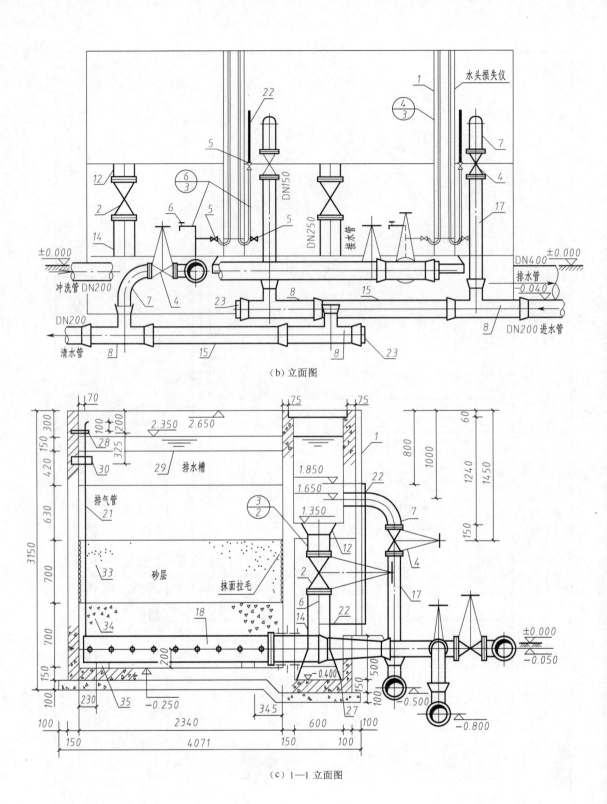

（b）立面图

（c）1—1 立面图

件号	名　称	规　格	材料	单位	数量	备　注
1	水头损失仪			套	2	另见详图及其工程量表
2	闸门	DN250		个	2	Z45T—10
3	闸门	DN200		个	2	Z45T—10
4	闸门	DN150		个	4	Z45T—10
5	闸门	DN15		个	6	Z45T—10
6	龙头	DN15	铸铁	个	2	取水样用
7	90°盘插弯管	DN150	铸铁	个	4	YB428—84
8	双承三通管(1)	DN200×150	铸铁	个	4	YB428—84
9	双承三通管(2)	DN200×150	铸铁	个	2	YB428—84
10	双承单盘三通管	DN200×200	铸铁	个	2	YB428—84
11	双承渐缩管	DN250×200	铸铁	个	2	YB428—84
12	单盘喇叭口	D250	钢	个	2	
13	插盘短管	DN250　$l=700$	铸铁	个	2	
14	插盘短管	DN250　$l=600$	铸铁	根	2	
15	承插直管	DN200　$l=1810$	铸铁	根	2	
16	承插直管	DN200　$l=1900$	铸铁	根	1	
17	承插直管	DN150　$l=1272$	铸铁	根	2	
18	直管	DN250　$l=2190$	钢	根	2	
19	穿孔管	DN50　$l=975$	钢	根	36	
20	渡锌钢管	DN50　$l=300$	钢	根	2	
21	渡锌钢管	DN25	钢	米	5.5	
22	渡锌钢管	DN15	钢	米	7	
23	承堵	DN200	铸铁	套	3	
24	堵板	$\phi250$	钢	个	2	
25	堵板	$\phi50$	钢	个	36	
26	法兰	DN250	钢	个	2	见 S311—16,PN100N/cm^2
27	落水管支架	DN150	钢	个	2	见 S319—3
28	单管立式支架	DN25	钢	套	2	见 S119—22
29	排水槽		钢	个	2	
30	角钢	L56×35×5$l=250$	钢	个	4	YB167—88
31	带帽螺栓	M16　$l=30$	钢	个	8	
32	防水套管	DN250　$L_1=250$	钢	个	2	见 S312—2,Ⅱ型
33	普通黄砂	$\phi0.5-1.2$mm		m^3	7.7	滤料用
34	砾石	$\phi2-32$mm		m^3	6.8	承托层用
35	混凝土支墩	150×150×70	混凝土	个	4	C10
36	混凝土支墩	100×100×175	混凝土	个	36	C10
37	排水管	DN400	混凝土		外接	

(d)快滤池工程量表

图 14-13　快滤池工艺图

根排气管 21,用来排出管内的积聚空气。池身前壁上部为进水渠,下部为排水渠。在管廊中设有进水管、清水管、冲洗管、排水管 4 种管路系统,干管上都有支管与每格滤池相接,并用闸门控制进出水。每格滤池进水前设有水头损失仪 1,用来观察过滤时进、出水的水头损失情况。

2. 过滤流程

如图 14-13 所示,在某格滤池中过滤状态时,必须关闭该格过滤池的冲洗支管上的闸门 3 及排水渠上面的落水管闸门 2,并打开竖向进水支管上的闸门 4 即清水支管上的闸门 4。原水经由进水干管上的三通管 8、直管 15、三通管 8,转入每格滤池的竖向进水支管上的直管 17、闸门 4、弯管 7,进入过滤池的进水渠。水流穿过池壁进入排水槽 29(过滤时即为进水槽),在从槽顶溢出均匀分布水至整个池面中。水经过砂层过滤及砾石层后,由配水系统的配水支管 19(管底有小孔)汇集起来,流向配水干管 18。然后流经穿墙直管 13、渐缩管(异径接头)11、三通管 9,向左转进入清水支管上的闸门 4、弯管 7、三通管 8,进入清水干管中,流向清水池去。

3. 冲洗流程

当过滤运行一段时间后,滤料砂层中的污物将逐渐积累,阻滞水流通过,引起滤速减慢。在每个滤池的进水管前附有一个"水头损失仪"1,其右面玻璃管连接镀锌钢管 22 通到进水渠壁;左面玻璃管由镀锌钢管 22 接到配水干管出口处的穿墙直管上端。当两个玻璃管中的水位差增大时,以致出水量锐减或水质恶化时,这格滤池就须停止过滤而进行冲洗。冲洗时的流程与过滤时的相反,此时应该关闭进水支管及清水支管上的闸门 4,同时打开冲洗支管上的闸门 3 及落水管上的闸门 2。冲洗水立即经由冲洗支管进入池底配水干管,再由配水支管小孔中流出,通过砾石层,反向冲洗过滤材料,使砂层膨胀起来。而冲洗废水向上汇集到排水槽,流入进水渠,经由落水管跌入排水渠中,再由排水管流出到下水道里。

14.5.1.2 视图的分析和选择

1. 构筑物的形体和视图分析

给水排水构筑物的视图选择和表达,首先应分析各个构筑物的形体和构造、设计的阶段和图样的种类,以及表达的深度与采用的比例,需要进行综合分析和比较,然后才能确定应画的视图的内容和数量。各种水处理构筑物工艺图的表达,仍以基本视图为主,视具体构造和情况,选取恰当的视图和剖面图及各种辅助视图。视图的内容和数量,应该使其表达完整而清晰,不致重复,而又必须不遗漏地充分表达出构筑物的工艺构造,选用最适宜的视图和数量。

各种净水构筑物的形体,大都为矩形和圆形的柱体和锥体的构筑物,水池的容积较大,为一种空腔形的结构物。水池外壁一般都是钢筋混凝土的池壁,内部则由管道及工艺设备等组成,所以其外表面的的形式都比较简单,而内腔构造却比较复杂。因此在某视图分析和选用上,其图示方法有共同和类似之处。常以平面图作为首选基本视图,再按具体需要选取其它视图或者剖面图。在池体的外壁上如果没有复杂的管道或者特殊设备时,一般不必画出其外形的立面图或侧面图。按照水池内部工艺构造的布局和复杂程度,可在平面图上确定所需剖切位置,从而画出其相应的剖面图。对于矩形水池,采用全剖面图或阶梯剖面图来显示其立面构造;对于圆形水池,采用旋转剖面为宜。由于水池是空腔型构筑,内部构造疏密不匀,差异也很大,为了避免总体部分的重复表达,对于局部构造可以灵活地采用小范围的剖面图,以弥补总剖面图中显示不清楚的部分。当在池壁外部另有较多管道或其他设施时,则须另画专门的立面视图,以使外部构筑都能表达清楚和完整。

2. 视图选择

对于相同构造的澄清或清水池等,因其具有单池的独立功能,可以只画出其单座水池的工艺总图,已经能够表达水池的完整构造。如果多座成组布置,则在水厂的总平面布置图中,只须画出各池的布置位置和连接管道即可。而多座相同构造的隔板反应池和平流沉淀池及多格滤池等构筑物,必须成组地将各座大池全部画出。如图 14-13 快滤池的工艺图中,由于管廊中各系统的管道,将每格滤池成组地联系在一起,所以必须将两格滤池连同管廊全部画出来。

图 14-13 中,两格方形柱体的池身并列布置,池前为 4 个管道系统组成管廊。根据过滤池的工艺构筑和形体特征,平面图应是最先选择的基本视图,如图 14-13(a)所示,在此基础上再确定其他视图。由于滤池内上、下层之间的构造有重叠,右池可采用分层剖切剖面图,以显示上部砂层和砾石层;左池可用移去上部遮挡构筑的拆卸剖面图,以显示下部配水系统的管道。这样可使每个过滤池分别表示不同部位的构筑,而不必将池身剖切仍能将滤池每部分构造完整地表达出来。

滤池的立面图是一个外形图,如图 14-13(b)所示主要表达了池壁外面管廊间各管路系统的组合关系及水头损失仪的布置。与平面图对照,可得到管道不同方位和高度的纵向关系。1—1 剖面图是一个全剖的侧面图,如图 14-13(c)所示,完整地显示出滤池内部的竖向构造和布置,以及各管道系统的进出口连接关系。实际应用中,图 14-13 的(a)、(b)、(c)布置在一张图纸上并使(b)、(c)左右高平齐为好。

各个视图既有独立表达的重点,也有相互间的联系对照。正确地选用合适的视图和剖面图,对提高绘图质量和速度及阅读图样的效果,都能起到积极的作用。如果能按照图 14-13 平面图的 2—2 剖切线画出剖面图,来表达这个滤池的横剖面,则视图更为详尽和完整了。不过 2—2 剖面图留给读者在作业中自己补画出来。

3. 比例和图线

(1)绘制工程设计图的比例选择原则是"画得出、看得清",一般可取 1:50～1:100。

(2)绘制净水构筑物的图线宽度 $b=0.7\text{mm}～1.0\text{mm}$;其他轮廓线为 $0.5b$;中心线、图例线、引出线、尺寸线为 $0.35b$。

14.5.2 工艺构筑物的图示方法

1. 池体

(1)池身结构　池身是水池的土建部分,大多数为钢筋混凝土结构,应由土建人员另绘制结构图,具体表达池身的大小、池壁厚度、垫层基础、钢筋的配置等内容,是专供土建施工的图样。如图 14-13 所示的构筑物工艺图中,则只需按结构尺寸画出池身形体轮廓及池壁厚度,细部结构可以省略不画。

平面图上画出方形池身及进水渠的大小,左边滤池进水渠的中间以局部剖切,以便显示滤池底部的配水干管及排水渠;右边滤池进水渠的右端局部剖切,以显示排水管。立面图上画的只是池壁外形。1—1 剖面图中池身的剖面上,可画出部分钢筋混凝土的剖面材料符号示意,不必全部画出(如池底垫层为混凝土的剖面材料符号,进水渠上的剖面材料符号),以使剖面清晰而不易混淆;进水渠上的走道盖板为活动的条形预制构件,可不必剖切。

(2)叠层构造用分层剖面图表达　过滤池中的排水槽、砂层、砾石层、配水管等构件均为上下叠层构造,在平面图中,一个滤池内部不易全部表达出来。例如采用水平剖面图,则也只能显示出一层构筑,而且剖切池身将使滤池及管廊的形体不够完整,影响图示的清晰度。为此,对在保持滤池形体完整的情况下,仅将叠层构件部分予以逐层剖切而成为分层剖面图。如图 14-13(a)平面图,两格滤池为一组,右格滤池画出最上层的排水槽,中间的砂层及砾石层用波浪线分开,并画出细点及小圆粒示意。左格滤池中可将上层构件全部移去,使池底的配水管系统全部显示出来。这样在每格滤池中分别表达了各个不同部分的构件,可使视图简明清楚,表达完整。

2. 管廊

(1)大直径管道画双线 快滤池在过滤或冲洗过程中,设有四种进出水管道系统与之相连。管廊是各种管道交会最多的地方,布置复杂,管道之间往往重叠和交叉,管径也较大,所以,在大比例的水池工艺设计图中,不能画成符号性的单线管路。每种管道的连接和位置,必须表达得具体明确,管径大小应按比例用双线画出。如图 14-13 中所示,各种大直径的管道,如进水管、清水管、冲洗管、配水管、落水管、排水管等,都是按照比例根据实际投影位置画出来的。

(2)管配件及其接头的画法 管道上的各种闸门和配件,可仍按照表 17-1 中的阀门图例来画,取闸门实长在中间画交叉线的符号表示,画出手轮和阀杆的示意位置,不必画其真实的外形轮廓。弯管、三通管、逐缩管等管件,则可以按其尺寸画出它的外形轮廓。管道的各种接头则用双线投影画出,用 $0.35b$ 的细图线近似地画出各管件的外形,如图 14-13(b)中的画法。

(3)管件编号 为使绘图和概(预)算及施工时备料方便,应在每个设备、构件、管道配件的旁边,用引出线引出横线或直径为 6mm 细实线小圆,用阿拉伯数字书写编号,相同的管件可编为同一号码。同时按其编号另行列出工程量表,如图 14-13(d)所示,以明示其规格、数量和材料。在每种管道的总干管旁边,注明管道名称,以便工艺上的校对和审核,并画出箭头,以示其流向。

(4)重叠管道的截面画法 管廊中各种管道,在各视图中每呈交叉和重叠时,影响了视图的表达,为了能使每段管路都有显示的地位,在重叠处可将前面的管段在适当位置截断,从而能使后面被遮挡的管道显示出来。如图 14-13(b)立面图中,每格滤池的清水管支管,都被前面的冲洗管干管遮挡。因此可将冲洗干管的左边一段适当截断,从而使后面冲洗支管上的三通管 9、清水支管上的闸门 4 及弯管 7 等都能清楚地表达出来,管道截断的画法可在结构框图画成"δ"字形。

为了使管道的横截面显示得清楚又明确,可在圆形截面的左上角方向内画出涂颜色的月亮形的孔洞阴影符号。如图 14-13 中,立面图上的冲洗支管;平面图上进水渠中的落水管;1-1 剖面图上的进水管、清水管、冲洗管等均是。

3. 附属设备

(1)构件、部件画出其主要形体轮廓 在图 14-13 的工艺总图中由于比例较小,滤池中的附属设备及部件等的构造,是不可能详尽近地的表达清楚的,只需画出它们的简明形体轮廓即可。例如在图中的水头损失仪、连接水头损失仪的镀锌钢管、配水管系统、排水槽、喇叭口等都只是画出其简略形体轮廓。

(2)"索引符号"标志 附属设备及构件、部件的细部构造,当不能套用标准图而另行绘有详图表达时,必须对该设备及其部件画出"索引符号"的标志,以便于工艺总图与详图之间的查阅和对照。

(3)小管径画成单线管路系统图 对于小管径的管道,无法按照管径画成双线管道的,所以仍然须画成单线管路系统。单线管路仍可按投影位置画出,必要时可配轴测图,闸门等配件可用图例来表示,弯管及接头等管件则不画出。如图 14－13 所示,与水头损失仪相连接的连通管 22 及排气管 21 等都是画成单线管道。

4. 绘图步骤

（1）根据工程构筑物的形体和构造,选择好所要表达的视图和剖面图的数量,布置各个视图的位置,确定合适的比例,估算图纸幅面的范围。

（2）如图 14－13 所示,滤池可从平面图画起,按照池体的内部净尺寸,当尚未做结构设计时,采用一般估算的池壁厚度;如已做好结构设计,则应按结构计算的池壁厚度,然后画出滤池平面形体的基本视图。

（3）根据平面图的投影位置及剖切位置,再画出立面图及 1—1 剖面图,按照池体各部分的高度尺寸,便可画全池体各个相应部分的视图了。

（4）按照各个管道系统的定位尺寸以及标高,画出每个视图中各管道的中心线。

（5）根据管径及各管配件的尺寸,画成各个管道系统的双线管道（投影）。

（6）画出池体内部的构筑,如配水干管、支管和排水槽等,再画出池壁上的附属设备水头损失仪。

（7）对于工艺构件和设备及各种管道配件,引出横线或画小圆圈进行编号;标注详图的"索引符号";标注尺寸和标高。

（8）绘制必要的详图,如图 14－14 和图 14－15 所示（图 14－13 中有六处详图索引标志,这里只画出图 14－14 和图 14－15 两处,其余部分略）。

（9）按照编号绘制"工程量表",如图 14－13（d）所示;书写说明,填写图标。对各视图进行详细检查、改错,并经校核无误后再加深或上墨。

14.5.3 工艺图的尺寸标注

1. 工艺构筑的尺寸标注

（1）工艺构筑的尺寸的性质和要求　净水构筑物大都为钢筋混凝土的水池,它的各个工艺构筑部分的内部净形体大小,即为工艺构筑尺寸,它是由专业技术人员在设计计算时确定的。工艺图中的视图和剖面图,只能显示出该设备各组成部分之间的关系和形状,其大小必须由尺寸数字来决定,而不能用比例尺按图样比例来量取。因为在较小比例的图样中,用比例尺量度的误差较大,而且有些尺寸是由几何关系而间接影响的,所以量度而得来的尺寸数据是很不可靠的,不能作为安装和施工使用的依据。因此图上的尺寸一经标注后,除由本设计人员按一定的程序可以有权修改外,其他人员都不得随意变动和修改。当然在审核方案和安装施工时,需要了解某些构筑的定位和形体大小,可按比例用尺量度某部分的间接尺寸,但这只能作为参考之用而不能作为正式尺寸。

滤池工艺图在施工之前是作为工艺的审核及结构设计与机电设计的依据,在施工时主要作为设备以及管道的安装作用,其土建施工得另外按照结构图来进行。因此在工艺设计图中,只需标出土建的模板尺寸,而不必标注结构的细部尺寸。

工艺构筑尺寸要尽可能标注在反映其形体特征的视图和剖面图上,同类性质的尺寸宜适当合并和集中,尺寸位置应在清晰醒目的位置,不要与视图有过多的重叠和交叉。也不能多注不必要的重复尺寸,更不要漏注某些关联或几何尺寸。如有分布尺寸或分部尺寸,不应该散落标注,而宜适当串连起来统一注出,并同时标注其相应的外包总尺寸。定位尺寸可按底板、池壁、池角、轴线、圆的中心线等作为定位基准。

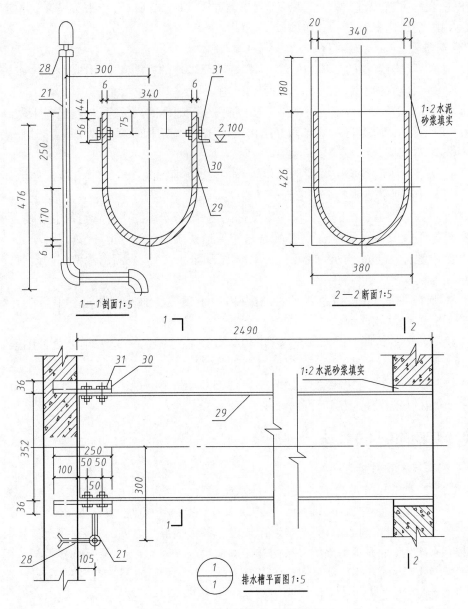

图 14-14　快滤池的排水槽详图

（2）用形体分析法标注各分部构筑的尺寸　整个净水构筑物可按其形体特征,分析成各种简单的基本几何体,然后对各个基本形体逐个进行尺寸标注,并综合考虑各分部之间的关联尺寸,使各个尺寸不致重复或遗漏,使之整体协调。快滤池工艺构筑尺寸的标注如图 14-13所示。

2. 管径及其定位尺寸

（1）标注"公称管径"　在净水构筑物中标注"公称管径"的方法与给排水管道的标注方法相同"DN××",如图 14-13所示,DN50、DN150、DN200、DN250、DN400 等。

（2）管道的定位尺寸　平面图中的定位尺寸,如图 14-13（a）中的 840、830、350、300、670、200、1170、220、120、250×8＝2000、150 等。剖面图中的定位尺寸如图 14-13（c）1-1中,70、100、200、800、1000 等。

226

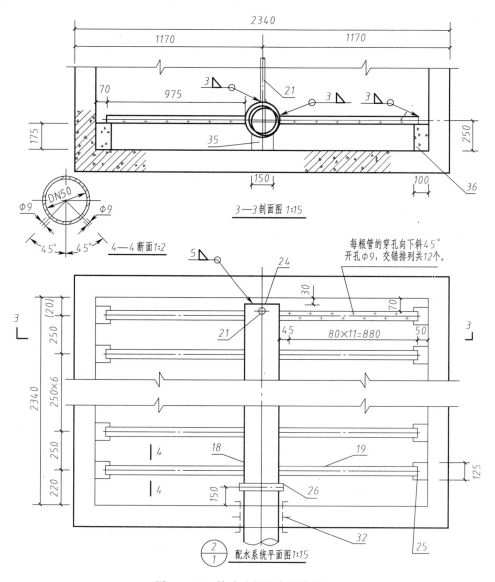

图 14-15　快滤池的配水系统详图

3. 标高

工艺构筑尺寸只能反映构筑物本身的形体大小,但是不能显示其埋置高程。为了确定
构筑物各部分的高程,应在构筑物的主要部位(池顶、池底、有关构件和设备等)、水面、管道
中心线、地坪等处注写标高。注写标高的位置应选在能够清楚地显示该部位的视图上;在标高数
字的下面或上面,必须加上三角形标高符号。如图 14-13(b)、(c)所示,以室外地坪±0.000 作为
相对标高的基准,并集中标注在 1-1 剖面图上,2.650、-0.250、1.350、-0.400、2.350、-
0.500、-0.800、-0.050、1.650、1.850,立面图中除±0.000 以外仅有一个标高-0.040。

14.5.4　详图

1. 绘制详图的要求

(1)详图必须按工艺总图中的"索引符号"所指定的部分来绘制。

（2）详图的比例一般较大，可在 1：25～1：1 的范围内选用，视构件的复杂程度而异，以表达清楚为准则。

（3）表达要充分，但不要繁琐；尺寸要完整，但不要重复。

（4）各种材料的种类和规格，可用文字或图例明确地表明。

（5）螺栓及焊接等连接件，均应按规定的符号标记画出。

（6）采用标准的管道配件、预制构件、零部件等时，必须标明标准图集的名称及其统一编号。

（7）零件与管道间的组合或连接关系、预埋件的规格和位置等都必须明确表示。

（8）每个详图的下面都须按工艺总图中的"索引符号"画出相应的"详图符号"。

（9）汇列工程量表，如图 14-13(d) 所示。

2. 详图的画法

根据图 14-13 所示的快滤池工艺设计图中的各个详图"索引符号"标志，应有如下一些详图及内容：

（1）排水槽详图，如图 14-14 所示，查看图 14-13(a) 中索引①；

（2）配水系统详图，如图 14-15 所示，查看图 14-13(a) 中索引②；

（3）单盘喇叭口详图，查看图 14-13(c) 中索引③；

（4）水头仪详图，查看图 14-13(b) 中索引④；

（5）管廊系统轴测图，查看图 14-13(a) 中索引⑤；

（6）连通管系统轴测图，查看图 14-13(b) 中索引⑥。

因篇幅关系，③、④、⑤、⑥详图此处略。

14.6 室内采暖工程图

1. 采暖施工图的组成

我国北方地区的房屋建筑，为使室内保持适当的温度，一般设置供暖系统。供暖系统由热源（锅炉）、供热管道和散热器组成。以热媒的不同，可分为水暖和汽暖。锅炉将加热的水或汽通过管道送到建筑物内，通过散热器散热后，冷却的水又通过管道返回锅炉，进行再次加热，如此往复循环。

一般采暖施工图分为室外和室内两大部分，室外部分表示一个区域的采暖管网，包括总平面图、管道横剖面图、管道纵剖面图、详图及设计施工说明；室内部分表示一幢房屋的采暖工程，包括采暖系统平面图、系统轴测图、详图及设计、施工说明。

识读采暖施工图应熟悉有关图例和符号，常用水暖工程图例见表 14-1 及有关标准规范。

2. 室内采暖系统图

采暖平面图主要表明建筑物内采暖管道及采暖设备的平面布置情况，还有竖向标高和管道连接等等，主要内容有：

（1）采暖总管入口和回水总管入口的位置、管径和坡度。

（2）各立管的位置和编号。

（3）地沟的位置和主要尺寸及管道支架部分的位置等。

（4）散热设备的安装位置及安装方式。

（5）热水供暖时，膨胀水箱、集气罐的位置及连接管的规格。

（6）蒸汽供暖时,管线间及末端的疏水装置、安装方法及规格。

管道与散热器的连接画法见表14-2;图14-16是某实验室的采暖平面图实例。

室内采暖系统轴测图主要表明散热器的组合及配套设备的总体布局,热源管线的走向、直径、标高及附件的位置等,如图14-17所示。

识读采暖施工图时,应把采暖平面图和轴测图结合起来阅读。

表 14-2 管道与散热器的连接画法

系统形式	楼层	平 面 图	轴 测 图
单管垂直式	顶层	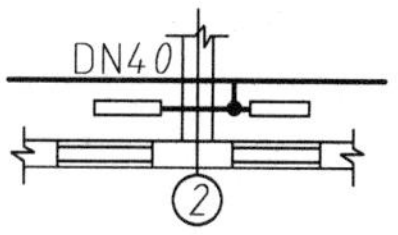	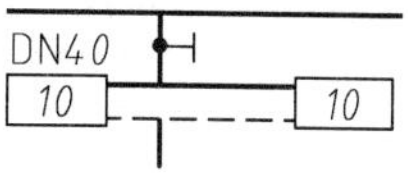
	中间层	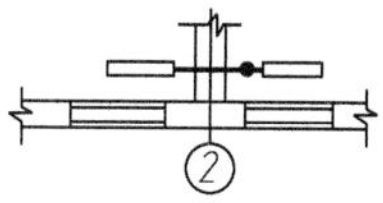	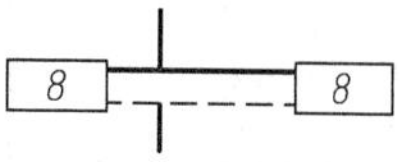
	底层	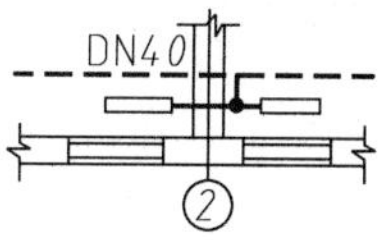	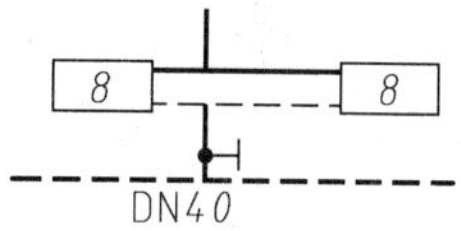
双管上分式	顶层	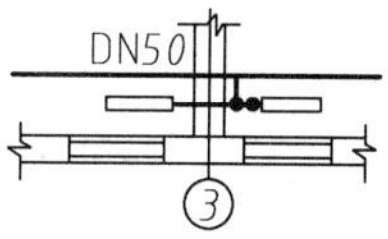	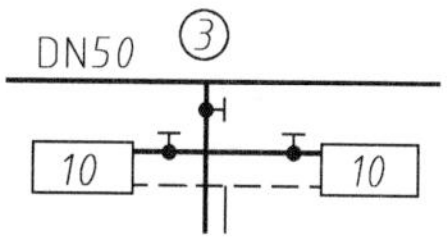
	中间层	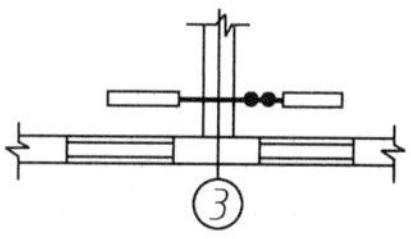	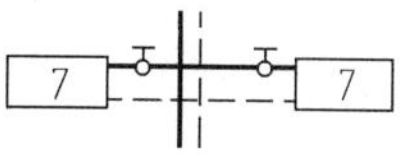
	底层	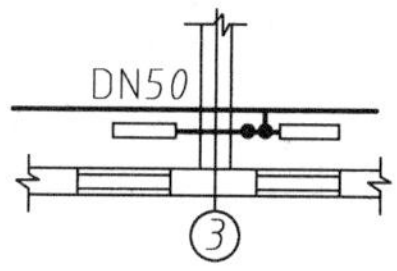	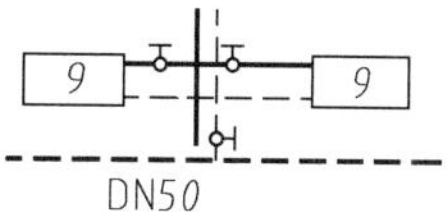
双管下分式	顶层	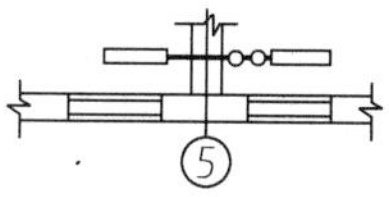	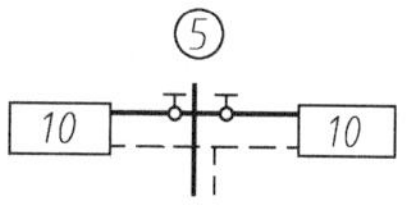
	中间层	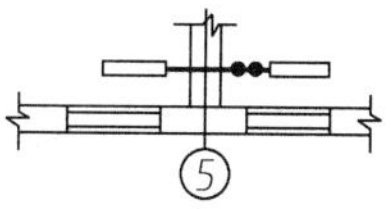	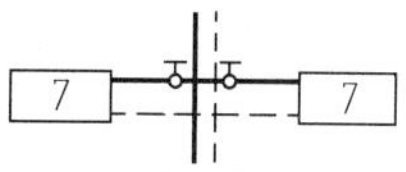
	底层	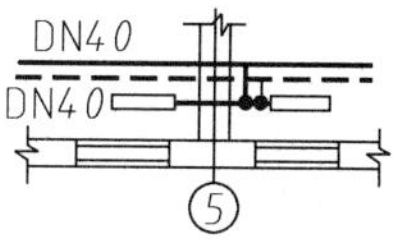	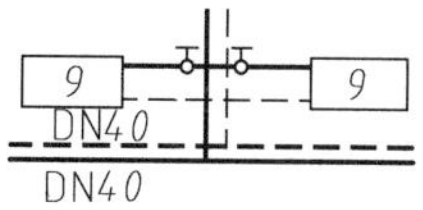

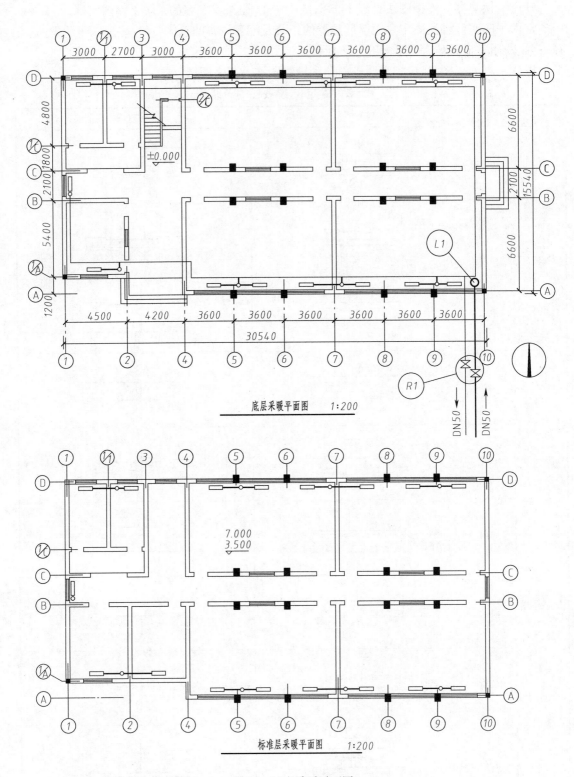

底层采暖平面图　　1:200

标准层采暖平面图　　1:200

图 14-16　采暖平面图

230

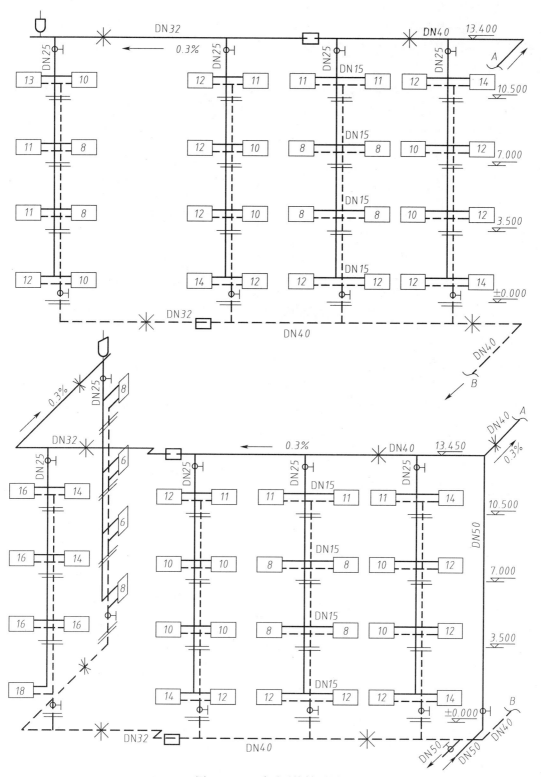

图 14 - 17　采暖系统轴测图

3. 采暖详图

采暖详图包括标准图和非标准图,采暖设备的安装都应采用标准图,个别的还要绘制详图。标准图包括散热器的连接、膨胀水箱的制作和安装、集气罐制作和连接、补偿器和疏水器的安装、入口装置等。非标准图是指供暖施工平面图及轴测图中表示不清而又无标准图的节点图、零件图。

图 14 - 18 是一组散热器的安装详图。图中表明暖气支管与散热器和立管之间的连接形式,散热器与地面、墙面之间的安装尺寸、结合方式及结合件本身的构造等。

采暖设备图也需用列出工程量表,读图时要注意浏览。

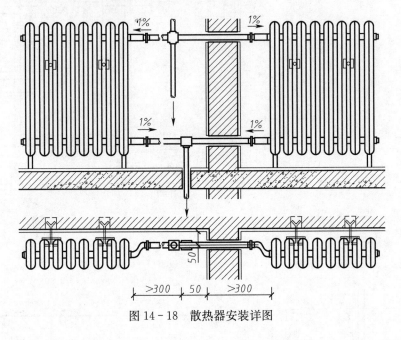

图 14 - 18　散热器安装详图

第15章 道路工程图

　　道路是一种供车辆行驶和行人步行的带状结构物。道路根据它们不同的组成和功能特点,可分为公路和城市道路两种。联结城市、乡村的道路称为公路,位于城市范围以内的道路称为城市道路。

　　道路路线是指道路沿长度方向的行车道中心线,也称道路中心线、路中心线、道路中线或路中线。由于地形、地物和地质条件的限制,道路路线的线形在平面上是由直线和曲线段组成,在纵面上是由平坡和上、下坡段及竖曲线组成。因此从整体上来看,道路路线是一条空间曲线。

　　道路路线设计的最后结果是以平面图、纵断面图和横断面图来表达。由于道路建筑在大地表面狭长地带上,道路竖向高差和平面的弯曲变化都与地面起伏形状紧密相关,因此道路工程图的图示方法与一般的工程图不同,它是以地形图和道路中线在水平面上的投影图作为路线平面图;用一曲面沿道路中心线铅垂剖切后,再展开在一个 v 面平行行面上投影的断面图作为立面图;沿道路中心线上任意一点(中桩)作法向剖切平面所得的横断面图作为侧面图(如图 15 - 1 所示)。这三种图都各自画在单独的图纸上,用它们来表达道路的空间位置、线形和尺寸。

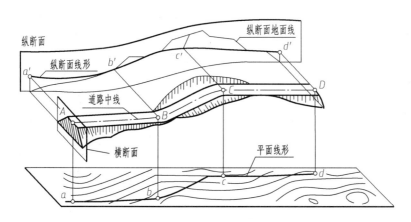

图 15 - 1　平面、纵断面和横断面图的图示法

　　路线设计是指做确定路线的平、纵、横三向各部位的尺寸、材料和构造等细致工作。

　　本章着重介绍道路工程的公路路线、城市道路路线、路线交叉、交通工程及沿线设施等工程的施工图的内容、图示特点、读图和绘图方法。道路、桥梁、隧道与涵洞工程图都应遵循《道路工程制图标准》(GB 50162—1992)以及其他有关标准的规定。

15.1　公路路线工程图

　　公路是一种主要承受汽车荷载反复作用的带状工程结构物。公路的基本组成部分包括路基、路面、排水、桥梁、涵洞、隧道、路线交叉、交通工程及沿线设施等构造物。因此公路路线工程图是由表达线路整体状况的路线工程图和表达各工程实体结构的桥梁、隧道、涵洞等工程图组成。

公路路线工程图包括路线平面图、公路平面总体设计图（用于高速公路和一级公路）、路线纵断面图、路基横断面图等工程图样。

15.1.1 路线平面图

路线平面图的作用是表达路线的方向、平面线形（直线和左、右弯道），以及沿线两侧一定范围内的地形、地物情况。

图15-2为公路K1+620至K2+215路段的路线平面图，其内容包括沿线地形、地物、路线和平曲线要素表。

1. 地形部分

（1）为了清晰地表示图样，根据地形起伏情况的不同，地形图采用不同的比例。一般在山岭区采用1:2000，丘陵和平原区采用1:5000，本图比例系采用1:2000。

（2）为了表示地区的方位和路线的走向，地形图上需画出坐标网格或指北针。本图采用

坐标网格，图中 $\dfrac{\text{N86800}}{\quad \text{E54400}}$ 的十字线表示坐标网格的交点，并标注东（E）、北（N）方向的坐标值，即交点坐标为距坐标网原点东54600单位、北86800单位（m）。

（3）路线所在地带的地形图一般是用等高线和图例表示的。表示地物常用的平面图图例如表15-1所示。

由图15-2可看出，两等高线的高差为2m，图的左、中和右上方有三座小山峰，山峰之间有梯田、鱼塘及水库等。西面和西南面地势较平坦，有果园、藕塘、鱼塘和水稻田。图中还表示了村庄房屋、入户低压电力线、连接村庄的小道等的位置。

2. 路线部分

（1）路线平面图所采用的绘图比例较小（本图为1:2000），公路的宽度未按实际尺寸画出，在路线平面图中，路线是用粗实线沿着路线中心表示的。

（2）路线的长度用里程表示，里程桩号标注在道路中线上，并规定里程由左向右递增。路线左侧设有"⊕"标记表示为公里桩，公里桩之间沿路线前进方向的右侧（或左侧，本图为左侧），用垂直于路线的短细线标记表示百米桩，按道路工程制图标准规定，数字写在短细线端部，字头朝向上方。

里程桩号亦称中桩，是按一定的间隔、沿公路中线走向、钉入地面上的一系列木（或竹）桩，桩上面写有桩号，表示该点距路线起点的水平距离。图15-2所示，该段路线起始桩号是K1+620.00，右方终止桩号是K2+215.00，K后第1个数表示公里整数，由此可算出本段路线长2215−1620=595m。在桩号K1+620.00与K2之间注有7、8、9数字表示百米桩号，即K1+700，K1+800等。

（3）路线的平面线形简称平曲线。它是由直线、圆弧曲线（简称圆曲线）和缓和曲线组成，这三者称为路线平面线形三要素。对于曲线型路线的公路转弯处，将公路中线的直线段延长线的交点标记为JD，并按前进方向将交点编号为：$JD_1 \sim JDn$。交角 α 为偏角（α_Z 为左偏角，α_Y 为右偏角），它是沿路线前进方向、向左或向右偏转的角度。还有曲线设计半径 R、切线长 T、

234

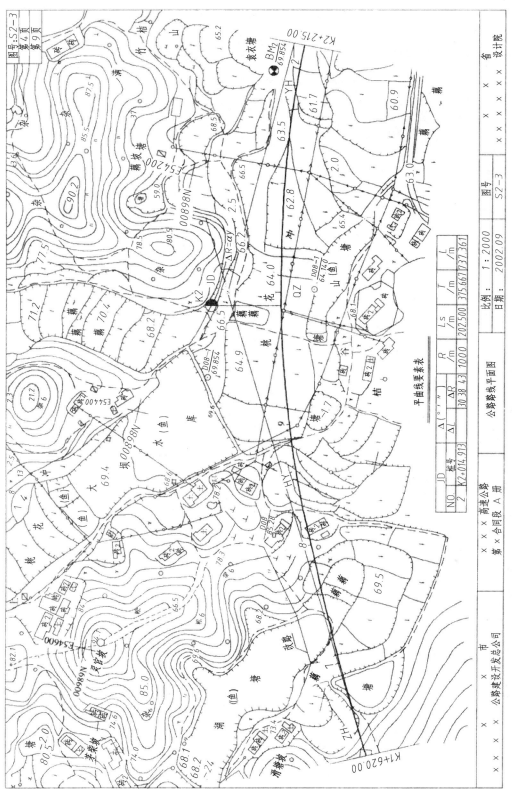

图 15-2 路线平面图

公路路平面图

平曲线要素表

JD			Δ(°′″)	ΔR	R	Ls	T	L
NO	桩号		Δ'L	ΔR=α''	/m	/m	/m	/m
2	K2+014.913		30 38 43		1000	202.500	375.661	737.361

比例： 1:2000 图号 S2-3
日期： 2002.09

×××× 高速公路
第××合同段 A 册

公路建设开发总公司
×× 市

省 设计院
× × ×× ×××

表15-1　平面图的常用图例

名称	符号	名称	符号	名称	符号
路中心线	— · — · —	铁路	▭	水沟	⇢
水准点	⊗ BM编号/高程	公路	══	河流	～→
导线点	□ 编号/高程	大车道	— — —	房屋	▨ □ 独立成片
交角点	JD编号	桥梁涵洞	⟩—⟨	高压电线 / 低压电线	•—•—• / •—•—•
通讯线	—·—·—	坎	┬┬┬┬	小路	– – –
里程桩号	◗	晒谷场	⬭	坟地	⊥⊥⊥
水田	↓ ↓ ↓	用材林	○ ○	变压器	○—○
旱田	┴┴ ┴┴	围墙	▮▮▮	经济林	⚲ ⚲ ⚲
菜地	Y Y Y	路堤	▥	等高线、冲沟	～～
水库鱼塘	⬭	路堑	⬭	石质陡崖	▓▓▓

曲线全长 L、外距 E,缓和曲线长 L_s,这些平曲线要素必须填入路线平面图的平曲线要素表中(图 15-2 下方)。在每个交点处设置曲线,路线平面图中对曲线还需标出曲线切点:圆曲线与直线的切点标记为 ZY(直圆)和 YZ(圆直),圆曲线中心点标记为 QZ(曲中)(图 15-3)。如果设置缓和曲线,它与直线的切点标记为 ZH(直缓)、HZ(缓直),将圆曲线与缓和曲线的切点标记为 HY(缓圆)和 YH(圆缓)。

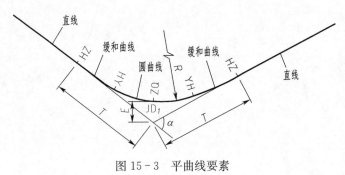

图 15-3　平曲线要素

（4）图中还标出了导线点□和控制标高的水准点❖编号和位置。如"$\square\dfrac{\text{D08}}{85.28}$"表示第 8 号导线点,其高程为 85.28m;"$❖\dfrac{\text{BM2}}{69.854}$"表示第 2 号水准点,其高程为 69.854m。

3. 画路线平面图应注意的几点

（1）先画地形图,然后画路线中心线。地形图用等高线表示,等高线按先粗后细步骤徒手绘出,要求线条顺滑。一般每 5 条等高线绘一条中实线,其他四条用细实线绘制。路线平面图是指包括路中线在内的带状地形图,测绘宽度一般为路中线两侧 100m～200m。对 1∶5000 的地形图,测绘宽度每侧不应小于 200m。

（2）路线平面图应从左向右绘制,桩号为左小右大。路线中心线用绘图仪器按先曲线后直线的顺序画出。为了使中心线与等高线有显著的区别,一般用 1.4b 的加粗粗实线画出路线中心线。

将坐标 E、N 值按比例精确地绘在相应的位置上。标注平曲线主要要素点、公里桩和百米桩的位置,以及本张图纸中路线的起点和终点里程桩号等。

（3）平面图的植物图例,应朝上或向北绘制。每张图纸的右上角应有角标,注明图号、图纸序号及总张数,如图 15－2 中右上角角标中图号 S3－2、共 9 页、本页是第 4 页。

（4）平面图中字体的方向,应根据图标的位置来定。

此外由于公路路线具有狭长曲线的特点,需要分段画在若干张图纸上。使用时可以将图纸拼接起来。路线分段应在直线部分,最好取整数桩号断开,断开的两端均应以细点画线垂直于路线画出接图线(图 15－4)。

图 15－4　路线平面图拼接

4. 公路平面总体设计图

高速公路和一级公路的总体设计文件中应绘公路平面总体设计图。图中应绘出地形、地物、导线点,示出坐标网格、路线位置、桥梁、涵洞、隧道、路线交叉、沿线排水系统及主要沿线设施的布置等。路线位置应标出桩号、断链、路中心线、路基边线、坡脚或坡顶线及示坡曲线的主要桩位。比例尺为 1∶1000 或 1∶2000。图 15－5 为某公路的一段平面总体设计图。图中除表示出地形(用疏密不同的等高线表示)、地物、坐标网格外,还表示出公路的宽度和路中心线(用细单点长画线表示),路基边线和示坡线(用长短相间的细线表示,短细线所在的一边为高,反之为低),排水系统水流方向及涵洞的位置(图中用两根虚线表示之处)。该公路按四车道一级公路设计,路基宽 26m,每一幅车行道宽 2×3.75m,行车速度 100km/h。

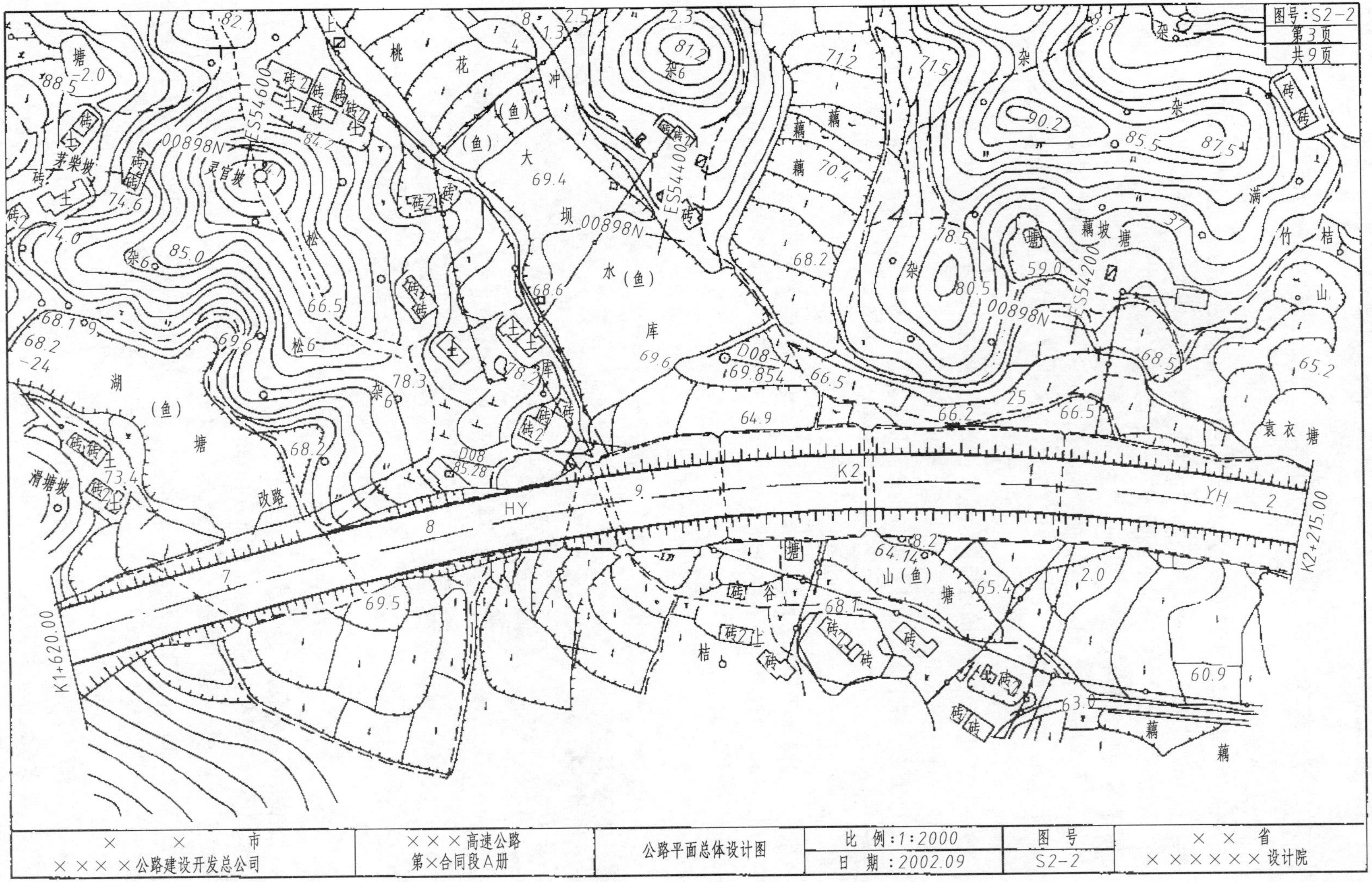

图 15-5　公路平面总体设计图

15.1.2 路线纵断面图

路线纵断面图是通过公路中心线用假想的铅垂面进行剖切展平后获得的,见图15-6。由于公路中心线是由直线和曲线所组成,因此剖切的铅垂面既有平面又有柱面。为了清晰地表达路线纵断面情况,采用展开的方法将断面展平成一平面,形成路线纵断面图。

图15-6　路线纵断面形成示意图

路线纵断面图的作用是表达路线中心纵向线形以及地面起伏、地质和沿线设置构造物的概括,路线平面图和纵断面图结合起来即可确定路线的空间位置。

图15-7为某公路K1+420～K2+160段的路线纵断面图。纵断面图包括高程标尺、图样和资料表(测设数据)三部分内容。一般图样应绘在图幅上方,资料应以表格形式布置在图幅下方,高程标尺应布置在资料表的上方左侧。

1. 图样部分

(1)路线纵断面是用展开剖切方法获得的断面图,图样的长度表示了路线的长度。在图样中水平方向表示长度,竖直方向表示高程。

(2)路线和地面的高差比线路的长度小得多,为了清晰显示竖直方向的高差,因此规定竖直方向的比例按水平方向的比例放大10倍。一条公路纵断面图有若干张,应在第一张图的图标内标注竖、横向所采用的比例。图15-7中,横向比例为1:2000,而竖向比例则为1:200。

(3)图样中不规则的细折线表示设计中心线处的纵向地面线,它是根据一系列中心桩的地面高程连接而成的,反映出路中线之上或以下的地貌。

(4)图中的粗实线为公路纵向设计线,它表示路中线或路基边缘的设计高程。比较设计线与地面线的相对位置,可确定填、挖地段和填、挖高度。

在设计线纵坡变更处即变坡点,应按《公路工程技术标准》(JTG B01—2003)的规定设置竖曲线,以利于汽车行驶。竖曲线分为凸形和凹形两种,分别用"⌐"和"⌐"符号表示,并在其上标注竖曲线要素:曲率半径R、切线长T和外距E。变坡点用直径为2mm中粗线圆圈表示,《道路工程制图标准》规定的粗、中、细切线采用细虚线表示。图15-7路线纵断面图上方,在K1+460处有$R=10000$m的凸形曲线,该竖曲线的中点高程为74.5m。

(5)当路线上设有桥梁、涵洞、立体交叉和通道等人工构造物时,应在其相应设计里程和高程处,按图例绘制并注明构造物的名称、种类、规格和中心里程桩号。如图15-7所示,该段路线内有三处设置了钢筋混凝土圆管涵,用"○"符号表示,其中在K1+752处的圆管涵直径为1.5m,在K1+940和K2+100处的圆管涵直径均为1.25m。此外还设置了箱形的盖板涵和盖板型通道(人行通道),其位置和尺寸在图上已清晰注明。

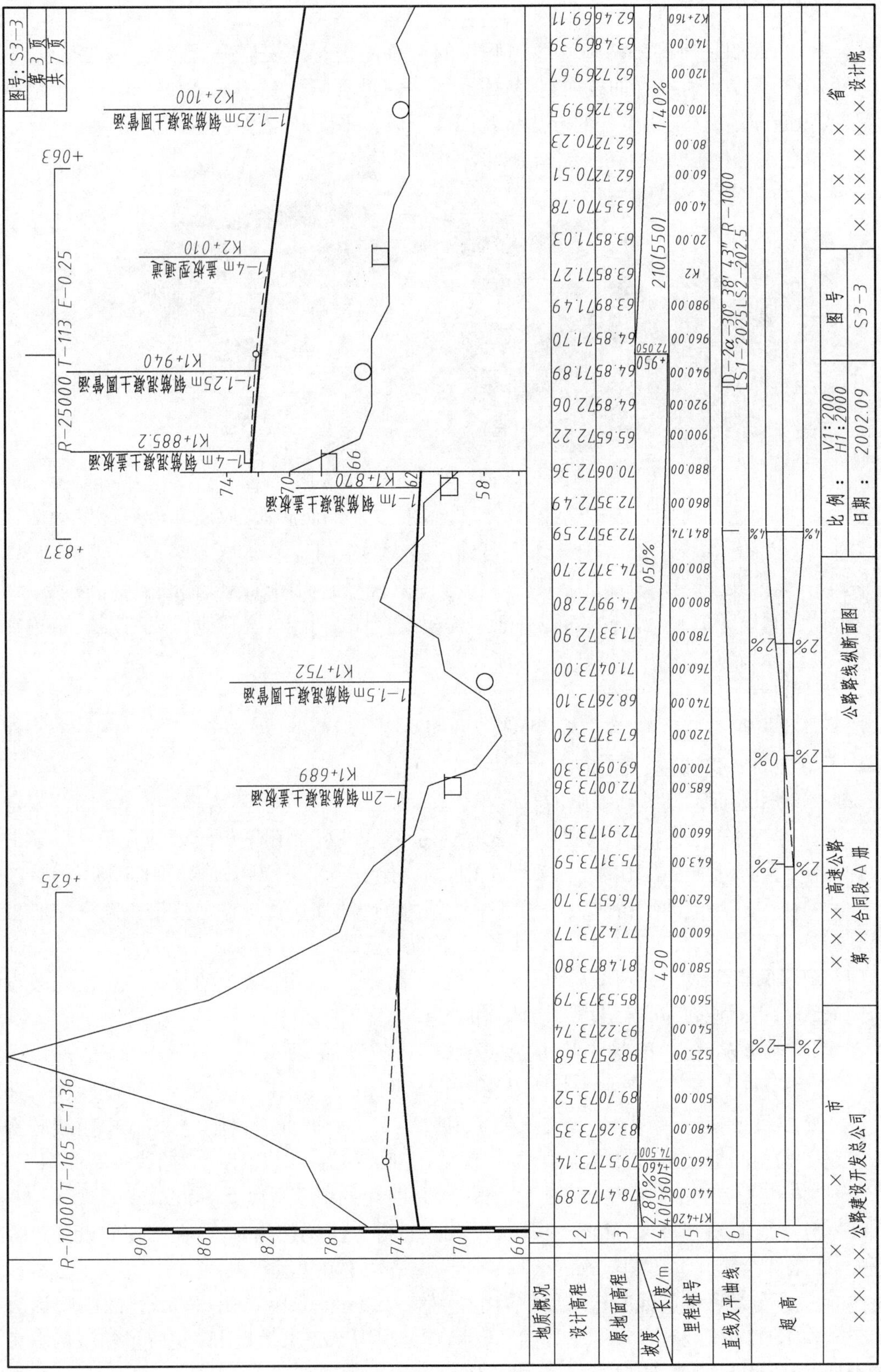

图 15-7 公路路线纵断面图

（6）根据设计线和标尺，借助三角板可读出竖曲线上各点的高程。

本例因图幅有限，纵坡较大且为下坡，设计线会超出图幅版面，因此在适当位置将高程标尺上移（若上坡就下移），使设计线能显示完整。图 15-7 中在里程桩号 K1+880 之右，设计线下坡，会超出图幅，于是在此处将设计线上移，相应标尺上刻度 70m、74m 也上移，上移后表示法与左段完全相同。

为了绘图和读图方便，路线纵断面图的图样部分可绘在方格纸上。

2. 资料（测设数据）表部分

资料表一般列有 1 地质概况；2 设计高程；3 地面高程；4 坡度及坡长；5 里程桩号；6 直线及平曲线；7 超高。路线纵断面图的资料表是与图样上下对应布置的，这种表示方法能较好地反映出纵向设计线在各桩号处的高程、填挖的土方量、地质条件和纵向坡度，以及平曲线与竖曲线的配合关系。

（1）坡度用来表示均匀坡段坡度的大小，它是以上升高度 h 与水平距离 l 之比的百分数来量度的，即 $i=h/l(\%)$，上坡为正值，下坡为负值，亦可用斜线表示坡度方向（图 15-7）。坡长是每个坡度段的终止桩号与起始桩号的差值，即该段设计线的水平投影长度。

由"坡度及坡长"栏可看出 K1+460 处为上坡（2.8%）与下坡（-0.5%）的变坡点，因此设凸形竖曲线一个。变坡点左侧上坡段从 K1+100～K1+460，设计长度为 360m，图中示出 40m；变坡点右侧下坡段从 K1+460～K1+950，设计长度为 490m。

（2）在路线设计中，竖曲线与平曲线的配合关系直接影响着汽车行驶的安全性和舒适性，以及道路排水状况。在资料表中，以简略的形式表示出纵、平的配合关系。

"直线及平曲线"一栏表示该路段的平面线形。以"——"表示直线段，以"‿‿"、"⌐⌐" 和"⌐⌐"、"⌐⌐"四种图样表示曲线段，前两种表示设置缓和曲线，后两种表示不设缓和曲线，并在曲线一侧标注交点编号、偏角、半径和曲线长度。图样凹、凸表示曲线的转向，上凸表示右转曲线，下凹表示左转曲线，本例为带缓和曲线的右转曲线。结合纵断面情况，可想象出该路段的空间情况。

（3）超高是为抵消车辆在弯道上行驶时所产生的离心力，在该路段横断面上设置外侧高于内侧的单向横坡。"超高"一栏中，居中且贯穿全栏的直线表示设计高程。在标准路段，只有设计高程线与路缘高程线（左、右路缘重合）两条线，横坡向右，坡度表示为正值，横坡向左，坡度为负值。图中虚线表示左幅路首先开始变坡，从-2% 变到 0%，再从 0% 变到与右幅路面同一坡度 2%，然后左、右幅路面成一体绕公路中线旋转到 4% 的横向坡度超高值。路线平面图与纵断面图一般安排在两张图纸上，也可按需要放在同一张图纸上。

3. 画路线纵断面应注意的几点

（1）路线纵断面图用方格纸画，方格纸上的格子一般纵横方向按 1mm 为单位分格，每 5mm 处印成粗线，使之醒目，便于使用。用方格纸画路线纵断面图，既可省用比例尺，加快绘图速度，又便于进行检查。

（2）如用透明方格纸图宜画在反面，使擦线时不致将方格线擦掉。

（3）画路线纵断面图与画路线平面图一样，从左至右按里程顺序画出。

（4）纵断面图的标题栏绘在最后一张图或每张图的右下角或下方，注明路线名称、纵、横比例等。每张图右上角应有角标，注明图号、图纸序号及总张数。

15.1.3 路基横断面图

路基横断面图是在路线中心桩处作一垂直于路线中心线的断面图。它由横断面设计线和地面线所构成。横断面设计线包括车行道、路肩、分隔带、边沟、边坡、截水沟、护坡道等设施，地面线是表示地面在横断面方向的起伏变化。

路基横断面图的作用是表达各中心桩处横向地面起伏以及设计路基横断面情况。应该在每一中心桩(与纵断面桩号对应)处，根据测量资料和设计要求，顺次画出每一个路基横断面图，用来计算公路的土、石方工程量，作为设计概算、施工预算的依据。

1. 路基横断面的形式

公路路基断面按填挖条件的不同，可归纳为三种基本形式：

(1) 填方路基 即路堤，如图 15-8(a)所示，在图下方注有该断面的里程桩号、路中心线处填方高度 $h_T(m)$，断面的填方面积 $A_T(m^2)$，以及断面上路面标高。

(2) 挖方路基 即路堑，如图 15-8(b)所示，在图下注有该断面的里程桩号、路中心线处挖方高度 $h_w(m)$，断面的挖方面积 $A_w(m^2)$，以及断面上路面标高。

(3) 半填半挖路基这种路基是前两种路基的综合，如图 15-8(c)所示。在图下仍注有该断面的里程桩号、路中心线处的填方高度 $h_T(m)$或挖高 $h_w(m)$、断面的填方面积 $A_T(m^2)$和挖方面积 $A_w(m^2)$，以及断面上路面标高。

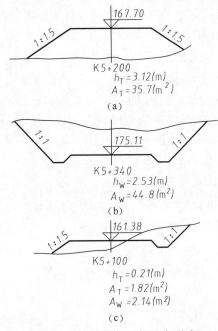

图 15-8 路基断面的基本形式

(a)填方路基；(b)挖方路基；(c)半填半挖。

2. 横断面图

(1) 标准横断面用来表现某一路段一般情况的横断面称为标准横断面。路基标准横断面图中应表示路中心线、行车道、土路肩、拦水缘石、路拱横坡、边坡、护坡道、边沟、碎落台、截水沟、用地界碑等各部分的组成及其尺寸，以及路面宽度。对于高速公路、一级公路路基，还需表示出中央分隔带、缘石、左侧路缘带、硬路肩(含右侧路缘带)、护栏、隔离栅等设置位置，比例尺用1：100或1：200。图15-9为某一级公路的两个路基标准横断面图，图15-9(a)为一般路基，图15-9(b)为超高段路基，道路两侧用地界碑之间的宽度为道路用地范围，图中比例为1：200。在图15-9中请读者注意：按《道路工程制图标准》规定，视图名称应标注在视图上方居中，图名底部应绘制与图名等长的粗、细实线。尺寸起止符宜采用单边箭头表示，箭头在尺寸线的右方时，应标注在尺寸线之上；反之，应标注在尺寸线之下；也可采用把尺寸界线按顺时针转45°的斜短线表示；在连续表示的小尺寸中，也可用黑圆点表示起止符。

(2) 路基横断面图。如图15-10所示的路基横断面图，在绘出纵断面对应桩号的地面线后，按标准横断面所确定的路基形式和尺寸、纵断面图上所确定的设计高程，将路基顶面线和边坡线绘制出来，俗称戴帽子。在每个横断面上需注明桩号，同时可注明填挖高度、填挖面积、路基宽度、超高等内容，也可从路基设计表查得（略）。

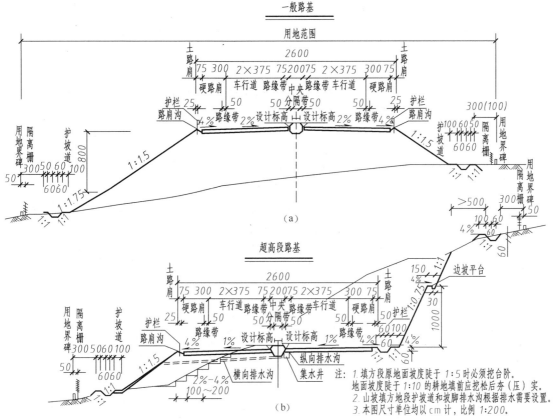

图15-9　××公路路基标准横断面
(a)一般路基；(b)超高段路基。

3. 画路基横断面应注意的几点

(1) 画路基横断面图使用方格纸，既便于计算断面的填挖面积，又给施工放样带来方便。

(2) 路基横断面应顺序沿着桩号从下到上，从左至右布置在一幅图纸内。若有多张路基横断面图时，则应按桩号自小到大顺次布置在相邻并连续编号的图幅内，以便读图、查找，利于施工。

(3) 横断面图的地面线一律画细实线，设计线一律画粗实线。

(4) 在每张路基横断面图的右上角应写明图号、图纸序号及总张数。在最后一张图的右下角或下方绘制图标（图15-10）。

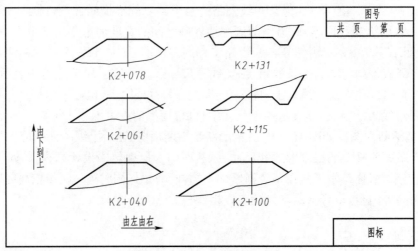

图 15 - 10　路基横断面

15.2　城市道路路线工程图

在城市里,沿街两侧建筑红线之间的空间范围为城市交通用地。城市道路主要包括机动车道、非机动车道、人行道、分隔带、绿带、交叉口和交通广场以及各种设施等。在交通高度发达的现代化城市,还建有架空高速道路、地下道路等。

城市道路的线形设计结果也是通过横断面图、平面图和纵断面图表达的。其图示方法与公路路线工程图完全相同。但是城市道路所处的地形一般都比较平坦,并且城市道路的设计是在城市规划与交通规划的基础上实施的,交通性质和组成部分比公路复杂得多,因此,体现在横断面图上,城市道路比公路复杂得多。

15.2.1　横断面图

城市道路横断面图是道路中心线法线方向的断面图。城市道路断面图由车行道、人行道、绿带和分离带等部分组成。根据道路功能和红线宽度的不同,可有各种不同形式的组合。

1. 城市道路横断面布置的基本形式

根据机动车道和非机动车道不同的布置形式,道路横断面的布置有以下四种基本形式。

(1) 单幅路　俗称"一块板"断面,把各种车辆都混合在同一车行道上行驶,规定机动车在中间,非机动车在两侧,如图 15 - 11(a)所示。在交通组织上,单幅路可分为划出快、慢车行驶的分车线和不划分车线两种。

(2) 双幅路　俗称"两块板"断面,用一条分隔带或分隔墩从道路中央分开,使往返交通分离,但同向交通仍在一起混合行驶,如图 15 - 11(b)所示。

(3) 三幅路　俗称"三块板"断面,用两条分隔带或分隔墩把机动车和非机动车交通分离。将车行道分隔为三块:中间为双向行驶的机动车道,两侧为方向彼此相反的单向行驶非机动车道,如图 15 - 11(c)所示。

(4) 四幅路俗称"四块板"断面,在"三块板"断面的基础上增设一条中央分离带,使机动车分向行驶,如图 15 - 11(d)所示。

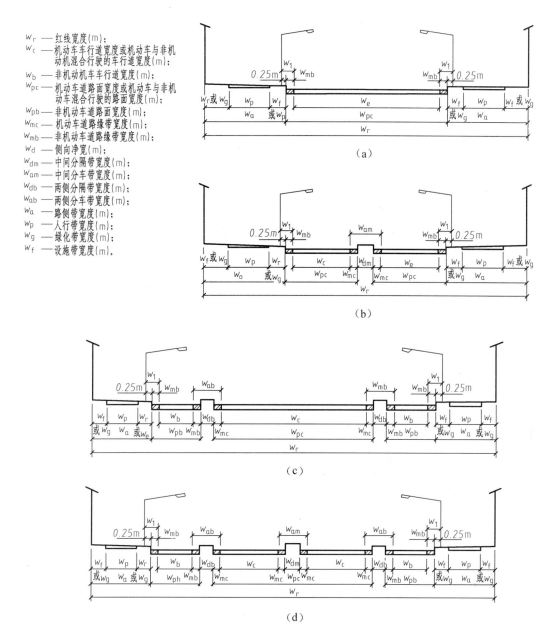

w_r —— 红线宽度(m);
w_c —— 机动车车行道宽度或机动车与非机动机混合行驶的车行道宽度(m);
w_b —— 非机动机车车行道宽度(m);
w_{pc} —— 机动车道路面宽度或机动车与非机动车混合行驶的路面宽度(m);
w_{pb} —— 非机动车道路面宽度(m);
w_{mc} —— 机动车道路缘带宽度(m);
w_{mb} —— 非机动车道路缘带宽度(m);
w_d —— 侧向净宽(m);
w_{dm} —— 中间分隔带宽度(m);
w_{am} —— 中间分车带宽度(m);
w_{db} —— 两侧分隔带宽度(m);
w_{ab} —— 两侧分车带宽度(m);
w_a —— 路侧带宽度(m);
w_p —— 人行带宽度(m);
w_g —— 绿化带宽度(m);
w_f —— 设施带宽度(m)。

图 15-11 城市道路横断面布置的基本形式

(a)单幅路横断面;(b)双幅路横断面;(c)三幅路横断面;(d)四幅路横断面。

2. 横断面图的内容

横断面设计的最后成果用标准横断面设计图表示。图中表示出横断面各组成部分及其相互关系。图 15-12 为某道路近期设计横断面图,图 15-12(a)为标准横断面,比例尺为 1∶200,为了表示高差变化情况,纵向与横向可采用不同的绘图比例。图 15-12(b)为路面、路肩、人行道大样图(大样图又称详图),比例尺为 1∶40。

由图 15-12 可看出,该路段采用"单幅路"断面形式,并划出快、慢车行驶的机动车和非机动车车道,使机动车与非机动车分道单向行驶,两侧为人行道。图 15-12 中表示人行道、非机动车道、机动车道及路缘带的宽度分别为 300、1160、1280 和 40(cm),横向坡度为 2%、1.5%

245

和 10%。并标注了路中央路拱竖曲线参数,路面中心、边缘、路缘带、人行道边缘的高差如图 15-12(a)上方和表格所示。路面、路肩、人行道结构用大样图表示,路基路面、人行道的材料、层次及厚度,在大样图上用竖直引出线标注。

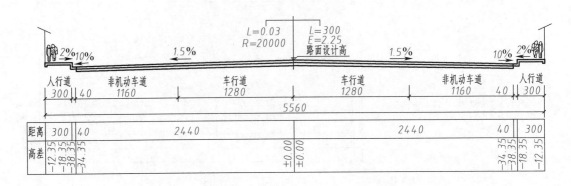

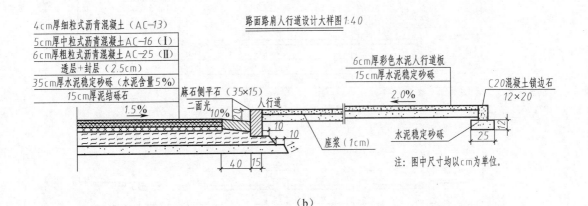

(b)

图 15-12 标准横断面设计图
(a)横断面;(b)大样图。

当道路分期修建、改建时,除了需绘制近期设计横断面图之外,还要画出远期规划设计横断面图。为了计算土石方工程量和施工放样,与公路横断面图相同,需绘出各个中心桩的现状横断面,并加绘设计横断面图,标出中心桩的里程和设计高程,称为施工横断面图。

15.2.2 平面图

城市道路平面图与公路路线平面图相似,它是用来表示城市道路的方向、平面线形和车行道布置以及沿路两侧一定范围内的地形和地物情况。

图 15-13 为某市环线长宁路交叉口一段城市道路平面图,它主要表示了环形交叉口和二环线南段的平面设计情况。

城市道路平面图的内容可分为道路和地形、地物两部分,如图 15-13 所示交叉口南段道路。

246

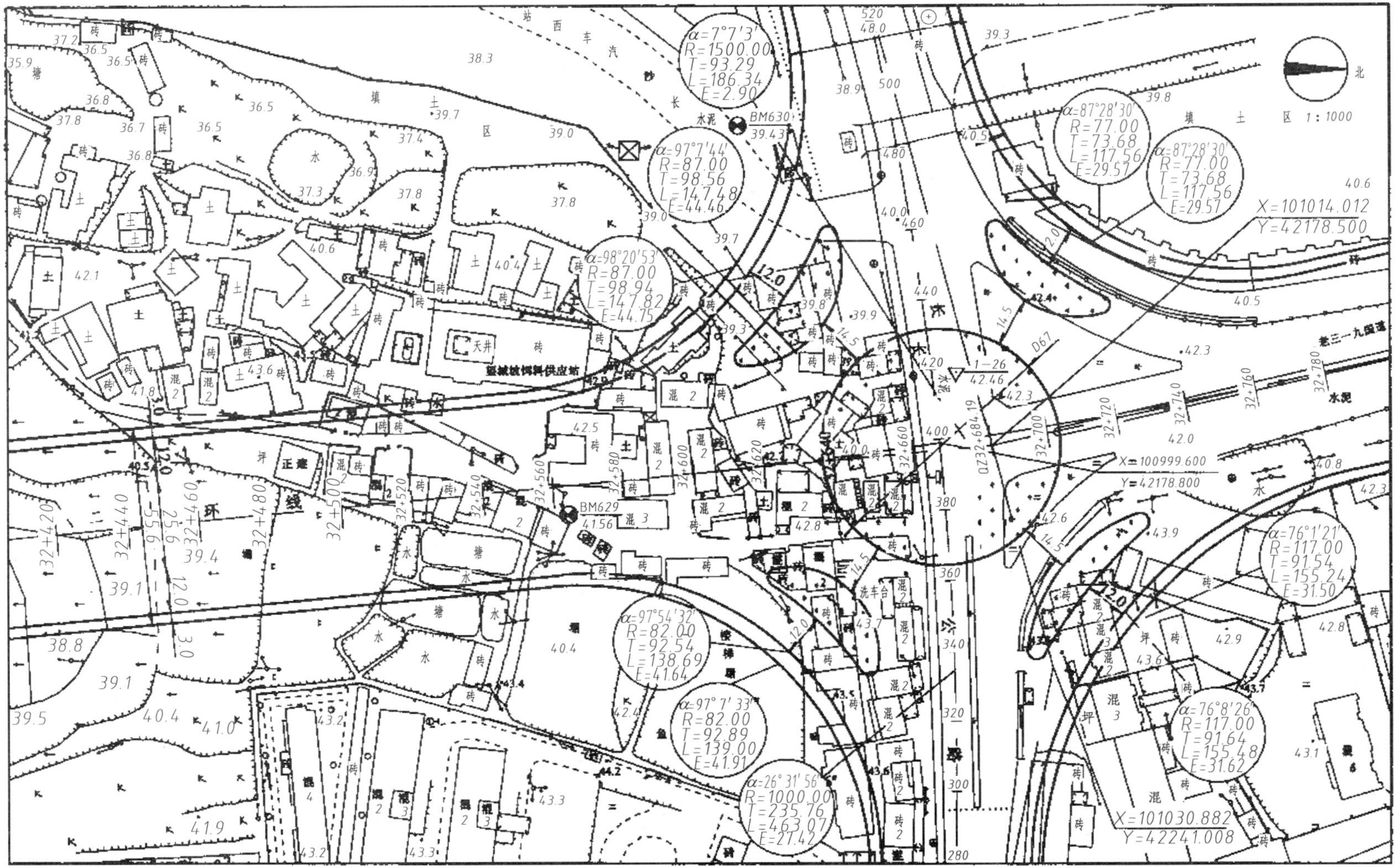

图 15－13　某市环线长宁路交叉口平面设计图

247

1. 道路情况

(1) 道路中心线用点画线表示。为了表示道路的长度,在道路中心线上标有里程。从图中可以看出,道路是由南向北标注里程,一般每隔20m设里程桩号。南北道路中心线不在同一直线上,其交点坐标 X 为 101014.012m、Y 为 42178.500m,偏角为 $7°7'73''$,其他平曲线要素:设计半径 R 为 1500m,切线长为 93.29m,圆曲线长为 186.34m,外距为 2.9m。东西道路中心线交点坐标 X 为 101030.882m、Y 为 42241.008m,偏角为 $26°31'56''$、设计半径 R 为 1000m、切线长 T 为 235.76m、曲线长 L 为 463.07m、外距 E 为 27.42m。

(2) 道路的走向本图是用指北针"①"符号来表示的(也可用坐标网表示)。南段道路的走向随里程减少为南偏东方向,北段道路的走向随里程增加为北偏西方向。

(3) 城市道路平面图所采用的绘图比例较公路路线平面图大(本图采用 1:1000),因此车、人行道的分布和宽度可按比例画出。由图可看出:南段道路机动车道宽度为 25.6m,非机动车道宽度为 12m,人行道为 3m,中间无分隔带。所以该路段为"单幅路"断面布置型式。

(4) 图中还画出了用地线的位置,它是表示施工后的道路占地范围。为了控制道路高程,图中还标出了水准点的位置。

2. 地形和地物情况

(1) 城市道路所在的地势一般比较平坦。地形除用等高线表示外,还用大量的地形点表示高程。从图中地形点高程值可看出,由北到南,由东到西地势逐渐降低。

(2) 交叉口南段道路为新建道路,因此占用了沿路两测一些民房和农田用地,北段道路是在原国道上扩建。该地区的地物和地貌情况可在表 15-1 和表 15-2 平面图的图例中查知。本图地物图例朝北绘制。

表 15-2　平面图的常用图例

名称	符号	名称	符号	名称	符号
棚房	▭	砖房 土砖房	砖 土	地下检查 井下水	⊕
砖石或混凝 土结构房屋	混3 3-层数	非明确 路边线	------ ------	消火栓	⊥⊖

15.2.3　纵断面图

城市道路纵断面图也是沿道路中心线的展开断面图。其作用与公路路线纵断面图相同,其内容也是由图样和资料表两部分组成,如图 15-14 所示为南北道路的纵断面图。

1. 图样部分

城市道路纵断面图的图样部分完全与公路路线纵断面图的图示方法相同,如绘图比例竖直方向较水平方向放大十倍表示(本图水平方向采用 1:1000,则竖直方向采用 1:100)。

2. 资料部分

城市道路纵断面图的资料部分基本上与公路路线纵断面图相同,不仅与图样部分上下对应,而且还标注有关的设计内容。

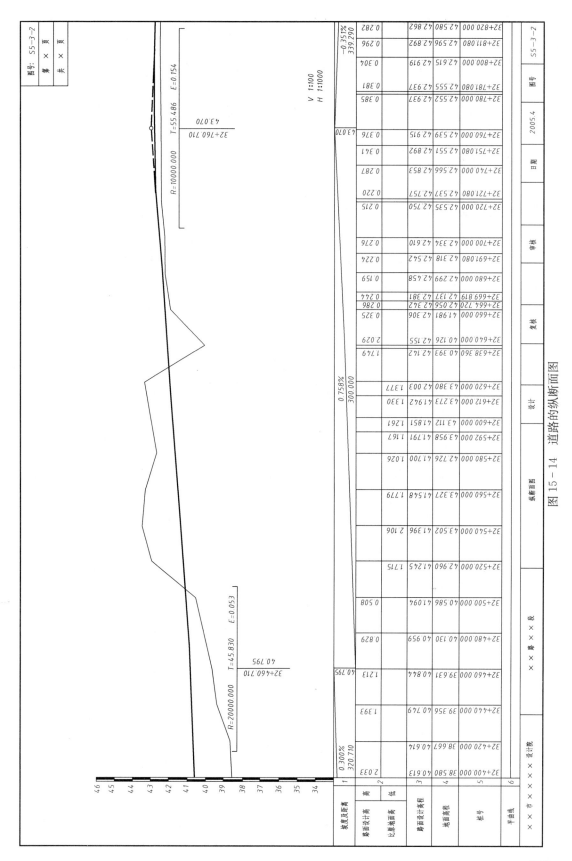

图 15 – 14 道路的纵断面图

249

城市道路除作出道路中心线的纵断面图之外，当纵向排水有困难时，还需作出街沟纵断面图。

对于排水系统的设计，可在纵断面图中表示，也可单独设计绘图。

15.3 道路交叉口

当道路与道路(或铁道)相交时，所形成的共同空间部分称为交叉口。根据通过交叉口的道路所处的空间位置，可分为平面交叉和立体交叉两大类。

15.3.1 平面交叉口

1. 平面交叉口的形式

平面交叉是指各相交道路中线在同一高程相交的道口。平面交叉的形式决定于道路系统规划、交通量、交通性质和交通组织，以及交叉口用地及其周围建筑的情况。常见的平面交叉口形式有十字形、X字形、T字形、Y字形、错位交叉和复合交叉等，如图 15-15(a)、(b)、(c)、(d)、(e)、(f)所示。

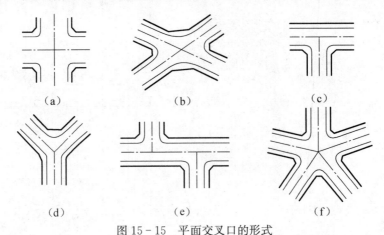

图 15-15　平面交叉口的形式

(a)十字形；(b)X字形；(c)T字形；(d)Y字形；(e)错位交叉；(f)复合交叉。

2. 环形交叉口

为了提高平面交叉口的通行能力，常采用环形交叉口。环形交叉(俗称转盘)是在交叉口中央设置一个中心岛，用环道组织交通，使车辆一律作绕岛逆时针单向行驶，直至所去路口离岛驶出。中心岛的形状有圆形、椭圆形、卵形等。

前述的图 15-13 表示了某道路环形交叉口的平面设计结果。该交叉口为四路交叉，中心岛为圆形，其直径为 67m(按《道路工程制图标准》规定，在半径、直径尺寸数字前，应分别标注 r 或 R、d 或 D)，机动车环道宽 14.5m，非机动车环道宽 12m，机动车环道与非机动车环道间设有分隔带(花坛)。南北主干道和东西主干道路中线交于交叉口，交点坐标 X 为 100999.600、Y 为 42178.800。交叉口车行道、人行道转弯处缘石四处均作成圆曲线形，曲线参数在平面图示出，如西南转弯车行道缘石线偏角为 $97°7'44''$，设计半径 R 为 87m，切线长为 98.56m，圆曲线长为 147.48m，外距为 44.46m。

平面交叉口除绘出平面设计图之外，还需在交叉口平面图上绘制竖向设计图。竖向设计高程可用不同的方式表示，较简单的交叉口可标注控制点高程、排水方向及坡度，排水方向用单边箭头表示。复杂的交叉口用等高线表示,等高线为细实线,每隔四条细实线绘一条中粗实线;亦可用网格高程表示,如图 15-16 所示,高程数字宜标注在网格交点的右上方。网格采用平行于设计路中线的细实线绘制。道路排水方向为由北向南、由东向西、由路中向路边流动,交叉口以中心岛外 10m 宽的圆环带为界,环内向中心岛排水、环外按道路排水方向排水。

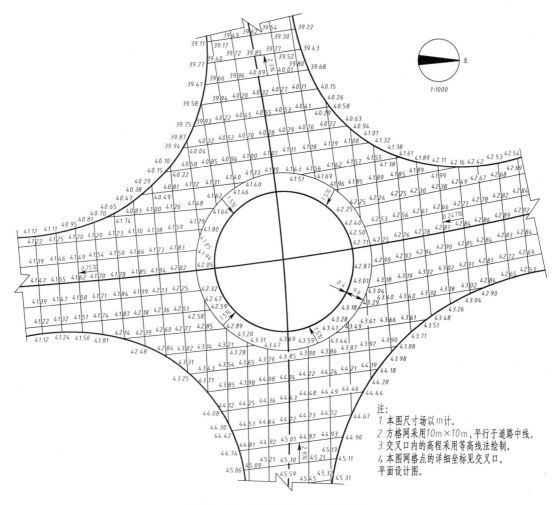

注:
1. 本图尺寸场以 m 计。
2. 方格网采用 10m×10m,平行于道路中线。
3. 交叉口内的高程采用等高线法绘制。
4. 本图网格点的详细坐标见交叉口平面设计图。

图 15-16　平面交叉口竖向设计图

15.3.2　立体交叉口

　　立体交叉是指交叉道路在不同高程相交的道口。其特点是各相交道路上车流互不干扰,可以各自保持原有的行车速度通过交叉口。当平面交叉口用交通控制手段无法解决交通要求时,可采用立体交叉,以提高交叉口的通行能力。

　　根据立体交叉结构物形式不同可分为隧道式和跨线桥式两种基本形式。跨线桥有下穿式和上跨式两种,高速或快速道路从桥下通过,相交道路从桥上通过时称为下穿式,反之称为上跨式,如图 15-17 所示。

　　根据相交道路上行驶的车辆是否能互相转换,立体交叉又分为分离式(图 15-18)和互通式(图 15-19)两种。分离式立体交叉,在道路交叉处仅设隧道或跨线桥,而不设上、下道路之间的连接匝道。互通式立体交叉,在道路交叉处除设隧道或跨线桥外,并在上、下道路之间设有连接匝道,供车辆转换车道用。城市道路一般要求能互相转换车道,多采用互通式立体交叉。

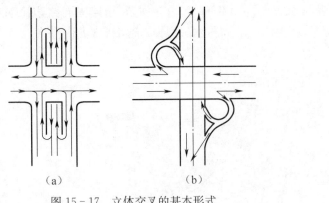

图 15-17 立体交叉的基本形式

(a)下穿式;(b)上跨式。

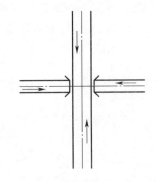

图 15-18 分离式立体交叉

1. 互通式立体交叉口的常见类型

互通式立体交叉口常见类型有:三路相交喇叭型,四路相交苜蓿叶型,四路相交涡轮式,四路相交四层 X 式环型,如图 15-19(a)、(b)、(c)、(d)、(e)所示。

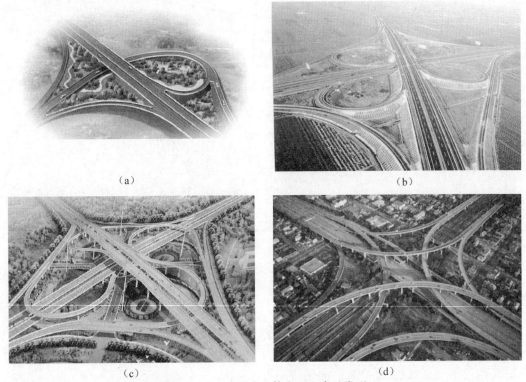

图 15-19 互通式立体交叉口常见类型

(a)三路相交喇叭型;(b)四路相交苜蓿叶型;(c)涡轮式立体交叉;(d)X形立体交叉。

2. 立体交叉工程图

公路与城市道路立体交叉工程图的内容视分离式还是互通式类型的不同而有所不同。互通式立体交叉工程图主要有平面图、线位图、纵断面图、横断面图、鸟瞰透视图(效果图)及竖向设计图等。

(1)平面图(平面与交通组织图)包括主线、匝道、变速车道及被交道路的位置,即中心线、路基边线、平曲线要素及主要桩位、匝道起终点、加减速车道长度、匝道编号、跨线桥及其交角、导线点、坐标网，以及交叉区综合排水系统等内容。图 15-20 为简化的某互通式立体交叉平面和交通组织图。图中指北针表示了立体交叉的方位和走向，为东西南北四路相交多层式苜蓿型互通式立体交叉。它由东西主干道左、右线(G319L，G319R)、南北主干道(B)，四条匝道(C、D、G、H)，四条左转弯车道(I、J、E、F)，七条集散车道(CC、DD、GG、HH、S_1(S_2)、S_3、S_4)以及绿带组成。图中用实线箭头和虚线箭头分别表示机动车和非机动车的车流方向，以说明交通组织情况。

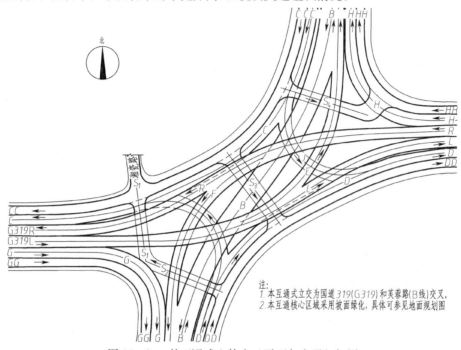

图 15-20 某互通式立体交叉平面与交通组织图

线位图(线形布置图)包括主线、被交叉道路、匝道的中心线，桩号(里程桩、平曲线控制点位置)，平曲线要素及坐标网等内容，本例略。

(2)纵断面图 如图 15-21 所示为东西干道(L线)纵断面图，表示东西干道左线从桩号 K0+000 至 K0+684.86 间的纵断面线形，设计线中间跨过集散车道 S_1，左转弯车道 F、I，南北干道 B，左转弯车道 J 等五条车道，纵坡较大，如粗实线所示。细折线为地面线，中粗折线为设计地面线，设计线下方的"⊟"表示主线下方下穿桥或路的宽度，并分别标注交叉处主桥和下穿桥各自的桩号，如 LK0+325.22＝ BK0+ 368.66，表示主桥东西干道左线与下穿桥南北干道交叉处各自的桩号。图下方列出 L 车道纵断面资料表。

图 15-22 为南北干道(B 线)纵断面图，设计线上方的"▨"表示主线上方跨线桥的宽度，其他图示方法与前述纵断面相同。

(3)鸟瞰透视图 可绘出立体交叉的透视图，供审查设计和方案比较用，如图 15-23 所示。

(4)横断面图 图 15-24 为某互通式立体交叉的东西干道东段匝道桥起点的横剖面图，图中表示主干道、匝道、集散车道及人行道的断面结构形式、分布位置、宽度、路面的横坡以及路面高程等。

竖向设计图是在平面图上绘出设计等高线或网格高程，以表示整个立体交叉的高度变化情况，来决定排水方向及雨水口的设置。本例略，可参阅图 15-16 平交口竖向设计图。

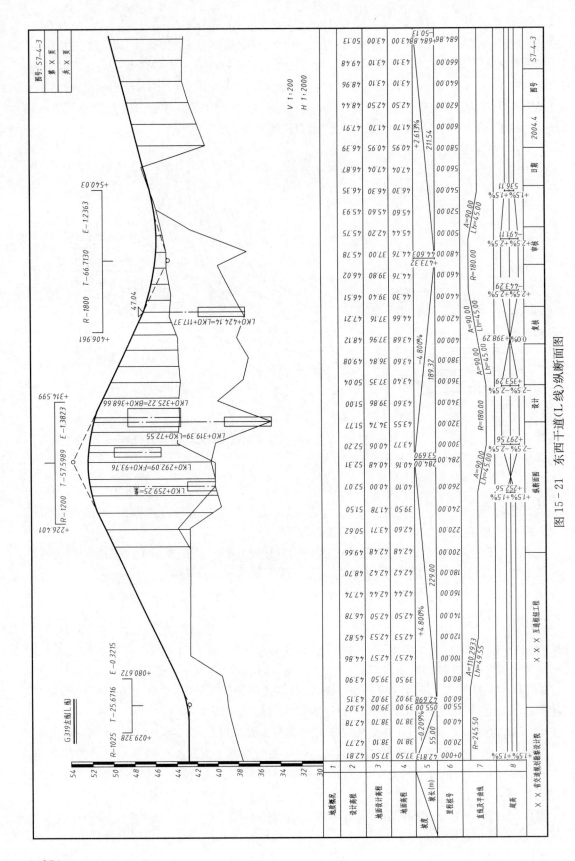

图 15 - 21　东西干道（L线）纵断面图

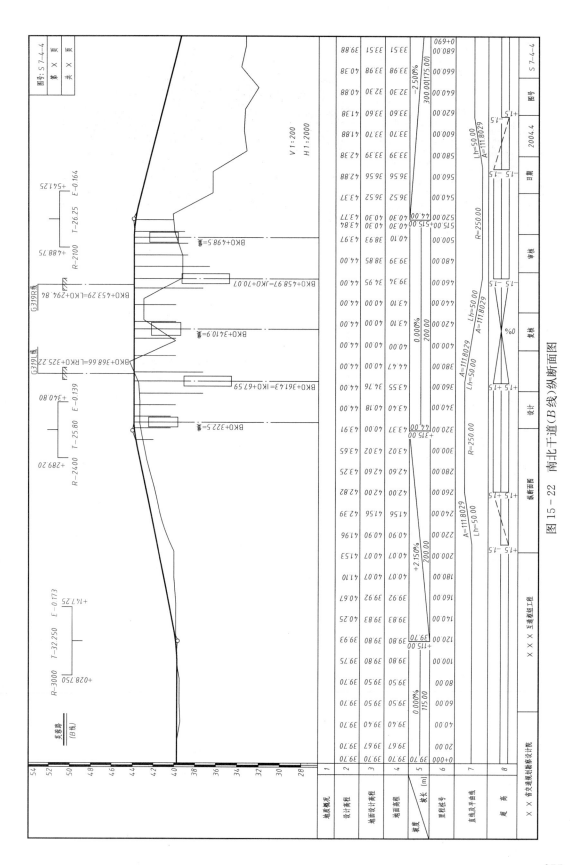

图 15 - 22 南北干道（B 线）纵断面图

255

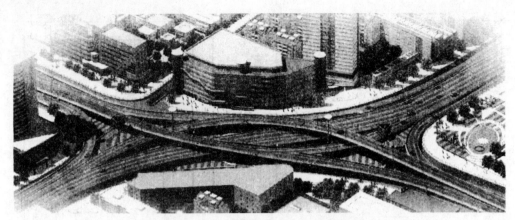

图15-23 某互通式立体交叉的鸟瞰效果图

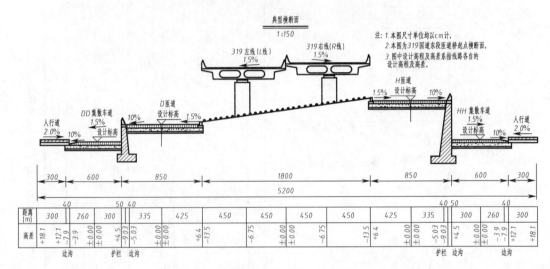

图15-24 某互通式立体交叉东西干道横断面图

互通式立体交叉工程图除上述图纸外,还有跨线桥桥型布置图、路面结构图、管线及附属设施设计图等。

256

第16章 桥梁工程图

16.1 概　述

当路线跨越河流、山谷以及道路互相交叉时，为了保持道路的畅通，一般需要架设桥梁。桥梁是道路工程的重要组成部分。

桥梁的种类很多，按建筑材料分有钢桥、钢筋混凝土桥、钢—混凝土组合桥、圬工桥、木桥等，其中钢筋混凝土是最广泛使用的建桥材料。故本章重点介绍钢筋混凝土桥的图示方法。

桥梁按照结构形式的不同，可以分为梁桥、拱桥、悬索桥、斜拉桥和刚构桥五种。其中梁桥、拱桥、悬索桥是三种传统的桥梁结构形式，斜拉桥和刚构桥则是近代发展较快的两种桥梁结构形式。

梁桥的上部承重构件为梁，常见的有 T 形梁、空心板梁、箱梁等形式。在竖直荷载作用下，梁截面承受弯矩和剪力，桥墩、桥台承受竖直方向的力，如图 16-1 所示。

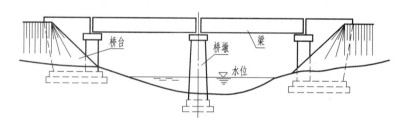

图 16-1　梁式桥示意图

拱桥上部为曲线状结构，曲线可以为圆弧、悬链线、抛物线等。在竖直荷载作用下，上部的主拱和吊杆主要承受竖直方向的力，下部结构既受竖直方向的力，又受水平方向的力，如图16-2所示。

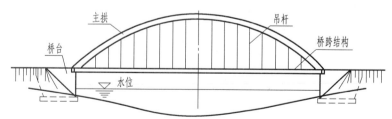

图 16-2　拱式桥示意图

桥面支撑在悬索上的桥称为悬索桥。由于作为承重结构的悬索是柔性的，为避免在车辆行驶中桥面随悬索一起变形，现代悬索桥一般设有刚性梁，如图 16-3 所示。

从一直立的桥塔顶部向下倾斜拉下一些钢索，吊住主梁的不同部位，以保证主梁的稳定，故称"斜拉桥"。斜拉桥的主梁、斜拉索和桥塔构成一个统一体，它的优点是可以增大跨度，并且桥型美观,如图 16-4 所示。

图 16-3　悬索桥示意图

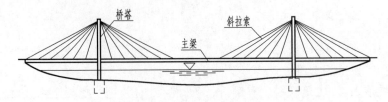

图 16-4　斜拉桥示意图

梁身和桥墩或桥台连为一体的桥梁结构称为刚构桥,其受力特点兼有梁桥和拱桥的一些特点,如图 16-5 所示。

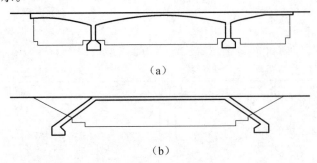

(a)

(b)

图 16-5　刚构桥示意图

(a)梁与墩连为一体刚构桥;(b)梁与台连为一体。

一座桥梁通常包括三个主要组成部分:

(1)上部结构当线路遇到障碍(如河流、山谷或其他线路等)中断时,跨越这类障碍的结构物,主要包含主梁或主拱圈、桥面,其作用是供车辆和人群通行。

(2)下部结构包括桥墩、桥台以及墩台基础,是支撑桥跨结构物的建筑物,通过它们将全部荷载传至地基。桥台设在桥的两端,桥墩则在两桥台之间。桥墩支撑桥跨结构;桥台除了支撑桥跨结构的作用外,还要与刚构桥路堤衔接,并防止路堤滑塌。为保护路堤填土,桥台两侧通常设置锥形护坡。

(3)附属结构包括栏杆、灯柱以及防护工程和导流工程。

16.2　钢筋混凝土结构图

用钢筋混凝土制成的板、梁、桥墩和桩等构件组成的结构物,叫做钢筋混凝土结构。为了把钢筋混凝土结构表达清楚,需要画出混凝土中钢筋的布置情况图,故又称钢筋布置图,简称结构图或钢筋图。

钢筋混凝土结构图表示了钢筋的布置情况,是钢筋下料、加工、绑扎、焊接和检验的重要依据,它应包括钢筋布置图、钢筋编号、尺寸、规格、根数、钢筋成型图和钢筋数量表及技术说明等。

16.2.1　混凝土和钢筋混凝土构件

混凝土是由水泥、砂子、石子和水按一定比例拌和而成。混凝土抗压强度高,其抗压强度分为 C15、C20、C25、C30、C35、C40、C45、C50、C55、C60、C65、C70、C75、C80 共 16 个等级,数字越大,表示混凝土抗压强度越高。混凝土的抗拉强度比抗压强度低得多,而钢筋不但具有良好的抗拉性能,且与混凝土能很好地粘结,其热膨胀系数与混凝土相近,因此,两者可很好地结合组成钢筋混凝土构件。

用钢筋混凝土制成的板、梁、桥墩、桩等构件,称为钢筋混凝土构件。在工地现场浇制的钢筋混凝土构件,称为现浇钢筋混凝土构件;在工厂或工地现场把构件预先制作好,然后运输吊装就位的,称为预制钢筋混凝土构件。此外,在混凝土构件承受外力之前,对混凝土预加一定的压力,以提高构件的强度和抗裂性能,称为预应力钢筋混凝土构件。

16.2.2　钢筋

1. 钢筋的种类和符号

按照强度不同,普通钢筋分为四种,它的种类及符号详见表 16-1。

表 16-1　钢筋种类和代号

钢 筋 种 类	符号	公称直径 d/mm	抗屈服强度 f_{yk}
HPB235 级钢筋(Q235 光圆钢筋)	Φ	8～20	235
HRB335 级钢筋(20MnNSi)	Φ	6～50	335
HRB400 级钢筋(200MnSiV、20MnSiNb、20MnTi)	Φ	6～50	400
RRB400 级钢筋(K20MnSi)	Φ^R	8～40	400

2. 钢筋作用分类

根据钢筋在整个结构中的作用不同,分为受力钢筋、钢箍、架立钢筋、分布钢筋、其他钢筋(如图 16-6、图 16-7 所示)。

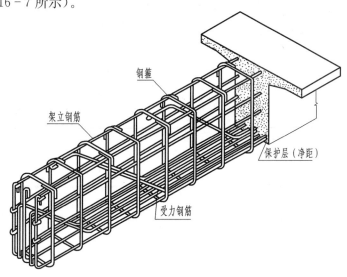

图 16-6　钢筋混凝土梁钢筋配置立体图

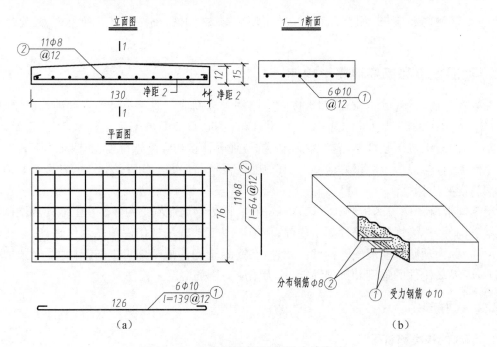

图 16-7　盖板钢筋布置图(尺寸单位:cm)

(a)投影图;(b)立体图。

(1) 受力钢筋(主筋)　用来承受主要拉力。

(2) 钢箍(箍筋)　固定受力钢筋位置,并承受一部分斜拉力和剪力。

(3) 架立钢筋　一般用来固定钢筋的位置,用于钢筋混凝土梁中。

(4) 分布钢筋　一般用于钢筋混凝土板或高梁结构中,用以固定受力钢筋和箍筋的位置,使荷载分布给受力钢筋并防止混凝土收缩和温度变化出现的裂缝。

(5) 其他钢筋　因构件构造要求或施工安装需要而配置的构造筋,如腰筋、预埋锚固筋、吊环等。

3. 钢筋的弯钩和弯起

对于光圆外形的受力钢筋,为了增加它与混凝土的粘结力,在钢筋的端部做成弯钩,弯钩的形式有半圆、直弯钩和斜弯钩三种,如图 16-8 所示。根据需要,钢筋实际长度要比端点长出 $6.25d$、$4.9d$ 或 $3.5d$。这时钢筋的长度要计算其弯钩的增长数值。

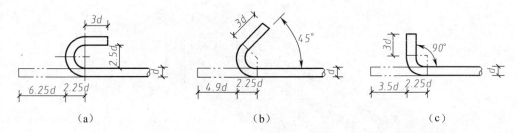

图 16-8　钢筋的弯钩

(a)半圆形弯钩;(b)斜弯钩;(c)直角形弯钩。

图 16-9 为受力钢筋中有一部分需要在梁内向上弯起,这时弧长比两切线之和短些,其计算长度应减去折减数值。

260

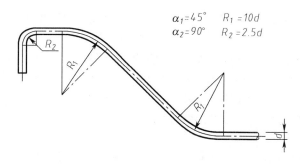

$$\alpha_1 = 45° \quad R_1 = 10d$$
$$\alpha_2 = 90° \quad R_2 = 2.5d$$

图 16-9 钢筋的弯起

为了避免计算,钢筋弯钩的增长数值和弯起的折减数均编有表格备查。表 16-2 为光圆钢筋弯钩增长数值表;表 16-3 为光圆钢筋弯起折减数值表。

如图 16-7 所示,1 号 φ10 钢筋两端半圆钩端部间的长度为 126cm,查表 16-2 得弯钩长度为 63mm,即

$$126+2\times6.3=126+12.6=138.6\approx139(\text{cm})$$

又如图 16-10 所示,4 号力 22 钢筋长度为 728+2×65(cm),查表 16-2、表 16-3 得弯钩长度为 138mm、90°弯转长度为 24mm。

即 728 + 2×65 + 2(13.8 - 2.4)=880.8≈881(cm)

表 16-2　光圆钢筋弯钩增长表(单位:mm)

钢筋直径	180°弯钩	135°弯钩	90°弯钩	钢筋直径	180°弯钩	135°弯钩	90°弯钩
6	38	29	21	18	113	88	63
8	50	39	28	19	119	93	67
10	63	49	35	20	125	98	70
12	75	59	42	22	138	107	77
14	88	68	49	24	150	117	84
16	100	78	56				

表 16-3　光圆钢筋弯转长度折减表(单位:mm)

钢筋直径	45°弯起	90°弯转	钢筋直径	45°弯起	90°弯转
6	3	6	18	8	19
8	3	9	19	8	20
10	4	11	20	9	21
12	5	13	22	9	24
14	6	15	24	10	26
16	7	17			

4. 钢筋的保护层

为了防止锈蚀,钢筋必须全部包在混凝土中,因此钢筋边缘至混凝土表面应留有一定距离的保护层,此距离称为净距,如图 16-6 所示。

16.2.3　钢筋结构图的内容

1. 钢筋结构图的图示特点

钢筋结构图主要是表达构件内部钢筋的布置情况,所以把混凝土假设为透明体,结构外形

轮廓画成细实线,钢筋则画成粗实线(钢箍为中实线),以突出钢筋的表达。而在断面图中,钢筋被剖切后,用小黑圆点表示。钢筋弯钩和净距的尺寸都比较小,画图时不能严格按照比例来画,以免线条重叠,要考虑适当放宽尺寸,以清楚为度,称为夸张画法。同理,在立面图中遇到钢筋重叠时,亦要放宽尺寸使图面清晰。

钢筋结构图,不一定三个投影图都画出来,而是根据需要来决定,例如画钢筋混凝土梁的钢筋图,一般不画平面图,只用立面图和断面图来表示。

2. 钢筋的编号和尺寸标注方式

在钢筋混凝土结构图中为了区分各种类型和不同直径的钢筋,要求对每种钢筋加以编号并在引出线上注明其数量、规格、长度和间距。钢筋编号和尺寸标注方式如下:

$\overset{n\phi d}{\underset{l@s}{\text{Ⓝ}}}$ 其中 N 的圆圈直径为 6mm～8mm。

$\overset{11\phi 8}{\underset{l=64@12}{\text{②}}}$ 其中②表示 2 号钢筋,$11\phi 8$ 表示直径为 8mm 的 HPB235 级钢筋共 11

根,$l=64$ 表示每根钢筋的断料长度为 64cm,@表示钢筋轴线之间的距离。又如图 16-7 注有

$\overset{6\phi 10}{\underset{l=139@12}{}}$ ① 表示编号为 1 的钢筋直径为 10mm,HPB235 级钢筋 6 根,断料长度为

139cm。图 16-10 中的 2N3 表示编号 3 的钢筋有 2 根。

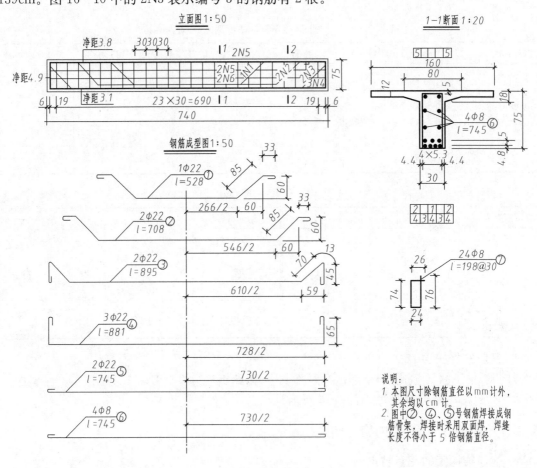

说明:
1. 本图尺寸除钢筋直径以 mm 计外,其余均以 cm 计。
2. 图中②、④、⑤号钢筋焊接成钢筋骨架,焊接时采用双面焊,焊缝长度不得小于 5 倍钢筋直径。

图 16-10　钢筋混凝土梁结构图

钢筋直径的尺寸单位采用毫米,其余尺寸单位均采用厘米,图中无需注出单位,但可以在说明中注明。

3. 钢筋成型图

在钢筋结构图中,为了能充分表明钢筋的形状以便于配料和施工,还必须画出每种钢筋加工成型图,见图 16-10。图上应注明钢筋的编号、直径、根数、弯曲尺寸和断料长度等。有时为了节省图幅,可把钢筋成型图画成示意略图放在钢筋数量表内。钢筋成型图也可称为钢筋大样图。

4. 钢筋数量表

在钢筋结构图中,一般还附有钢筋数量表,内容包括钢筋的编号、直径、每根长度、根数、总长及质量等,必要时可加画略图,如图 16-10 及表 16-4 所示。

5. 说明

钢筋结构图中,一般配有必要的文字说明,说明中除对图中的尺寸单位、参数及局部细节进行说明外,还需对结构在施工中的注意事项加以强调或规定。

表 16-4 钢筋混凝土梁钢筋数量表

编号	钢号和直径/mm	长度/cm	根数	共长/m	每米质量/(kg/m)	共重/kg
1	$\phi22$	528	1	5.28	2.984	15.76
2	$\phi22$	708	2	14.16	2.984	42.25
3	$\phi22$	892	2	17.84	2.984	53.23
4	$\phi22$	881	3	26.43	2.984	78.87
5	$\phi12$	745	2	14.90	0.888	13.23
6	$\phi8$	745	4	29.80	0.395	11.77
7	$\phi8$	198	24	47.52	0.395	18.77
总计						233.88
绑扎用铅丝 0.5%						1.17

16.2.4 钢筋结构图举例

如图 16-10 所示,为一根钢筋混凝土梁的钢筋结构图,从 1—1 断面图可以看出梁的断面为"T"形,称为 T 形梁,梁内有七种钢筋,它的形状和尺寸在钢筋成型图上均已表达清楚。

从立面图及 1—1 断面图中可以看出钢筋排列的位置及数量。1—1 断面图的上方和下方画有小方格,格内注有数字,用以表明钢筋在梁内的位置及其编号。如立面图中的 2N5 是表示有两根 5 号钢筋,安置在梁内的上部,对应在 1—1 断面图中则可以看出两根 5 号钢筋在梁内的上部对称排列。立面图中还设有 2—2 断面的剖切位置线,2—2 断面图的钢筋排列位置和 1—1 断面不同,请读者自行思考。

表 16-4 是钢筋表,表中所列"每米质量(kg/m)"一栏数字,可以从有关工程手册中查得。表中所列铅丝是用来绑扎钢筋的,铅丝数量按规定为钢筋总质量的 5%。如不用铅丝绑扎而采用焊接时,则应注出焊接方式(双面焊或单面焊)以及焊缝长度。

16.3 钢筋混凝土梁桥工程图

建造一座桥梁需用的图纸很多,但一般可以分为桥位平面图、桥位地质纵断面图、总体布置图、构件构造(布置)图和大样图等几种。

16.3.1 桥位平面图

桥位平面图,主要表明桥梁和路线连接的平面位置,通过地形测量绘出桥位处的道路、河流、水准点、钻孔及附近的地形和地物(如房屋、老桥等),以便作为设计桥梁、施工定位的根据。这种图一般采用较小的比例,如1:500,1:1000,1:2000等。

如图16-11所示,为××桥的桥位平面图。除了表示路线平面形状、地形和地物外,还表明了钻孔、里程、水准点的位置⊗和数据(BM)。

桥位平面图中的植被、水准符号等均应按照正北方向为准,而图中文字方向则可按路线要求及总图标方向来决定。

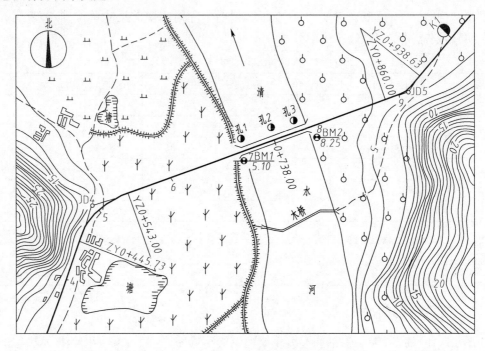

图16-11　××桥桥位平面图

16.3.2 桥位地质断面图

根据水文调查和钻探所得的地质水文资料,绘制桥位所在河床位置的地质断面图,包括河床断面线、地质情况、最高水位线、常水位线和最低水位线,以便作为设计桥梁上部结构、墩、台、基础和计算土石方工程数量的根据。地质断面图为了显示地质和河床深浅变化情况,也可以特意把地形高度(标高)的比例较水平方向比例放大数倍画出。如图16-12所示,地形高度的比例采用1:200,水平方向比例采用1:500。

图上共画出3个钻孔,编号分别为CK_1、CK_2和CK_3。如钻孔的CK_1的1.15/15.00中分子表示孔口标高1.15m,分母表示钻孔深度15.00m。钻孔穿过黄色粘土层,淤泥质亚粘土层到达暗绿色粘土层。

桥位地质断面图可以单独列出,作为设计的图纸之一。实际设计中,通常把地质断面图按竖直方向和水平方向同样比例直接画入总体布置图中。

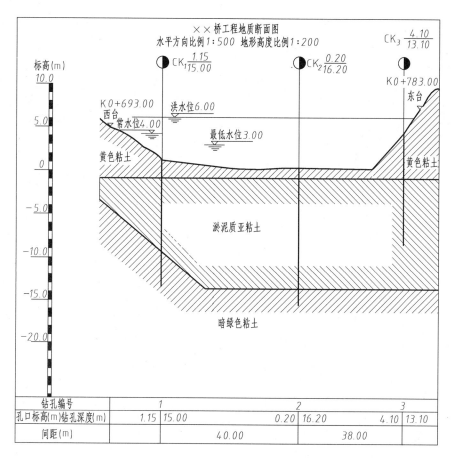

图 16-12　××桥桥位地质断面图

16.3.3　桥梁总体布置图

桥梁总体布置图主要表明桥梁的型式、跨径、孔数、总体尺寸、各主要构件的相互位置关系以及桥梁各部分的标高、材料数量、总的技术说明等,作为施工时确定墩台位置、安装构件和控制标高的依据。

图 16-13 为一总长度 91.04m、桥宽 9m、4×20m 的简支 T 形梁桥总体布置图。立面图和平面图的比例均采用 1:300,横剖面图则采用 1:100。

1. 立面图

立面图主要表现全桥的立面布置情况,可以反映出桥梁的主要特征和桥型,是总体布置图中的主要视图。从立面图中可以看出,该桥共有四孔,每孔跨径各为 20m,桥梁总长为91.04m。在比例较小时,立面图的人行道和栏杆可不画出。

(1) 下部结构:两端为重力式桥台,分别用编号 0 和 1 表示。河床中间设有 3 个双柱式桥墩,它由盖梁(帽梁)、立柱、桩基和系梁共同组成。图中还标出了桥台底面、桩基底面及与设计相关的水位的标高。

(2) 上部结构:为四跨简支梁桥,每孔跨径为 20m。

总体布置图还反映了河床地质断面及水文情况,根据标高尺寸可以知道:桩和桥台基础的埋置深度、梁底的标高尺寸。由于混凝土桩埋置深度较大,图的上方还把桥梁两端和桥墩的里程桩号标注出来,以便读图和施工放样之用。

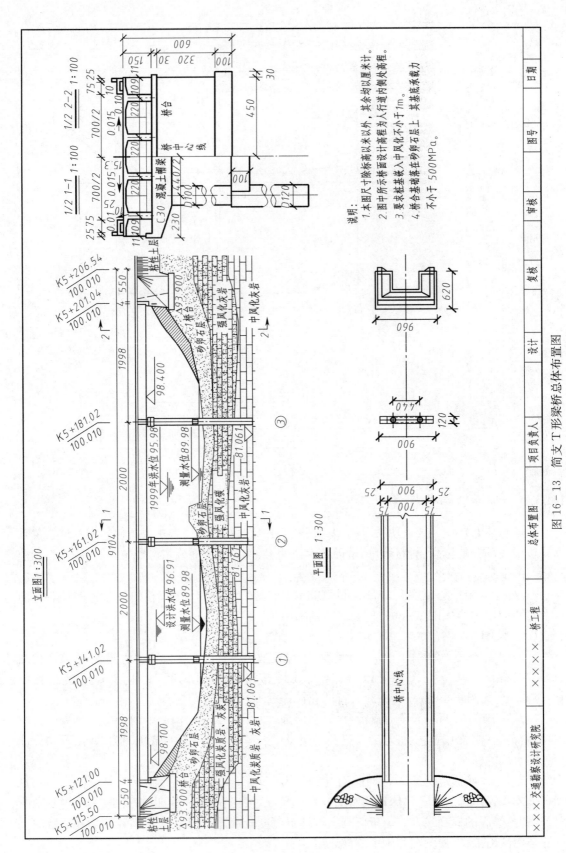

图 16－13　简支 T 形梁桥总体布置图

2. 平面图

平面图主要表示全桥的平面布置情况。对照横剖面图可以看出行车道宽为7m，人行道宽（包括栏杆）两边各为1m。

平面图中一般不画出被桥面遮住的部分，目的是为了减少图中的虚线，使视图简洁、清晰。为了表示桥梁下部构造的平面布置情况，应在若干标准的桥墩和桥台位置处采用局部剖切的方法，切去桥梁的上部结构来表达其下部结构，断开处用折断线分隔。图中左半部为平面图，表达桥面布置情况。对照K5+181.02的桩号上，剖切掉上部结构后（立面图上没有画出剖切线），显示出桥墩中部是由两根空心圆柱所组成。右端是桥台的平面图，可以看出是U形桥台，画图时，通常把桥台背后的回填土揭去，两边的锥形护坡也省略不画，目的使桥台平面图更为清晰。这里为了施工时挖基坑的需要，只注出桥台基础的平面尺寸。

3. 横剖面图

横剖面图主要表示桥梁的横向布置情况。横剖面的数量可根据实际需要而定，但不宜过多，一般2~3个为宜。本图中的横剖面图是由1—1和2—2剖面图合并组成，从图中可以看出桥梁的上部结构是四片T梁组成，还可以看到桥面宽、人行道和栏杆的尺寸。

对照立面图可知，1—1的剖切位置在2和3号桥墩之间，并向2号桥墩方向投射，因此1/2 1—1剖面图表达了桥墩的上、下部结构情况。同理1/2 2—2剖面图表达了桥台的上、下部结构情况。为了更清楚地表示横剖面图，允许采用比立面图和平面图放大的比例画出。按《道路工程制图标准》规定，剖面的剖切符号投射方向端部应采用单边箭头。

16.3.4 构件结构图

在总体布置图中，只表示出了桥梁各构件的总体尺寸及它们间的相互位置关系，而各构件的局部细节都没有详细完整的表达出来。单凭总体布置图是不能进行制作和施工的，为此还必须根据总体布置图采用较大的比例把构件的形状、大小和局部细节完整地表达出来，才能作为施工的依据，这种图称为构件结构图，简称构件图，由于它采用较大的比例故也称为详图。如桥台构造图、桥墩构造图、主梁构造图、钢筋布置图、附属结构构造图等，每种构造图均可采用多张图纸表示，以表达清楚为原则。构件图的常用比例为1:10~1:50。

当构件的某一局部在构件图中还不能清晰完整地表达时，则应采用更大的比例如1:3~1:10来画局部放大图。

1. 桥台构造图

桥台是桥梁两端的下部结构，一方面支撑梁，另一方面承受桥头路堤填土的水平推力，起着连接桥梁和道路的作用。

图16-14为常见的U形桥台，它是由台帽、台身、侧墙（翼墙）和基础组成。这种桥台是由胸墙和两道侧墙垂直相连成"U"字形，再加上台帽和基础两部分组成。

（1）纵剖面图采用纵剖面图代替立面图，显示了桥台内部构造和材料。

（2）平面图设想主梁尚未安装，后台也未填土，这样就能清楚地表示出桥台的水平投影。

侧面图是由1/2台前和1/2台后两个图合成，台前是指人站在河流的一边顺着路线观看桥台前面所得的投影图；后台，是站在堤岸一边观看桥台背后所得的投影图。台前和台后均只画出可见部分，合二为一就能完整地表达出整个桥台结构。

2. 桥墩构造图

桥墩和桥台一样同属桥梁的下部结构，常见的桥墩类型根据墩身的结构形式可分为实体式（重力式）桥墩、空心桥墩、柱（桩）式桥墩和组合式桥墩等。

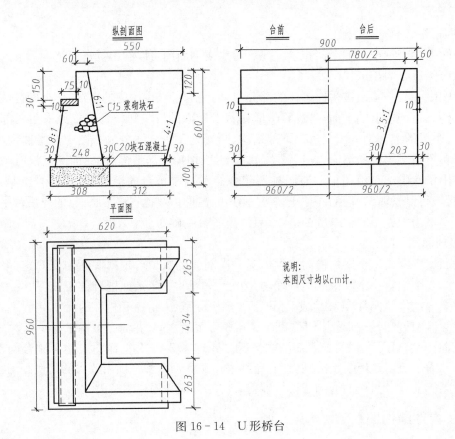

图 16-14　U 形桥台

1)桥墩一般构造图

　　如图 16-15 所示为双柱(桩)式桥墩构造图,由盖梁、墩身、系梁和桩基所构成。它的图形是由立面、平面和侧面三个投影图表示。通常情况下,桩身较长,在图中完整地表达有困难,故可将长桩基作折断处理,示意性画出即可。由于各跨处的地形和地质情况不同,相应地使桥墩和桩基的高度不同,因此各墩柱、桩基的高度尺寸,应参照图中的字母符号从《工程数量表》中查取,所用材料规格也可以从《工程数量表》中查出。另外,在桥墩构造图中通常要表示出支座的位置。

2)桥墩钢筋布置图

　　如图 16-15 所示的柱(桩)式桥墩钢筋布置是根据结构计算确定的。如果用一张图纸来表达整个桥墩(桩)的钢筋布置情况,就会使各视图的比例很小,外观上表达不清晰,或者采用大型号的图纸,不便装订成册。因此可将桥墩(桩)的钢筋分布采用盖梁钢筋布置图,系梁钢筋布置图,桥墩、桩钢筋布置图等多张图纸表达。

　　图 16-16 为桥墩盖梁钢筋布置图,此图由立面图和 1—1、2—2、3—3 断面图表示盖梁的钢筋布置,侧面图和 4—4 断面图表示防振挡块的钢筋布置。为了准确表明钢筋的形状以便配料和施工,还画出了每种钢筋的加工成型图,并列出了钢筋明细表。

　　图 16-17 为桥墩、桩基钢筋布置图。此图由墩身、桩身钢筋图和 1—1、2—2 断面图所组成,桩身仍然作折断处理。墩身和桩身采用螺旋状箍筋,由于它们的形式、规格、间距一致,所以图中可只示意地表示了几段,以减少工作量。钢筋形状和尺寸参照钢筋详图(成型图),而钢筋位置根数应对照材料数量表查读。钢筋的焊接或绑扎要求可在说明中注明。

3. 主梁构造图

　　主梁是桥梁的上结构,图 16-13 的钢筋混凝土梁桥采用跨径为 20m 的装配式钢筋混凝土 T 形梁。图 16-18 为边梁和内梁的一般构造图。

268

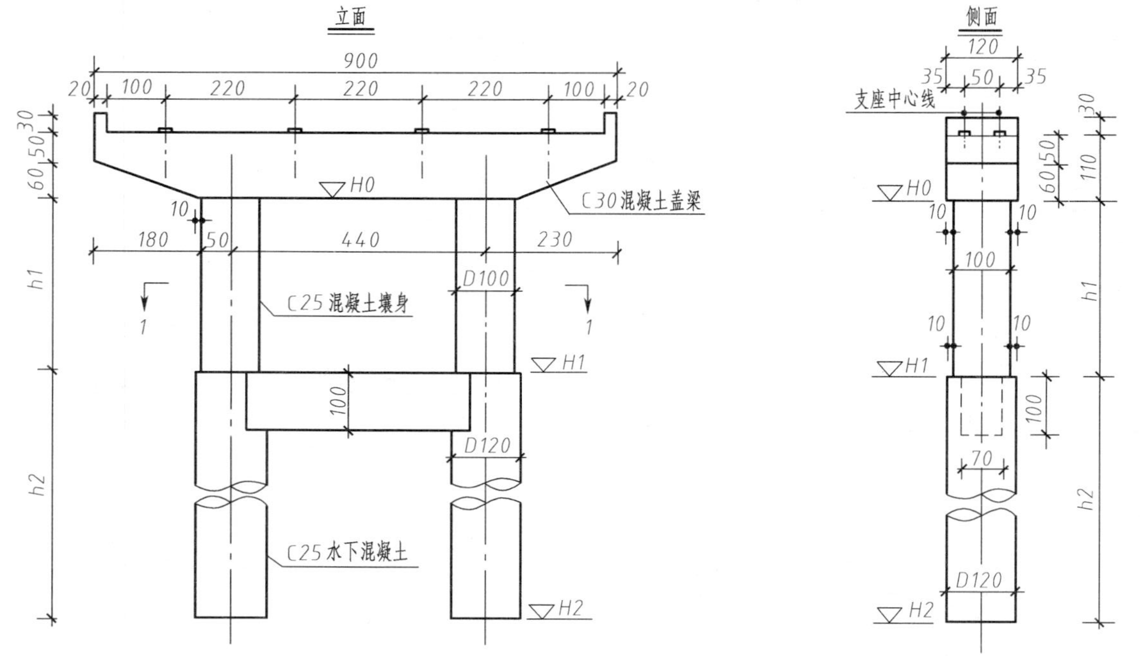

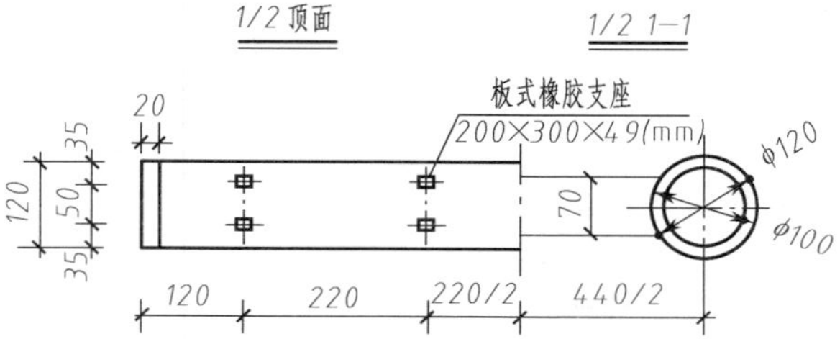

图 16-15 双柱(柱)式桥墩构造图

工程数量表

墩号	H0 (m)	H1 (m)	H2 (m)	h1 (m)	h2 (m)	C30混凝土盖梁 (m³)	C25混凝土墩身 (m³)	C25混凝土系梁 (m³)	C25水下混凝土桩身 (m³)	板式橡胶支座 200× 300× 4.9(mm)
1号墩	9.726	19.06	18.106	7.20	9.00	10.80	11.30	3.10	20.36	8套
2号墩	9.726	19.076	18.176	6.50	9.00	10.80	10.22	3.10	20.36	8套
3号墩	9.726	19.06	18.106	7.20	9.00	10.80	11.30	3.10	20.36	8套
合计						32.40	32.82	9.30	61.08	24套

说明:
除标高以 m 计外,图中其余尺寸均以 cm 为单位。

立面

1/2 顶面

1/2 1-1

侧面

×××交通勘察设计研究院 | ××桥工程 | 1、2、3号桥墩一般构造图 | 项目负责人 | 设计 | 复核 | 审核 | 图号 | 日期

269

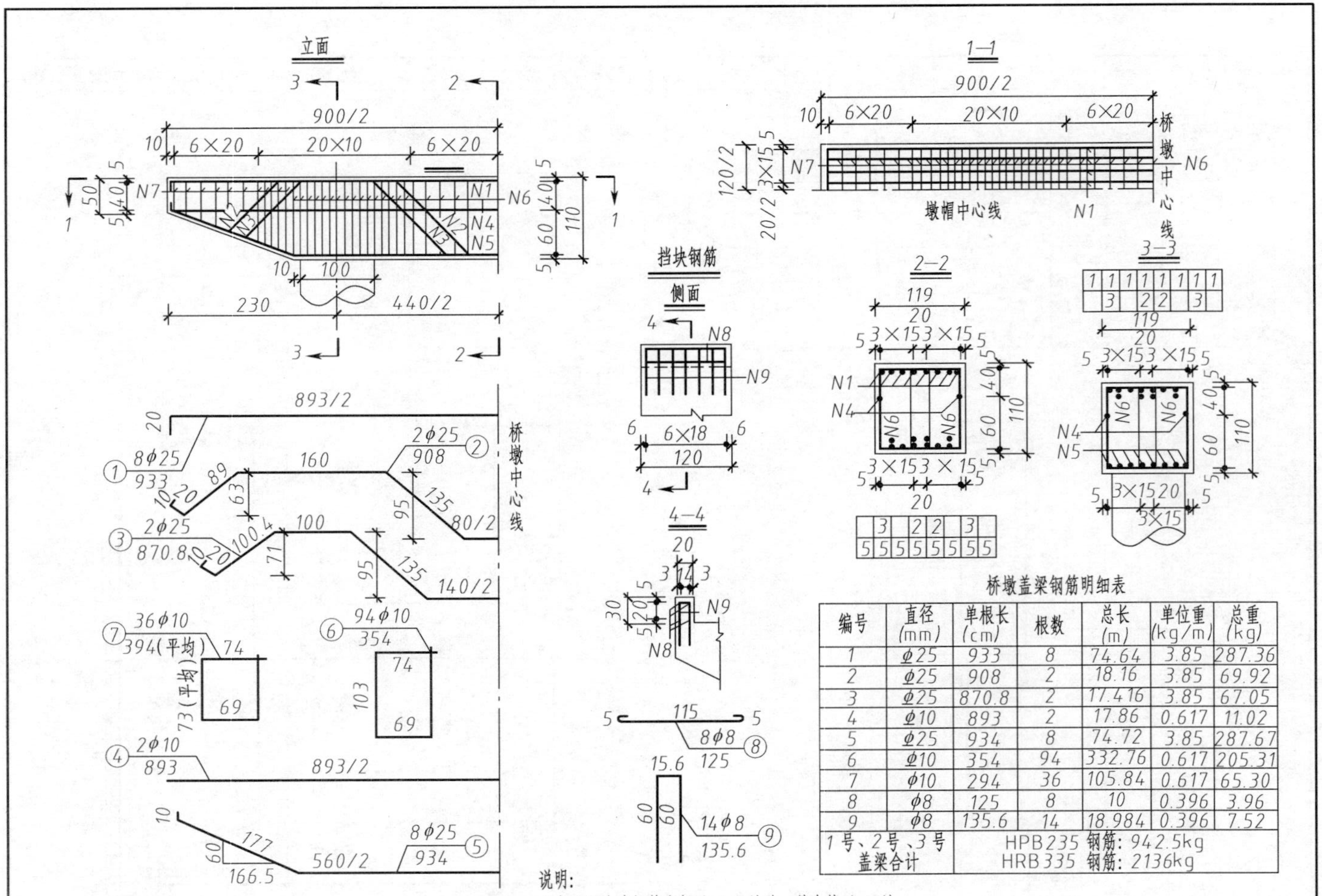

桥墩盖梁钢筋明细表

编号	直径(mm)	单根长(cm)	根数	总长(m)	单位重(kg/m)	总重(kg)
1	φ25	933	8	74.64	3.85	287.36
2	φ25	908	2	18.16	3.85	69.92
3	φ25	870.8	2	17.416	3.85	67.05
4	φ10	893	2	17.86	0.617	11.02
5	φ25	934	8	74.72	3.85	287.67
6	φ10	354	94	332.76	0.617	205.31
7	φ10	294	36	105.84	0.617	65.30
8	φ8	125	8	10	0.396	3.96
8	φ8	135.6	14	18.984	0.396	7.52
钢筋合计					HPB235 钢筋:942.5kg	HRB335 钢筋:2136kg
1号、2号、3号盖梁合计						

说明:
1.本图尺寸除钢筋直径以mm计外,其余均以cm计。

1-1

2-2

3-3

4-4

立面

挡块钢筋
侧面

图16-16 桥墩盖梁钢筋布置图

×××交通勘察设计研究院 | ×××桥工程 | 1、2、3号桥墩盖梁钢筋布置图 | 项目负责人 | 设计 | 复核 | 复核 | 审核 | 图号 | 日期

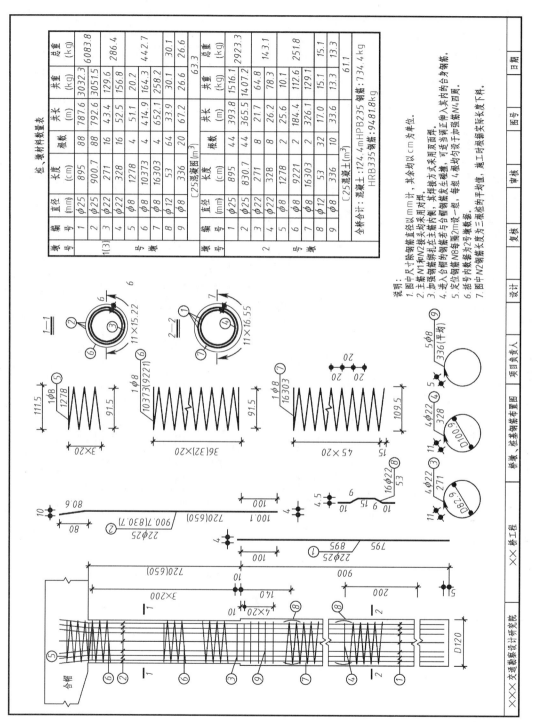

桩、墩材料数量表

墩号	编号	直径(mm)	长度(cm)	根数	共长(m)	共重(kg)	总重(kg)
1(3)号墩	1	φ25	895	88	787.6	3032.5	6083.8
	2	φ25	900.7	88	792.6	3051.5	
	3	φ22	271	16	43.4	129.6	286.4
	4	φ22	328	16	52.5	156.8	
	5	φ8	1278	4	51.1	20.2	442.7
	6	φ8	10373	4	414.9	164.3	
	7	φ8	16303	4	652.1	258.2	
	8	φ12	53	64	33.9	30.1	30.1
	9	φ8	336	20	67.2	26.6	26.6

C25混凝土(m³) 63.3

墩号	编号	直径(mm)	长度(cm)	根数	共长(m)	共重(kg)	总重(kg)
2号墩	1	φ25	895	44	393.8	1516.1	2923.3
	2	φ25	830.7	44	365.5	1407.2	
	3	φ22	271	8	21.7	64.8	143.1
	4	φ22	328	8	26.2	78.3	
	5	φ8	1278	2	25.6	10.1	251.8
	6	φ8	9221	2	184.4	112.6	
	7	φ8	16303	2	326.1	129.1	
	8	φ12	53	32	17.0	15.1	15.1
	9	φ8	336	10	33.6	13.3	13.3

C25混凝土(m³) 61.1

全桥合计:混凝土:124.4m³ HPB235钢筋:734.4kg
HRB335钢筋:9481.8kg

说明:
1. 图中尺寸除钢筋直径以mm计,其余均以cm为单位。
2. 主梁N1和N2接支处主梁肉侧,在去主梁肉侧用对焊。
3. 冲压钢筋绑扎在主梁肉侧,其焊接与合缝端,可适当调正伸入其内的合身钢筋。
4. 进入合缝钢筋若与合缝钢筋发生碰撞,每组各4根均匀设于冲压钢筋N4四周。
5. 定位钢筋N8每隔2m设一组,每组均匀设于冲压钢筋N4四周。
6. 括号内数量为2号墩数据。
7. 图中N2钢筋长度为三根桩的平均值。施工时应根据桩实际长度下料。

图 16-17 桥墩、桩基钢筋布置图

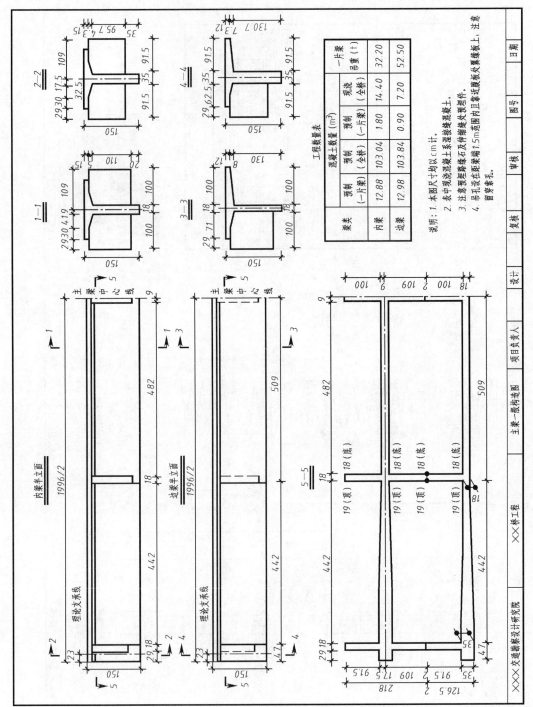

为了增大视图的比例,可利用对称性,将立面图取一半来表示。图 16－18 由内梁半立面图、边梁半立面图及 1－1～5－5 五个剖面图表达 T 形梁的结构形式和尺寸。图中的次要可见轮廓线用中实线表示。

16.4　钢筋混凝土斜拉桥工程图

斜拉桥是我国近年来常用的桥型,它常用于较大跨度的桥梁,主要由主梁、索塔和斜拉索三大部分组成。主梁一般采用钢筋混凝土结构、钢—混凝土组合结构或钢结构;索塔大多采用钢筋混凝土结构;而斜拉索则采用高强钢丝或钢绞线制成。

图 16－19 及图 16－20 为某双塔三跨式钢筋混凝土斜拉桥总体布置图,两边引桥部分断开省略不画。

1. 立面图

如图 16－19 所示,立面图概括地表达了桥梁的全貌。跨径分布为 80m＋90m＋190m＋432m＋190m＋90m＋80m 的七孔一联,总长度 1152m。

由于桥梁实际尺寸较大,制图时采用的比例较小,故仅画桥梁结构的主要外形轮廓。图中钢筋混凝土梁用其顶、底面的投影(粗实线)表示,主塔也用两侧面的投影粗实线画出,每根拉索则用中实线表示,图中尺寸 2％表示桥面纵坡,横隔梁、人行道和栏杆均省略不画。

主跨的下部结构由承台和钻孔灌注桩组成,上面的主塔固结在下面的承台上,形成一整体,使荷载能稳妥地传递到地基上。桩基采用折断处理。

立面图还反映了河床起伏(地质资料另有图,此处从略)及水文情况,根据标高尺寸可知桩基础的埋置深度、梁底和通航水位的标高尺寸。

2. 平面图

主要表达桥面的平面布置情况,图中给出了人行道和机动车道的宽度,波浪线间的部分采用局部剖切的方法切去桥面,右边是表示把桥的上部分揭去后,显示桩位的平面布置情况。

3. 剖、断面图

如图 16－20 所示的横断面表达了主塔的形状为 H 形塔。其总高 152.53m,桥面以上塔高 108.00m,下塔柱底部宽度 20.4m,逐步向上变宽,至中、下塔柱交界的下横梁处(放置主梁处)最宽,为 33m。中塔柱向上略收窄,至上横梁处宽 26m,垂直至塔顶。基础采用直径 2.8m 的钻孔灌注桩和承台基础,承台为圆形,厚度 4m。

1/2 1－1 和 1/2 2－2 断面图表达了主桥上部结构的构造。由图可知主梁采用轻型肋板截面,边实心梁高 2m,顶宽 1.5m,底宽 1.75m,全宽 23m,板厚 0.32m。3、6 号墩处由于悬臂施工的需要,根部肋板式截面梁高度增大至 3.5m。单向机动车道宽 7.5m,非机动车道宽 2.5m,拉索锚固区 1.55m,车道两侧都设有防撞栏。

图 16－19 和图 16－20 为斜拉桥总体布置图。图中仅把结构的总体轮廓和主要尺寸画出,主要表达的是大桥各部件的结构特征和相互位置关系,许多细部尺寸和构件结构图均未画出。

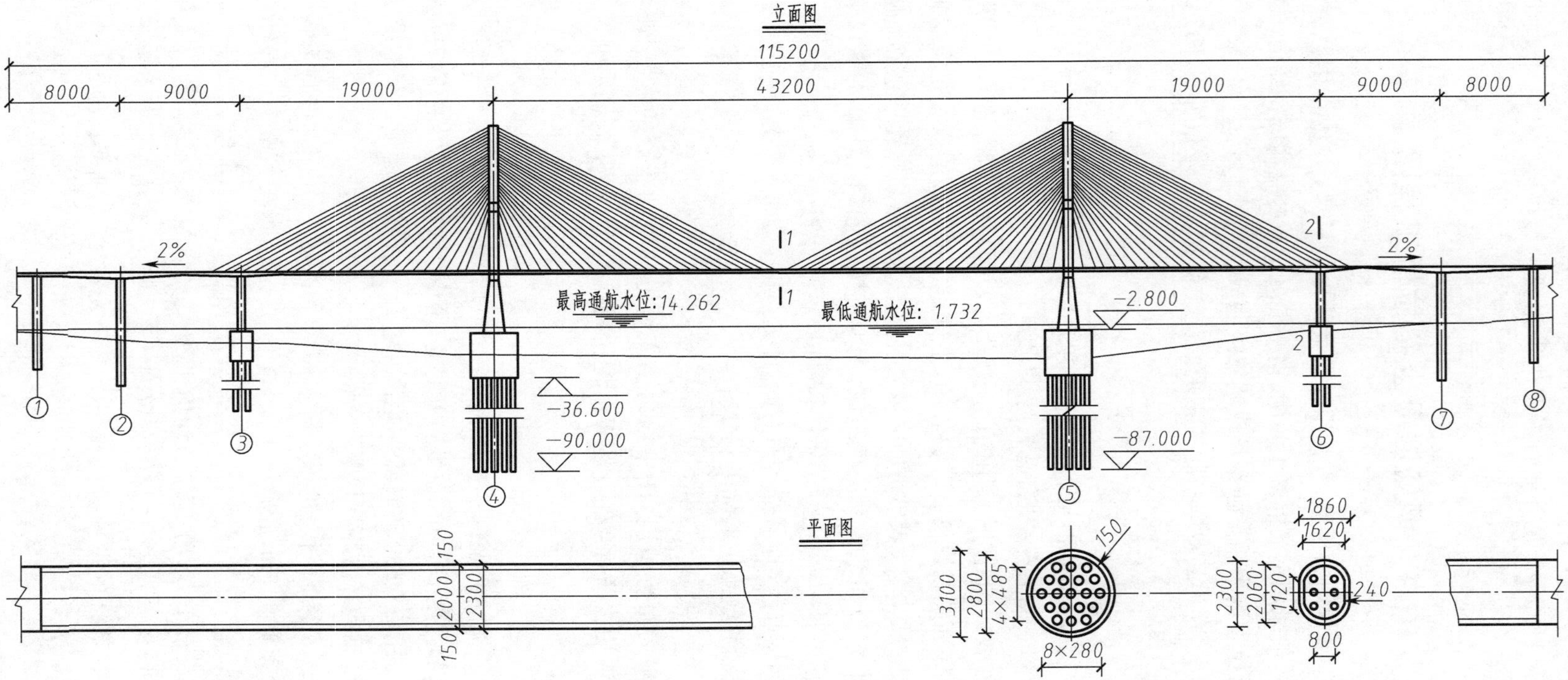

图 16-19 斜拉桥平、立面布置图

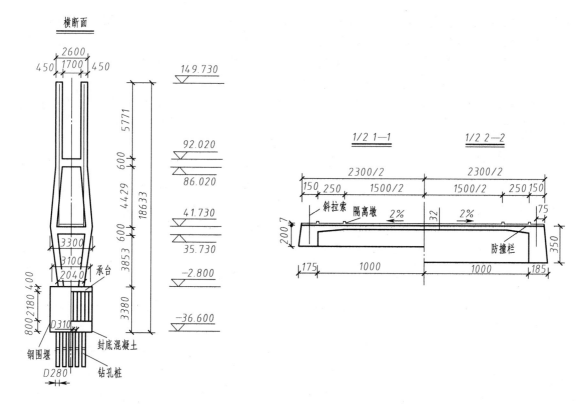

图 16-20 斜拉桥剖、断面图(尺寸单位:mm,标高单位:m)

16.5 桥梁图读图和画图步骤

16.5.1 读图

1. 方法

采用以前讲过的形体分析法来分析桥梁图。桥梁虽然是庞大而又复杂的建筑物,但它总是由许多构件所组成。了解了每一个构件的形状和大小,再通过总体布置图把它们联系起来,弄清彼此之间的关系,就不难了解整个桥梁的形状和大小了。因此必须把整个桥梁图由大化小、由繁化简,各个击破、解决整体,也就是先由整体到局部,再由局部到整体的反复过程。

看图的时候,决不能单看一个投影图,而是要同其他有关投影图联系起来读,包括总图、详图、钢筋明细表、说明等。再运用投影规律,互相对照,弄清整体。此外,还需了解桥梁工程图上的习惯画法。

2. 步骤

看图步骤可按下列顺序进行:

(1)先看图纸的标题栏和附注,了解桥梁名称、种类、主要技术指标、施工措施、比例、尺寸单位等。

(2)看总体图,弄清各投影图的关系,如有剖、断面,则要找出剖切线位置和投射方向。看图时,应先看立面图(包括纵剖面图),了解桥型、孔数、跨径大小、墩台类型和数目、总长和总高,了解河床断面及地质情况,再对照看平面图和侧面、横剖面等投影图,了解桥的宽度、桥面

275

的尺寸、墩台的横向位置和主梁的断面形式等。这样,对桥梁的全貌便有一个初步的了解。

（3）分别阅读构件图和大样图,搞清构件的全部构造。

（4）了解桥梁各部分所使用的建筑材料,并阅读工程数量表、钢筋明细表及说明等。

（5）看懂桥梁图后,再看尺寸,进行复核,检查有无错误或遗漏。

（6）看懂各构件图之后,再回过头来阅读总体图,了解各构件的相互配置及装置尺寸,直到全部读懂为止。

16.5.2 画图

绘制桥梁工程图,基本上和其他工程图一样,有着共同的规律,现以图16-21为例说明画图的方法和步骤。

图16-21为一桥梁总体布置图,首先是确定投影图数目（包括剖面、断面）、比例和图纸尺寸。按规定画立面、平面、横剖面或断面三种投影图。横剖面或断面图的数量可根据实际需要而定。结构对称时,可取其一半来作图。本例中的横剖面图由两个半剖面图合并而成。

各类图样由于要求不一样,采用的比例也不相同。表16-5为桥梁图常用比例参考表。

表 16-5 桥梁图常用比例参考表

项目	图名	说　明	比例	
			常用比例	分类
1	桥位图	表示桥位及路线的位置及附近的地形、地物情况。对于桥梁、房屋及农作物等只画出示意性符号	1：500～1：2000	小比例
2	桥位地质断面图	表示桥位处的河床、地质断面及水文情况,为了突出河床的起伏情况,高度比例较水平方向比例放大数倍画出	1：500～1：2000 水平方向比例 1：100～1：500 高度方向比例	普通比例
3	桥梁总体布置图	表示桥梁的全貌、长度、高度尺寸,通航及桥梁各构件的相互位置。横剖面图可较立面图放大1～2倍画出	1：50～1：100	
4	构件构造图	表示梁、桥台、人行道和栏杆等杆件的构造	1：10～1：50	大比例
5	大样图（详图）	钢筋的弯曲和焊接、栏杆的雕刻花纹、细部等	1：3～1：10	大比例

注:（1）上述1、2、3项中,大桥选用较小比例,小桥采用较大比例;

（2）在钢结构节点图中,一般采用1：10、1：15、1：20的比例

图16-21为桥梁布置图的画图步骤,按表选用1：300比例,横剖面图则采用1：100比例。当投影图数目、比例和图纸尺寸决定之后便可以画图了。

画图的步骤:

（1）布置和画出各投影图的基线　根据所选定的比例及各投影图的相对位置把它们匀称地分布在图框内,布置时要注意空出图标、说明、投影图名称和标注尺寸的地方。当投影图位

置确定之后便可以画出各投影图的基线,一般选取各投影图的中心线或边界线作为基线,图16-21(a)中的立面图是以梁底标高线作为水平基线,其余则以对称轴线作为基线。立面图和平面图对应的铅直中心线要对齐。

(2)画出构件的主要轮廓线　如图16-21(b)所示,以基线作为量度的起点,根据标高及各构件的尺寸画构件的主要轮廓线。

(3)画各构件的细部　根据主要轮廓线从大到小画全各构件的投影,画的时候注意各投影图的对应线条要对齐,并把剖面图中的栏杆等画出来,如图16-21(c)所示。

(4)标注尺寸,填写说明　标注各处尺寸、标高、坡度符号线,画出图例,并填写文字说明,完成桥梁总体布置图,如图16-21(d)所示。

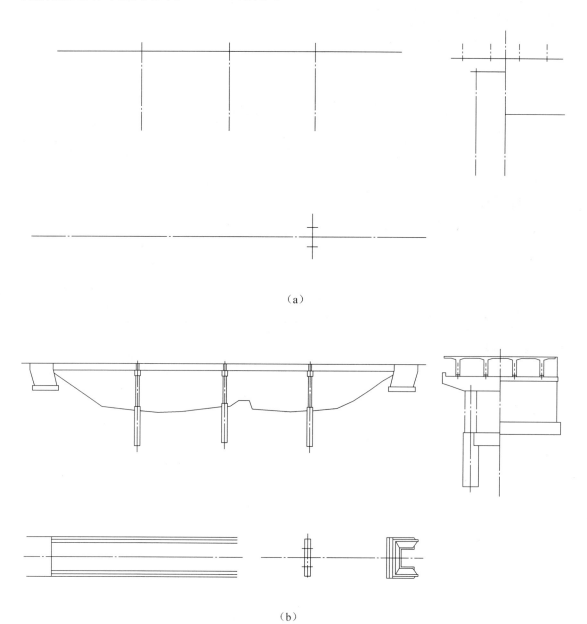

(a)

(b)

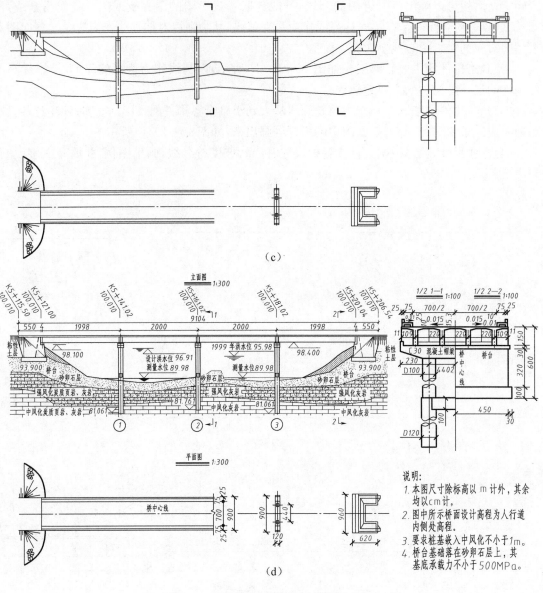

图 16-21　桥梁总体布置图的绘图步骤

(a)布置和画出各投影图的基线;(b)画出各构件的主要轮廓线;

(c)画各构件的细部;(d)标注尺寸,填写说明。

第17章 隧道、涵洞工程图

17.1 隧道工程图

隧道是道路穿越山岭的构筑物,它虽然形体很长,但中间断面形状变化很小,所以隧道工程图除了用平面图表示它的位置外,它的构造图主要用隧道洞门图、横断面图(表示洞身形状和衬砌)及避车洞图等来表达。

17.1.1 隧道洞门的构造

隧道洞门按地质情况和结构要求,有下列几种基本形式。

1. 洞口环框

当洞口石质坚硬稳定,可仅设洞口环框,起加固洞口和减少洞口雨后漏水等作用,如图17-1所示。

2. 端墙式洞门

端墙式洞门适用于地形开阔、石质基本稳定的地区。端墙的作用在于支护洞顶上的仰坡,保持其稳定,并将仰坡水流汇集排出,如图17-2所示。

图17-1 洞口环框

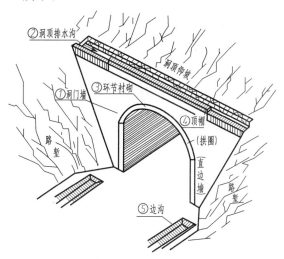

图17-2 端墙式洞门

3. 翼墙式洞门

当洞口地质条件较差时,在端墙式洞门的一侧或两侧加设挡墙,构成翼墙式洞门,如图17-3所示。它是由端墙、洞口衬砌(包括拱圈和边墙)、翼墙、洞顶排水沟及洞内外侧沟等部分组成。隧道衬砌断面除曲边墙式外,还有直边墙式。

4. 柱式洞门

当地形较陡,地质条件较差,仰坡下滑可能性较大,而修筑翼墙又受地形、地质条件限制

279

时,可采用柱式洞门,如图17－4所示。柱式洞门比较美观,适宜建于城市要道、风景区或长大隧道的洞口。

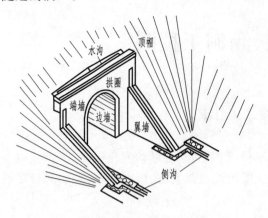

图17－3 翼墙式洞门   图17－4 柱式洞门

图17－5为端墙式隧道洞门三面投影图。

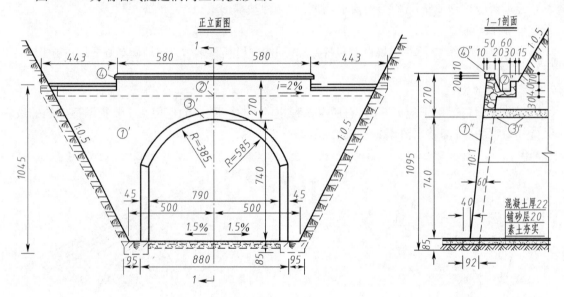

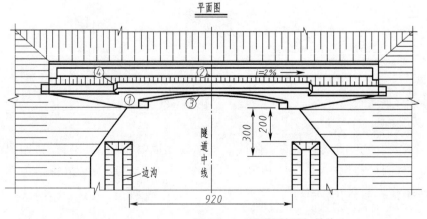

图17－5 隧道洞门图(单位:cm)

（1）正立面图（即立面图）是洞门的正立面投影，不论洞门是否左右对称均应画全。正立面图反映出洞门墙的式样，洞门墙上面高出的部分为顶帽，同时也表示出洞口衬砌断面类型，它是由两个不同的半径（$R=385cm$ 和 $R=585cm$）的圆弧和两直边墙所组成，拱圈厚度为45cm。洞口净空尺寸高为740cm，宽为790cm；洞门墙的上面有一条从左往右方向倾斜的虚线，并注有 $i=2\%$ 箭头，这表明洞门顶部有坡度为2%的排水沟，用箭头表示流水方向。其他虚线反映了洞门墙和隧道底面的不可见轮廓线。它们被洞门前面两侧路堑边坡和公路路面遮住，所以用虚线表示。

（2）平面图仅画出洞门外露部分的投影，它表示了洞门墙顶帽的宽度、洞顶排水沟的构造及洞门口外两边沟的位置（边沟断面未示出）。

（3）1—1剖面图仅画靠近洞口的一小段，图中可以看到洞门墙倾斜坡度为10：1，洞门墙厚度为60cm，还可以看到排水沟的断面形状、拱圈厚度及材料断面符号等。

为了读图方便，图17-5还在三个投影图上对不同的构件分别用数字注出。如洞门墙①、①′、①″，洞顶排水沟为②、②′、②″，拱圈为③、③′、③″，顶帽为④、④′、④″等。

17.1.2　避车洞图

避车洞有大、小两种，是供行人和隧道维修人员及维修小车避让来往车辆而设置的，它们沿路线方向交错设置在隧道两侧的边墙上。通常小避车洞常每隔30m设置一个，大避车洞则每隔150m设置一个，为了表示大、小避车洞的相互位置，采用位置布置图来表示。

如图17-6所示，由于这种布置图图形比较简单，为了节省图幅，纵横方向可采用不同比例，纵向常采用1：2000，横方向常采用1：200等比例。

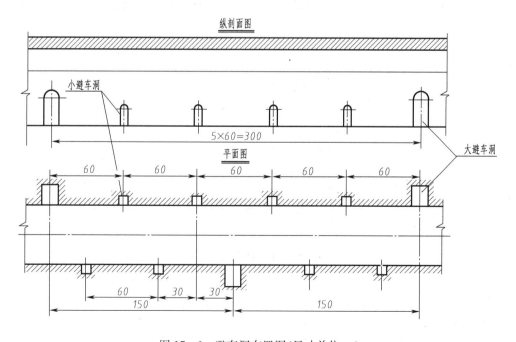

图 17-6　避车洞布置图（尺寸单位：m）

281

如图 17-7 所示,为大避车洞示意图,图 17-8 和图 17-9 为大小避车洞详图,洞内底面两边做成斜坡以供排水之用。

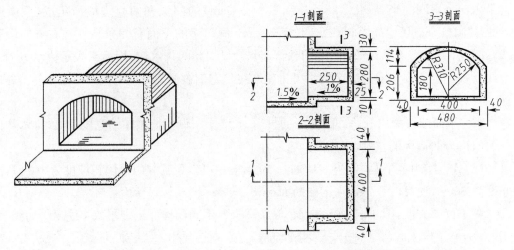

图 17-7 大避车洞示意图

图 17-8 大避车洞详图(尺寸单位:cm)

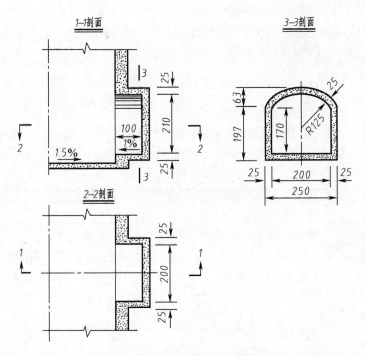

图 17-9 小避车洞详图(尺寸单位:cm)

17.2 涵洞工程图

涵洞是渲泄小量流水的工程构筑物,它同桥梁的区别在于跨径的大小。根据标准中的规定,凡单孔跨径小于 5m、多孔跨径总长小于 8m,以及圆管涵、箱涵不论管径或跨径大小,孔径多少,均称为涵洞。涵洞顶上一般都有较厚的填土,填土不仅可以保持路面的连续性,而且分散了汽车荷载的集中压力,并减少它对涵洞的冲击力。

17.2.1　涵洞的分类

涵洞的种类很多,按建筑材料可分为砖涵、石涵、混凝土涵、钢筋混凝土涵、木涵、陶瓷管涵、缸瓦管涵等;按构造形式可分为圆管涵、盖板涵、拱涵、箱涵等;按断面形状可分为圆形涵、卵形涵、拱形涵、梯形涵、矩形涵等;按孔数可分为单孔、双孔和多孔;按有无覆土可分为明涵和暗涵。

涵洞是由基础、洞身和洞口组成,洞口包括端墙、翼墙或护坡、截水墙和缘石等部分。图17-10是圆管涵洞分解图。

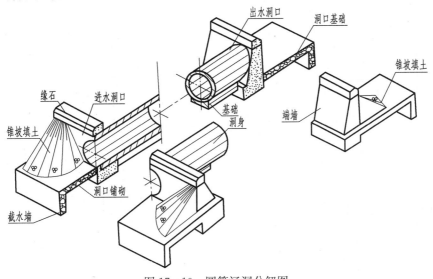

图 17-10　圆管涵洞分解图

洞口是保证涵洞基础和两侧路基免受冲刷,使水流顺畅的构造。一般进出水口均采用同一形式,常用的洞口形式有端墙式(图17-10)和翼墙式(图17-12、图17-13)(又名八字墙式)两种。

洞口型式应根据涵洞的作用而采用不同的形式,如高速公路中,有些涵洞只是为通行人群而设置,或平时通行人群,又兼作下雨时过水的涵洞,可称为通道,洞口除了考虑与路基边坡的衔接外,还应考虑涵底同人群往来的道路连接;如涵洞仅为过水而设置的,那么洞口的构造应保证涵洞和两侧路基免受冲刷,使水流顺畅,如水流湍急涵洞,其出口还应设有消力池以减少水对边坡的冲刷。若山区道路的涵洞,当进水口地形较高,无法建立上述两种洞口型式,可将进口改成窨井式的涵洞进口。

17.2.2　涵洞工程图的表示法

由于涵洞是狭长的工程构造物,故以水流方向为纵向,并以纵剖面图代替立面图。为了使平面图表达清楚,画图时不考虑洞顶的覆土,如进、出水口形状不一时,则要把进、出水口的侧面图都画出。有时平面图与侧面图以半剖形式表达,水平剖面图一般沿基础顶面剖切,横剖面图则垂直于纵向剖切。除上述三种投影图外,还应画出必要的构造详图,如钢筋布置图、翼墙断面图等。

涵洞体积较桥梁小,故画图所选用的比例较桥梁图稍大。

现以常用的圆管涵、盖板涵和拱涵三种涵洞为例,说明涵洞工程图的表示方法。

1. 圆管涵

图17-11为钢筋混凝土圆管涵洞,比例为1∶50,洞口为端墙式,端墙前洞口两侧有

283

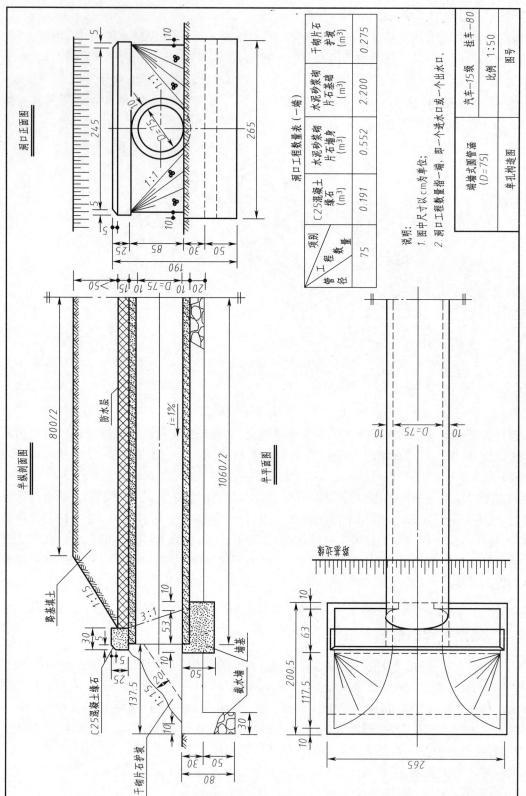

洞口正面图

洞口工程数量表（一端）

工程数量\项目	C25混凝土缘石 (m³)	水泥砂浆砌片石涵身 (m³)	水泥砂浆砌片石基础 (m³)	干砌片石护坡 (m³)
管径				
75	0.191	0.552	2.200	0.275

说明：

1. 图中尺寸以cm为单位；

2. 洞口工程数量指一端，即一个进水口或一个出水口。

半纵剖面图

防水层

路基填土

C25混凝土缘石

干砌片石护坡

截水墙

墙基

半平面图

碎石垫层

端墙式圆管涵
(D=75)

单孔构造图

汽车－15级   挂车－80

比例 1：50   图号

图 17－11 圆管涵洞构造图

284

20cm厚于砌片石铺面的锥形护坡,涵管内径为75cm,涵管长为1060cm,再加上两边洞口铺砌长度得出涵洞的总长为1335cm。由于其构造对称,故采用半纵剖面图、半平面图和侧面图来表示。

(1)半纵剖面图 由于涵洞进出洞口一样,左右基本对称,所以只画半纵剖面图,以对称中心线为分界线。纵剖面图中表示出涵洞各部分的相对位置和构造形状,如管壁厚10cm、防水层厚15cm、设计流水坡度1‰、涵身长1060cm、洞底铺砌厚20cm和基础、截水墙的断面形式等,路基填土厚度>50cm、路基宽度800cm、锥形护坡顺水方向的坡度与路基边坡一致,均为1:1.5。各部分所用材料均在图17-11中表达出来,但未示出洞身的分段。

(2)半平面图 为了同半纵剖面图相配合,故平面图也只画一半。图17-11中表达了管径尺寸与管壁厚度,以及洞口基础、端墙、缘石和护坡的平面形状和尺寸、涵顶填土作透明体处理,但路基边缘线应予画出,并以示坡线表示路基边坡。

(3)侧面图 侧面图主要表示管涵孔径和壁厚、洞口缘石和端墙的侧面形状及尺寸、锥形护坡的坡度等。为了使图形清晰起见,把土壤作为透明体处理,并且某些虚线未予画出,如路基边坡与缘石背面的交线和防水层的轮廓线等,图17-11中的侧面图,按习惯称为洞口正面图。

2. 钢筋混凝土盖板涵

如图17-12所示为单孔钢筋混凝土盖板涵立体图。图17-13则为其构造图,比例为1:50,洞口两侧为八字翼墙,洞高120cm,净跨100cm,总长1482cm。由于其构造对称故仍采用半纵剖面图、半平面及半剖面图和侧面图等来表示。

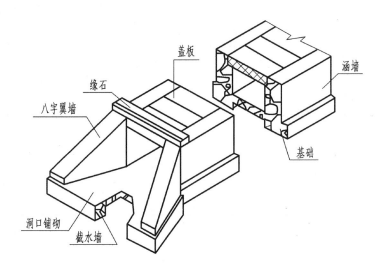

图17-12 盖板涵立体图

(1)半纵剖面图 图17-13中半纵剖面图把带有1:1.5坡度的八字翼墙和洞身的连接关系,以及洞高120cm,洞底铺砌20cm,基础纵断面形状、设计流水坡度1‰等表示出来。盖板及基础所用材料亦可由图中看出,但未画出沉降缝位置。

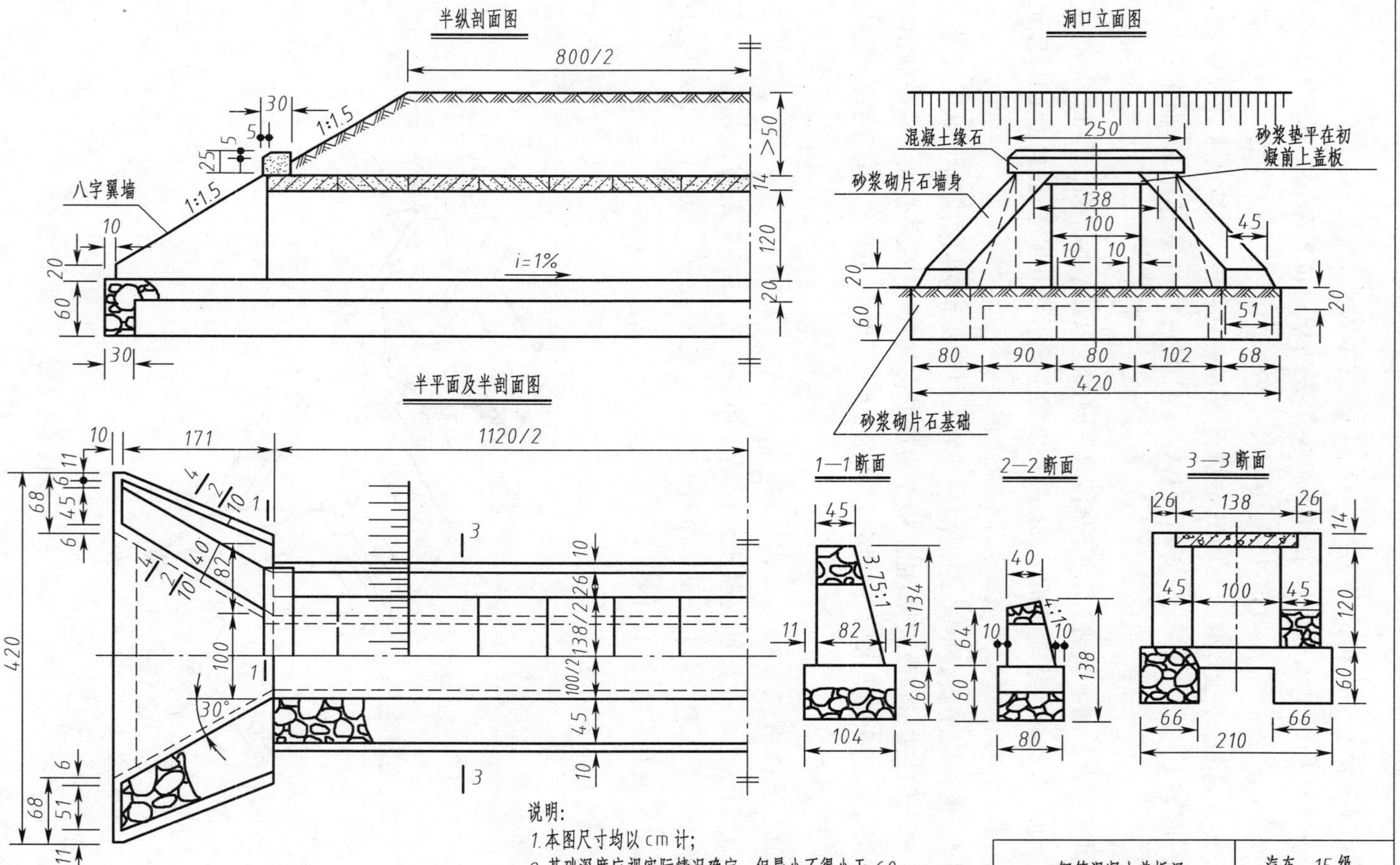

图 17-13 盖板涵构造图

说明:
1. 本图尺寸均以 cm 计;
2. 基础深度应视实际情况确定,但最小不得小于 60cm;
3. 本工程施工时,必须安装好上部结构后才能填土。

钢筋混凝土盖板涵		
单孔构造图		
(净跨×台高=100×120)		

汽车—15 级	
比例 1:50	
图号	

（2）半平面图及半剖面图　图17-13中半平面图及半剖面图能把涵洞的墙身宽度、八字翼墙的位置表示得更加清楚，涵身长度、洞口的平面形状和尺寸，以及墙身和翼墙的材料也均在图上可以看出。为了便于表达，在八字翼墙的1—1和2—2位置进行剖切，并另作1—1和2—2断面图来表示该位置翼墙墙身和基础的详细尺寸、墙背坡度以及材料情况。4—4断面图和2—2断面图类似，图中未画出，但有些尺寸要变动，请读者自行思考。

（3）侧面图　图17-13中立面图（也称侧面图）反映出洞高120cm和净跨100cm，同时反映出缘石、盖板、八字翼墙、基础等的相对位置和它们的侧面形状。

3. 石拱涵

图17-14为单孔石拱涵立体图，图17-15为其构造图。洞身长900cm，涵洞总长1700cm，净跨 $L_0 = 300$ cm，拱矢高 $f_0 = 150$ cm，矢跨比 $f_0//L_0 = 150/300 = 1/2$，路基宽度为700cm。比例选用1：100。该图主要由下列图样组成。

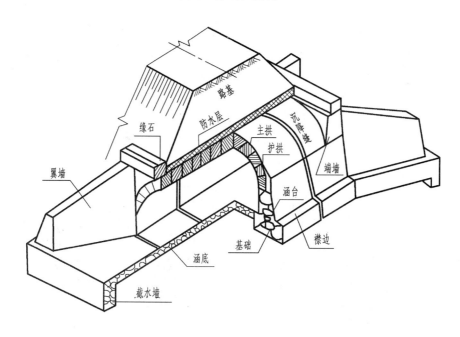

图17-14　石拱涵洞示意图

（1）纵剖面图　图17-15中纵剖面图是沿涵洞纵向轴线进行全剖，表达了洞身的内部结构、洞高、洞长、翼墙坡度、基础纵向形状和洞底流水坡度。为了显示拱背为圆柱面，每层拱圈石投影的厚度不一，下疏而上密。在路基顶部示出了路面断面形状，但未注出尺寸。

（2）平面图　图17-15中平面图的特点在于拱顶与拱顶上的两端侧墙的交线均为椭圆弧，画椭圆时，应按前面介绍的几何作图的方法画出。从图上还可看出，八字翼墙与上述盖板涵有所不同，盖板涵的翼墙是单面斜坡，端部为侧平面，而本图则是两面斜坡，端部为铅垂面。

（3）侧面图　图17-15中侧面图（即图中立面图）采用了半侧面图和半横剖面图，半侧面图反映出洞口外形，半横剖面图则表达了洞口的特征和洞身与基础的连接关系。从图上还可看出洞口基顶的构造是一个曲面。

当涵洞在两孔或两孔以上或者跨径较大时，也可选取洞口作为立面图。

出水洞口立面图

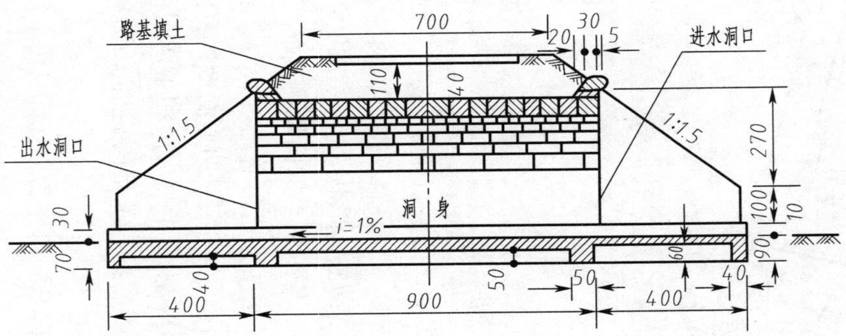

八字翼墙

纵剖面图

进水洞口

路基填土

出水洞口

洞身

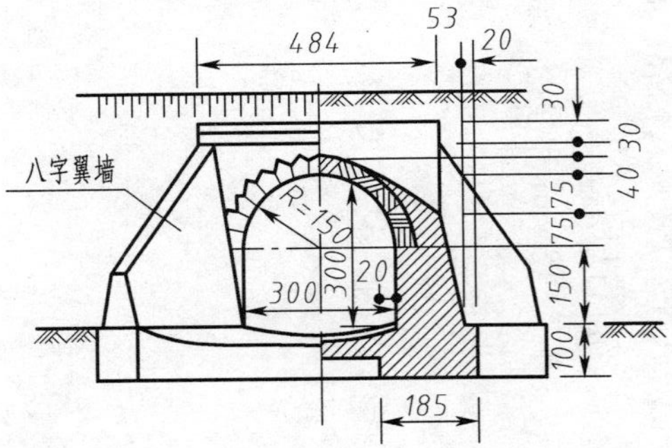

平面图

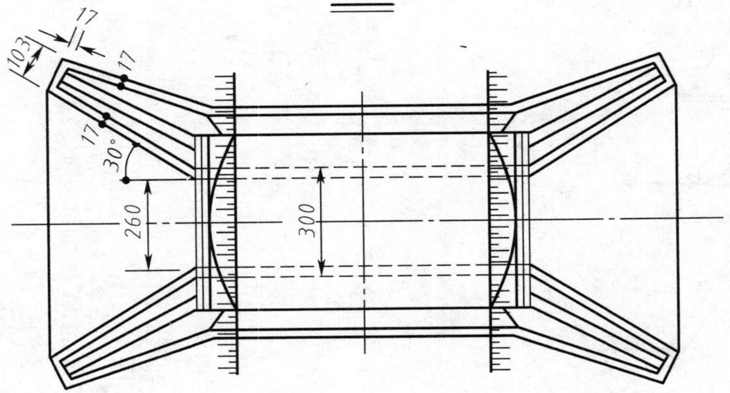

说明:
1. 本图尺寸以 cm 为单位;
2. 石料强度拱圈 MU35, 其他均用 MU25。

石 拱 涵	汽车—15 级, 挂车—80	
$L_0 = 3.0$ m $f_0 / L_0 = 1/2$	比例 1:100	
单孔构造图	图号	

图 17-15 石拱涵洞构造图

17.3　通道工程图

由于通道工程的跨径一般也比较小,故视图处理和投影特点与涵洞工程图一样,也是以通道洞身轴线作为纵轴,立面图以纵断面表示;水平投影则以平面图的形式表达,投影过程中同时连同通道支线道路一起投影,从而比较完整地描述了通道的结构布置情况。图 17-16 为某通道的一般布置图。

1. 立面图

从图上可以看出,立面图用纵断面取而代之,高速公路路面宽 26m,边坡采用 1∶2,通道净高 3m,长度 26m 与高速路同宽,属明涵形式;洞口为八字墙,为顺接支线原路及外形线条流畅,采用倒八字翼墙,既起到挡土防护作用,又保证了美观。洞口两侧各 20m 支线路面为混凝土路面,厚 20cm,以外为 15cm 厚砂石路面,支线纵向用 2.5%的单坡,汇集路面水于主线边沟处集中排走,由于通道较长,在通道中部,即高速路中央分隔带设有采光井,以利通道内采光透亮之需。

2. 平面图及断面图

平面图与立面图对应,反映了通道宽度与支线路面宽度的变化情况,高速路的路面宽度及与支线道路和通道的位置关系。

从平面图可以看出,通道宽 4m,即与高速路正交的两虚线同宽,依投影原理画出通道内轮廓线。通道帽石宽 50cm,长度依倒八字翼墙长确定。通道与高速路夹角为 α,支线两洞口设渐变段与原路顺接,沿高速公路边坡角两边各留出 2m 宽的护坡道,其外侧设有底宽 100cm 的梯形断面排水边沟,边沟内坡面投影宽各 100cm,最外侧设 100cm 宽的挡堤支线,路面排水也流向主线纵向排水边沟。

在图纸最下边还给出了半Ⅰ-Ⅰ、半Ⅱ-Ⅱ的合成断面图,显示了右侧洞口附近剖切支线路面及附属构造物断面的情况。其混凝土路面厚 20cm、砂垫层 3cm、石灰土厚 15cm、砂砾垫层 10cm。为使读图方便,还给出半洞身断面与半洞口断面的合成图,可以知道该通道为钢筋混凝土箱涵洞身,倒八字翼墙。

通道洞身及各构件的一般构造图及钢筋结构图与前面介绍的桥涵图类似,此不赘述。

请读者注意,以上三种类型的涵洞及通道工程图只是整体构造图,在实际施工中仅依靠这些图样是远远不能满足施工要求的,还必须给出各部分构件详图和详细尺寸及施工说明等资料,在此略去。

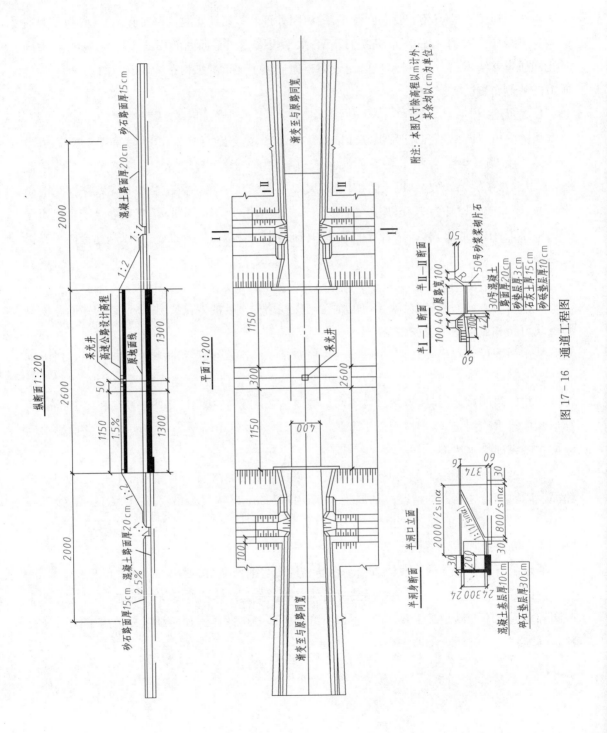

纵断面 1:200

平面 1:200

半洞口立面

半洞身断面

半Ⅰ—Ⅰ断面　半Ⅱ—Ⅱ断面

附注：本图尺寸除高程以m计外，
其余均以cm为单位。

图 17—16　通道工程图

第 18 章　水利工程图

在河流上为了防洪、灌溉、发电和通航等目的而修建起相应的水工建筑物,这些相互联系的建筑物组成了水利枢纽。一个水利枢纽一般由挡水建筑物(如水坝、水闸)、发电建筑物(如水电站厂房)、通航建筑物(如船闸、升船机)、输水建筑物(如溢洪道、泄水孔、引水洞、渠道)等组成。在水利水电工程中表达水工建筑物设计、施工和管理的图样称为水利工程图,简称水工图。

18.1　概　述

水工图主要有规划图、布置图、结构图、施工图和竣工图。

规划图主要表示流域内一条或一条以上河流的水利水电建设的总体规划、某条河流梯级开发的规划、某地区农田水利建设的规划等。

布置图主要表示整个水利枢纽的布置,某个主要水工建筑物的布置等。

结构图主要包括水工建筑物体型结构设计图(简称体型图)、钢筋混凝土结构图(简称钢筋图)、钢结构和木结构图等。

施工图是表示施工组织和方法的图样,主要包括施工布置图、开挖图、混凝土浇筑图、导流图等。

规划图和布置图中一般画有地形等高线、河流及流向、指北针、各建筑物相互位置以及主要尺寸等。规划图中各建筑物均采用图例表示。规划图的比例一般为 1∶500000～1∶10000,布置图的比例一般为 1∶5000～1∶200。

结构图和施工图一般较详细地表达该建筑物的整体和各组成部分的形状、大小、构造和材料。结构图和施工图的比例一般为 1∶1000～1∶10。

水工图按设计阶段分,主要有规划设计阶段图、初步设计阶段图、技术设计阶段图和施工设计阶段图。

本章中有关水工图样的表达方法,主要遵照水利部批准发布的《水利水电工程制图标准》(SL73—1995)。

18.2　水工图中的表达方法

18.2.1　水工图的一般规定

18.2.1.1　视图名称

在水利水电工程中规定,河流以挡水建筑物为界,逆水流方向在挡水建筑物上方的河流段称为上游,在挡水建筑物下方的河流段称为下游。还规定,视向顺水流方向,左边称为左岸,右边称为右岸,如图18-1所示。在水工图中习惯将河流的流向布置成自上而下(图18-1(a))或自左而右(图18-1(b))。

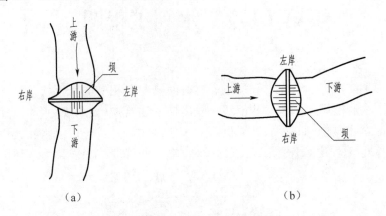

图18-1 河流的上下游和左右岸

水利工程图中物体向投影面投射所得的投影称为视图,六个基本视图的名称规定为正视图、俯视图、左视图、右视图、仰视图和后视图。俯视图也可称为平面图,正视图、左视图、右视图、后视图也可称为立面图(或立视图)。当视向与水流方向有关时,也可称为上游立面(或立视)图,下游立面(或立视)图。在水工图中,当剖切面平行于建筑物轴线或顺河流流向时,称为纵剖视图或纵剖面(水工图中剖面即断面)图,如图18-2所示。当剖切面垂直于建筑物轴线或河流流向时,称为横剖视图或横剖面图,如图18-3所示。

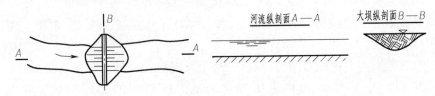

图18-2 纵剖视(面)图

水工图中视图名称一般注写在该视图的上方,如图18-2、图18-3所示。

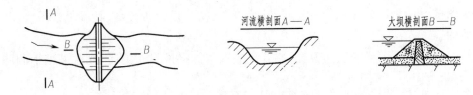

图18-3 横剖视(面)图

18.2.1.2 图线

水工图中图线的线型和用途基本上与土木建筑图中的一致,但需指出以下两点:

水工图中的粗实线除了表示可见轮廓线外,还用来表示结构分缝线(图18-4(a))和地质断层线及岩性分界线(图18-4(b))。水工图中的"原轮廓线"除了可用双点画线表示外,还可以用虚线表示,如图18-4(b)所示。

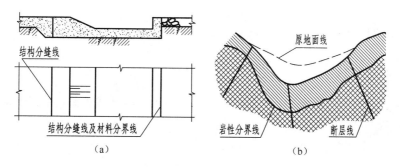

（a）

（b）

图 18-4　粗实线和虚线用法

18.2.1.3　符号

水工图中表示水流方向的箭头符号,根据需要可按如图 18-5 所示的式样绘制。

平面图中指北针,根据需要可按如图 18-6 所示的式样绘制,其位置一般在图的左上角,必要时也可画在图纸的其他适当位置。

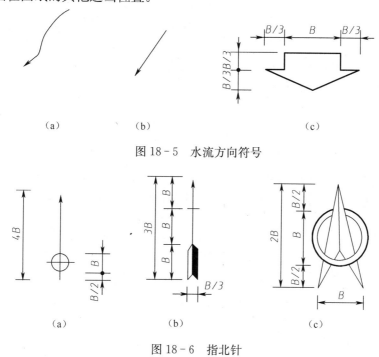

（a）　　　　（b）　　　　　　　（c）

图 18-5　水流方向符号

（a）　　　　　　　（b）　　　　　　（c）

图 18-6　指北针

18.2.1.4　尺寸

水工图中尺寸标注应符合尺寸标注的一般规则,但也有如下的一些特殊地方。

水工图中标注尺寸的单位,除标高、桩号及规划图、总布置图的尺寸以米为单位外,其余尺寸以毫米为单位,图中不必标注单位。若采用其他尺寸单位(如厘米)时,则必须在图中加以说明。

水工图中尺寸起止符号除用 45°中粗斜短线表示外,还可用箭头表示。

水工图中在标注水位标高时,一般在所标注的水平线下方用细实线画出表示水的符号,如图 18-3 的 A—A 剖面图中的"▽"所示。

18.2.2 水工图中的习惯画法和规定画法

18.2.2.1 展开画法

当水工建筑物的轴线或中心线为曲线时,可以将曲线展开成直线后,绘制成视图、剖视图或剖面图。如图 18-7 所示为一侧有分水闸的弯曲渠道,沿曲线(中心线)的 A—A 剖视图为展开剖视图,这时应在图名后注写"展开"两字。

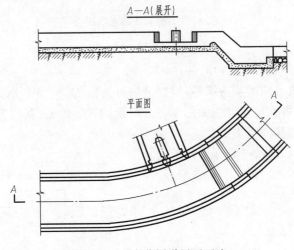

图 18-7 弯曲渠道展开画法

18.2.2.2 拆卸画法

当视图或剖视图中所要表达的结构被另外的结构或填土遮挡时,可以假想将其拆掉或掀掉,然后再进行投影。这种画法在水工图中较常用。例如图 18-8 为进水闸,在平面图中为了

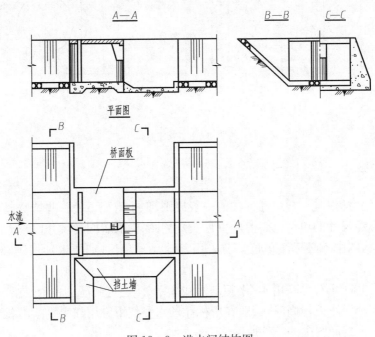

图 18-8 进水闸结构图

清楚地表达闸墩和挡土墙,将对称线下半部的一部分桥面板假想拆掉,填土也被假想掀掉。因为平面图是对称的,所以与实线对称的虚线可以省略不画,使平面图表达得更清晰。

18.2.2.3 分层画法

当建筑物或某部分结构有层次时,水工图中往往按其构造层次进行分层绘制,相邻层用波浪线分界,并且可用文字注写各层结构的名称。图 18-9 为混凝土坝施工中常用的真空模板,采用了分层画法。

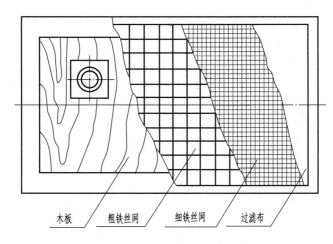

木板　粗铁丝网　细铁丝网　过滤布

图 18-9　混凝土真空模板的分层画法

18.2.2.4 合成视图

对称或基本对称的图形,可将两个相反方向的视图或剖视图、剖面图各画一半,并以对称线为界,合成一个图形,称为合成视图。这种表达方法在水工图中被较广泛采用,因为建在河流中的水工建筑物,其上游部分(迎水面)的结构往往与下游部分的结构不一样,所以一般需绘制其上游方向和下游方向的视图或剖视图、剖面图。为了使图形布置紧凑,减少制图工作量,往往采用合成视图画法。

图 18-8 中进水闸的侧视图为合成剖视图,$B—B$ 剖视由上游方向投射,$C—C$ 剖视则由下游方向投射。

图 18-10 为渠道渐变段扭面(双曲抛物面)挡土墙,侧视方向用渐变段的 $B—B$ 剖视图和 $C—C$ 断面图组成的合成视图,表达扭面上、下游两端的形状。

18.2.3 水工图中建筑材料图例

表 18-1 为水工图中部分常用的建筑材料图例。土木建筑图中的建筑材料图例,水工图中也采用,表 18-1 中就不再列出。

18.2.4 水工建筑物平面图例

水工建筑物的平面图例主要用于规划图、施工总平面布置图,枢纽总布置图中非主要建筑物也可用图例表示。表 18-2 为水工图中常用的平面图例。土木建筑图中的平面图例,水工图中也采用,表 18-2 中就不再列出。

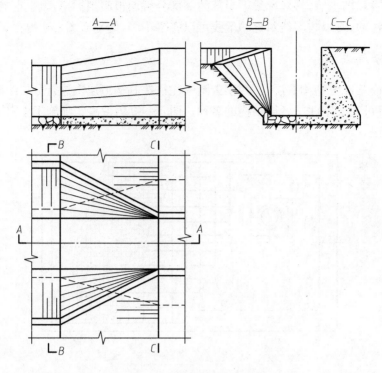

图 18‑10　渠道渐变段合成视图

表 18‑1　水工图中常用建筑材料图例

序号	名称	图例	序号	名称	图例	序号	名称	图例
1	岩石		7	二期混凝土		13	铜丝网水泥板	
2	卵石		8	沥青混凝土		14	笼筐填石	
3	砂卵石		9	堆石		15	砂（土）袋	
4	回填土		10	干砌块石		16	梢捆	
5	夯实土		11	浆砌块石		17	花纹钢板	
6	粘土		12	防水材料		18	草皮	

表 18-2　水工图中常用的平面图例

序号	名称	图例	序号	名称	图例	序号	名称	图例
1	水库	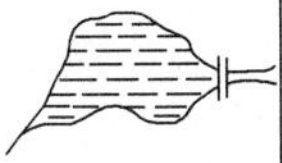	9	船闸	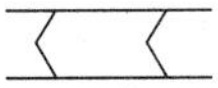	17	梁道	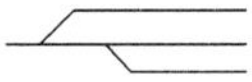
2	混凝土坝	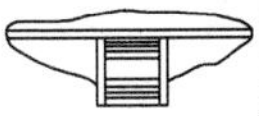	10	升船机		18	丁坝	
3	土石坝	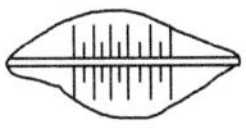	11	水池	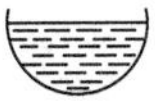	19	险工段	
4	水闸	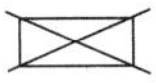	12	溢洪道	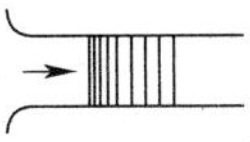	20	护岸	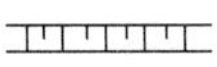
5	水电站		13	渡槽	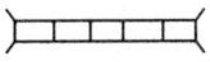	21	堤	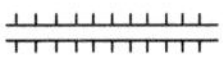
6	变电站	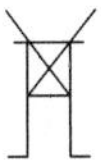	14	隧洞	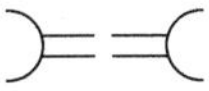	22	淤区	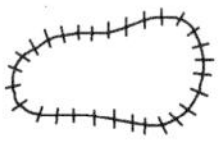
7	泵站		15	涵洞	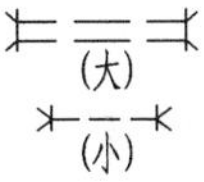	23	灌区	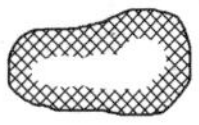
8	水文站		16	虹吸	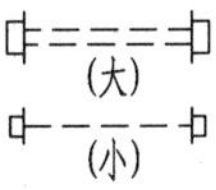	24	分洪区	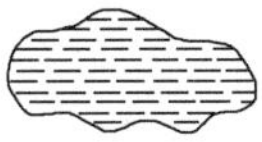

18.3　水工图的阅读

表达一个水利工程的图样往往数量很多,视图一般也比较分散,读图时,应以特征明显的视图为主,结合其他视图、剖视图或剖面图、详图以及图中的标高和尺寸,弄清楚投影对应关系,并注意水工图中的其他表达方法,以了解建筑物的整体形状。

18.3.1　读水工图的步骤和方法

18.3.1.1　读图步骤

读水工图的步骤一般由枢纽布置图到建筑物结构图,由主要结构到其他结构,由大轮廓到小的构件。在读懂各部分的结构形状之后,综合起来想出整体形状。

读枢纽布置图时,一般以总平面图为主,并和有关的视图(如上、下游立面图,纵剖视图等)

相互配合,了解枢纽所在地的地形、地理方位、河流情况以及各建筑物的位置和相互关系。对图中采用的简化画法和示意图,先了解它们的意义和位置,待阅读这部分结构图时,再作深入了解。

读建筑物结构图时,如果枢纽有几个建筑物,可先读主要建筑物的结构图,然后再读其他建筑物的结构图。根据结构图可以详细了解各建筑物的构造、形状、大小、材料及各部分的相互关系。对于附属设备,一般先了解其位置和作用,然后通过有关的图纸作进一步了解。

18.3.1.2 读图的一般方法

阅读水利工程图的方法与阅读其他建筑物图样的方法一样,除了具备必要的专业知识外,主要应熟练地运用投影规律,用形体分析法和线面分析法进行读图。

首先,了解建筑物的名称和作用。从图纸上的"说明"和标题栏可以了解建筑物的名称、作用、比例和尺寸等。

其次,弄清各图形的由来并根据视图对建筑物进行形体分析。了解该建筑物采用了哪些视图、剖视图或剖面图、详图,有哪些特殊表达方法;了解各剖视图或剖面图的剖切位置和视向,各视图的主要作用等。然后以一个特征明显的视图或结构关系较清楚的剖视图为主,结合其他视图概略了解建筑物的组成部分及其作用,以及各组成部分的建筑材料等。

根据建筑物各组成部分的构造特点,可分别沿建筑物的长度、宽度和高度方向把它分成几个主要组成部分。必要时还可进行线面分析,弄清各组成部分的形状。

然后,了解和分析各视图中各部分结构的尺寸,以便了解建筑物整体大小及各部分结构的大小。

最后根据各部分的相互位置想像出建筑物的整体形状,并明确各组成部分的建筑材料。

18.3.2 阅读混凝土坝结构设计图

18.3.2.1 组成部分及作用

图 18-11 和图 18-12 为混凝土宽缝重力坝的一个坝段。坝段长 36m,宽 18m,高 43m,它在水利枢纽中起挡水作用。

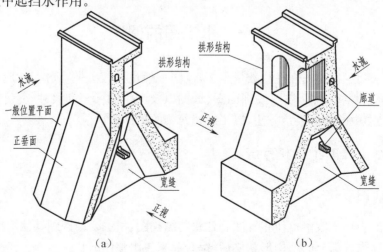

(a)　　　　　　　　　(b)

图 18-11　宽缝重力坝坝段轴测图

坝轴线通过坝顶中央,坝顶宽11m,标高为159.00m。坝顶是连接两岸的公路桥。坝下游面144.00m标高处设有拱形结构,拱形结构之间的间隔为3.0m,互不相通。坝段内部136.00m标高以下设有宽缝。另外,在坝轴线上游侧148.00m标高处和坝轴线下游侧128.00m标高处各设有一廊道,用于观测温度、沉陷、渗漏情况,并作为交通通道等。

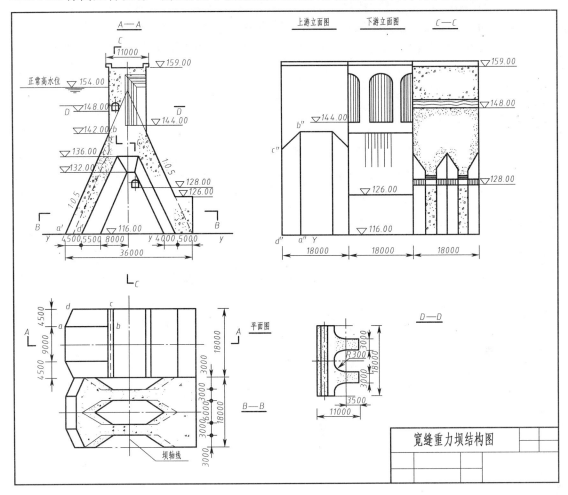

图18-12 混凝土宽缝重力坝结构图

18.3.2.2 视图

A—A剖视图为主要视图,它表达混凝土挡水坝横剖面为三角形以及坝顶结构和坝体内部宽缝结构的情况。从图中可看到,挡水坝上、下游坡度均为1:0.5,下游在126.00m标高处为一平台。坝内在标高148.00m和128.00m处分别设有廊道。坝顶为一交通桥,宽度为11m;坝底宽度为36m,坝高为43m。为了表达上游坝面结构情况,在A—A剖视图中画出了必要的虚线。另外,还用双点画线表达了三角形基本剖面。

平面图表达挡水坝的坝顶交通桥及上、下游坝坡面的结构形状。把平面图和A—A剖视图联系起来阅读,可看到在一个坝段范围内上游坝坡面由三个平面组成,中间一个平面为正垂面,两侧平面为一般位置平面,如图18-12中的平面ABCD。

B—B 剖视图为水平剖切后所得到的剖视图,剖切位置选取在平台标高 126.00m 以下的适当位置。它主要表达坝体宽缝的形状和尺寸。把 B—B 剖视图与 A—A 剖视图联系起来阅读,可想像出宽缝的空间形状,它由两个正平面、两个一般位置平面和一个侧垂面组成。为了图面布置紧凑,B—B 剖视图与平面图靠在一起,并使两图的坝轴线重合。

上游立面图主要表达坝体上游坝而的外部结构形状及相互间的相对位置。

下游立面图主要表达坝体下游坝面的外部结构形状及相互间的相对位置。

C—C 阶梯剖视图表达坝体内部宽缝顶端的形状和廊道顺坝轴线方向的布置情况及结构形状。

D—D 剖面图表达坝体上部拱形结构的平面形状和大小。

18.3.2.3 其他表达方法

由于图 18-12 为初步设计阶段的工程图样,所以坝体中的细部结构有些未表达出来,如坝顶交通桥面排水沟和照明设备、廊道排水沟等;有些采用简化画法,如 C—C 剖视图中连接廊道的桥等。另外,水工图中的直纹曲面,往往画出其素线,如坝顶交通桥下部的拱形结构在 A—A 剖视图和下游立面图中均画出了素线。

18.3.2.4 尺寸

水位尺寸图中仅注出正常高水位 154.00m,另有设计洪水位、校核洪水位、死水位等(图中未标注)。

重要的标高,如坝顶标高 159.00m、坝底标高 116.00m、廊道标高 148.00m、128.00m,以及坝段宽度,如 18000mm 等,在相关的视图中可重复标注。

图中标高以 m 为单位标注,其余尺寸以 mm 为单位标注。

参 考 文 献

［1］国家标准. 房屋建筑制图统一标准(GB/T 50001－2010). 北京:中国计划出版社,2011.

［2］国家标准. 总图制图标准(GB/T 50103－2010). 北京:中国计划出版社,2011.

［3］国家标准. 建筑制图标准(GB/T 50104－2010). 北京:中国计划出版社,2011.

［4］国家标准. 建筑结构制图标准(GB/T 50105－2010). 北京:中国计划出版社,2011.

［5］国家标准. 道路工程制图标准(GB 50162－1992). 北京:中国计划出版社,1993.

［6］国家标准. 给水排水制图标准(GB/T 50106－2010). 北京:中国计划出版社,2011.

［7］国家标准. 暖通空调制图标准(GB/T 50114－2010). 北京:中国计划出版社,2011.

［8］田希杰,刘召国. 图学基础与土木工程制图. 2 版. 北京:机械工业出版社,2011.

［9］罗良武,田希杰. 图学基础与土木工程制图. 北京:机械工业出版社,2007.

［10］谢步瀛,袁果. 道路工程制图. 4 版. 北京:人民交通出版社,2011.

［11］郑国权. 道路工程制图. 3 版. 北京:人民交通出版社,1990.

［12］朱育万,卢传贤. 画法几何与土木工程制图. 3 版. 北京:高等教育出版社,2005.

［13］王晓琴,庞行志. 画法几何与土木工程制图. 3 版. 武汉:华中科技大学出版社,2008.

［14］卢传贤. 土木工程制图. 3 版. 北京:中国建筑工业出版社,2008.

［15］刘勇,张春娥. 画法几何与土木工程制图. 北京:国防工业出版社,2009.

［16］唐人卫. 画法几何与土木工程制图. 南京:东南出版社,2008.

［17］陈倩华,王晓燕. 土木建筑工程制图. 北京:清华大学出版社,2011.